北京高等教育精品教材
BEIJING GAODENG JIAOYU JINGPIN JIAOCAI

变 态 心 理 学

主　　编　张伯源
参编人员　张吉连　姜长青　敖　明
　　　　　施承孙　陈　伟　迟　勇
　　　　　张伯源

北京大学出版社
PEKING UNIVERSITY PRESS

图书在版编目(CIP)数据

变态心理学/张伯源主编，—北京：北京大学出版社，2005.6
（北京大学心理学教材）
ISBN 978-7-301-08972-9

Ⅰ. 变… Ⅱ. 张… Ⅲ. 变态心理学—高等学校—教材 Ⅳ. B846

中国版本图书馆 CIP 数据核字（2005）第 045298 号

书　　名 变态心理学
著作责任者 张伯源　主编
责任编辑 陈小红
标准书号 ISBN 978-7-301-08972-9/C·0329
出版发行 北京大学出版社
地　　址 北京市海淀区成府路 205 号　100871
网　　址 http://www.pup.cn
新浪微博 @北京大学出版社
电子信箱 zpup@pup.cn
电　　话 邮购部 62752015　市场营销中心 62750672　编辑部 62752021
出版部 62754962
印 刷 者 三河市北燕印装有限公司
经 销 者 新华书店
787 毫米×980 毫米　16 开本　18.25 印张　377 千字
2005 年 6 月第 1 版　2025 年 7 月第 22 次印刷
定　　价 48.00 元

前　言

变态心理学是心理科学的一个重要分支学科。同常态心理学不同,它是从另一个视角来研究和揭示心理异常现象发生、发展和变化规律的一门科学。在理论上,它对于说明心理现象的实质和发生机制,对于论证心物关系和心身关系的哲学基本问题,可以提供新鲜的科学论据;在实践上,它的研究成果有助于促进精神健康的心理卫生工作以及整个人类精神健康的保健事业的发展,还能有助于促进和提高精神医学临床诊断、治疗和预防工作的效果。特别是在当今我国改革开放的社会转轨时期,社会正处于急剧的变动之中,对于人们的社会适应问题是一个严重的挑战。在人们的精神生活世界里发生心理失衡、心理困扰、心理障碍乃至精神疾患的人数正在明显地攀升。因此,心理异常问题越来越引发人们的深切关注,作为这个领域基础学科的变态心理学就理所当然地成为人们普遍重视和十分感兴趣的一门科学。

早于 1986 年,当我在北京大学心理系讲授"变态心理学"26 年以后,曾和我的老师陈仲庚教授一起编写出版了我国解放后第一本《变态心理学》教科书。但转瞬之间已过了近 20 年,书中许多资料和观点已经陈旧,变态心理学在理论体系上也有了不少发展。我早就想重新编写一本,但由于许多妨碍因素,一直不能如愿。近年来,由于我的不少老同学、学生和同道们的多方促督,深感责无旁贷。加之我的老师陈老先生已辞世多年,他是我国解放后变态心理学的元老,此书的出版也可作为对已故导师的悼念!

本书在 1986 年出版的原书基础上,保留了有价值的观点、理论和资料,在参阅了国内外大量专著(包括教科书)和研究报告以后,补充变态心理学发展中出现的新观点、新理论和新资料而成的。这是一本较全面和系统地阐述人的心理活动异常发生、发展和变化规律以及如何避免心理异常、保持心理健康的书籍。内容较丰富,尽量做到深入浅出,突出实用性和可读性,并开设了介绍实用材料和案例的许多专栏。本书对于心理异常的类别划分及书中采用的名称,主要依据"中国精神障碍分类与诊断标准第 3 版"(即 CCMD-3)。例如书中把癔症和神经症分别作为专章编写,而不是以解离性障碍和躯体形式障碍作为专章的名称。本书可以作为大学心理学系本科学生的教材;可以作为医学院校学生和教师以及精神科医生的参考书;可以作为从事心理咨询和学校心理辅导工作者的基础读物;也可作为对心理健康与心理疾患较为关注的广大学生、家长和以及心理保健工作者和医务工作者的参考读物。

本书是在各位参编者的共同努力下完成的。第 1、2、3、4、5、6、8、10 章由张伯源(北京吉利大学)编写;第9、12、17章由张吉连(北京师范大学)编写;第7、18、19章由姜长青(北京安定医院)编写;第11、13章由施承孙(空军总医院)编写;第15章由敖明(加拿大哥伦比亚大学)编写;第14、20章由陈伟(中国心理网)编写;第16章由迟勇(北京安定医院)编写。全书由张伯源统编。由于北京大学出版社的大力支持和责任编辑陈小红老师的精心审校,本书得以顺利出版,在此谨致谢意!由于我们水平所限,书中难免有许多错漏与不足之处,谨请广大读者、专家及同行学者不吝赐教,多加批评指正。

为了适应学科不断发展变化的需求,中国心理网(http://www.psych.gov.cn)开辟了专门的《变态心理学》专业讨论区,本书作者们将不定时在网上与大家交流探讨,共同进步。

张伯源

2005年5月10日

于北京大学燕东园

目　　录

1

绪　论

一、什么是变态心理学

变态心理学是心理学的一个分支学科。它研究人的心理与行为的异常，包括认知活动、情感活动、动机和意志行为活动、智力和人格特征等方面的异常表现。所以，也可以说，变态心理学是研究和揭示心理异常现象的发生、发展和变化规律的一门科学。

俗话说“人为万物之灵”。要够得上这个称号，人必须有一个能够进行抽象思维，能预见、有智慧的正常头脑；有一个正常的主观内心世界和健全的人格和健康的精神生活，否则便算不得“万物之灵”了。然而人们怎样才能保持头脑正常、精神健康？怎样才能充分发挥自己的智慧和创造才能而成为推动社会前进的造福人类的一员？一个人怎样才能使自己的心理正常发展？有哪些因素会影响或损害人的精神健康？人为什么会心理失常？心理异常都有哪些表现？怎样来判别一个人的心理活动是正常还是异常？如果一个人产生了心理冲突或危机，那么，怎样才能避免自己在精神上蒙受损害，甚至崩溃？怎样来帮助一个心理变态的人对其异常表现加以矫正？得了精神失常的疾患以后，用什么方法对其治疗？等等。还有其他许多类似的问题都可以从变态心理学中得到有益的知识和帮助。

人们的精神（心理）也和躯体一样，免不了要产生许多毛病，所谓绝对健康或完全正常的人是很难找到的，而且心理活动的正常和异常并没有一个截然区分的界限；所谓常态与变态只是相对而言，它们往往交织在一起。因此，我们不仅要研究正常心理活动的规律，而且还要研究异常心理活动的规律。如果只有专门研究正常心理规律的普通心理学而没有探索异常心理规律的变态心理学，要全面说明人类极其复杂的心理现象及其规律，那是不可能的。

变态心理学不仅要对心理异常的各种现象加以描述，进行分类和解释，而且要试图阐明其发生的原因和机制。心理学家在揭示心理异常现象发生、发展和变化的原因和规律时，不仅要把它和大脑的机能状态联系起来，而且要同人与客观现实关系的情况有机地结合起来进行考察。目前，人类对于自身复杂的心理活动规律的认识还大大落后于对客观世界规律的认识。由于受到整个心理科学发展水平的限制，人们对于异常心理现象发生和变化规律的认识还很不完善和精确，对于许多现象还不能给予恰当和圆满的解释。然而，近些年来，由于神经生物化学、心理生物学和社会科学某些领域的迅速发展，对心身关系问题，或者说对人的行为和脑神经生理、生化过程之间的关系问题的认识不断深化，为变态心理学研究的进展开辟了新的途径。尽管变态心理学还不能说是一门十分成熟的学科，但是随着整个心理科学的发展，随着心理生物科学和社会文化交叉学科研究的进展，对心身关系以及社会文化对心理影响的认识不断深化，变态心理学也必将随之迅速地发展。

变态心理学作为研究和揭示心理异常现象发生、发展和变化规律的一门科学，在理论上对于说明心理现象的实质，论证心身关系和心物关系等哲学基本命题可以提供新鲜的科学论据。在实践上，对促进人类精神健康的心理卫生工作乃至整个精神保健事业都可以起到重要的作用。同时，它的研究工作还能有助于促进和提高精神病临床诊断和防治工作的效果。因此，变态心理学已成为人们普遍重视和十分感兴趣的科学领域之一。不仅是心理学工作者和专业学生，就是广大的医务工作者、医学生、司法工作者、文艺工作者、政治思想工作者以及教师和家长都十分感兴趣，且十分需要。目前，变态心理学的内容已和普通心理学、社会心理学、儿童心理学和教育心理学等交叉起来，并渗透到医学、社会学、管理科学和文学艺术等许多领域中去。

心理异常问题自古以来就为人们所关心，并试图进行解释。例如在古代，人们一般都认为心理异常是由于人的灵魂出了毛病的表现。在中世纪的欧洲则把心理异常看做是“在人的灵魂里有魔鬼在作祟”，是“鬼魂附体”、“罪孽上身”的结果；而心理异常的各种不同表现则取决于附体魔鬼的特性。这种解释，在中世纪黑暗时代，给无数患有心理障碍的人特别是精神病人带来惨重的后果。到了18世纪以后，人们开始把心理异常看做是人脑有病变或受到有害因素影响的结果。从这时起，精神病人才开始被当作需要治疗的病人来看待。在现代，对心理异常的解释，不同学派有不同的看法。(参看第2、3、4章)

从辩证唯物主义的观点来看，可以认为心理异常就是人们在大脑生理生化功能障碍或人(主体)与其客观现实关系失调基础上所产生的对客观现实的歪曲反映；如果这种歪曲反映已导致人的行为紊乱，并破坏了人的社会生活适应以及认识世界、改造世界的能力，而且又不能简单地用一般人的方法加以纠正，这就是心理疾患(或精神疾病)了。

二、变态心理学的研究方法

变态心理学作为心理学的一个分支，其研究方法也从属于心理学方法的范畴；当然，它的方法也有自身的某些特殊性。由于研究对象的复杂性和学科本身的特点，决定了变态心理学研究方法的复杂性和多样性。在方法论上必须遵循唯物辩证法和历史唯物论的基本原则；在具体方法的运用上则要严格遵循科学性、客观性和实践性等原则，用相互联系的全面观点进行分析，按照现象的本来面目去实事求是地说明问题。力求避免用孤立、片面和机械的观点和方法来考察问题。下面就变态心理学的主要研究方法作一概述。

（一）观察法

观察法主要是由主试（医生或心理工作者）通过直接观察或在谈话中的观察对被试（病人或健康人）的心理、行为表现进行有计划、有目的的了解。在进行观察时，除了直接的视觉观察以外，常常要辅助以谈话，因为通过谈话，可以使观察更有目的、更有方向地进行，还可使观察一步步地深入下去。在观察之前应做好准备，了解被观察者的基本情况，订出观察目的和计划。在观察过程中要忠实地、客观地进行记录，也可做观察日记，然后根据观察所得资料进行客观分析，切忌主观臆测。

观察法可分为自然观察和控制观察。自然观察是在不加任何控制的自然情境中对个体的行为表现进行直接的观察记录和分析，如对住院病人，可在病房、活动室或医院庭院里，在病人自由活动状态下进行现场观察。当然也可以借助于录音、录像或电影摄影，以及取样本作实验室化验等进行间接的观察。控制观察则是在预先设计好的特定情境中对个体进行观察，如让被试者进入一个预先布置好的可以引起紧张情绪气氛的环境中，记录其情绪反应和行为表现的变化过程。在观察时间上，可作长期、连续和系统的观察；也可作短暂、断续或一次性的观察，前者可在医院住院环境中进行；后者可在门诊或家访中进行。观察的内容一般可以包括身体外观，仪表；言谈举止，行为表现；情绪状态；人际交往风格，对己对人对事的态度；在活动中表现的兴趣和爱好；在困难情境中的应对方式，等等。

（二）个案调查法

个案调查法是把被试（如病人）作为一个单一的案例进行全面、深入、系统、详细的调查研究。个案材料的来源可以是被试者的自述或他人的报告。在分析自述时，我们必须注意患者所用词句的确切含义。对于他人的报告则要注意其对患者的态度及他们之间的关系。个案调查法可以通过交谈、问卷和活动产品分析（包括被试者的作业、日记、信件、绘画等）等方法来取得资料。个案内容除了个人的一般资料如个人史，既往史、现病史以外，还需要详细了解个人的生活经验，家庭生活与人际关系状况，学习或工作情况，心理发展和教育情况，对人、对己、对事的态度和风格，在集体中的表现及其兴趣、爱好与病前的性格特点，重要的生活事件和精神刺激以及最近的病情变化等。

个案调查法较重视研究结果对于样本所属的群体的普遍意义，因此，在进行个案调查时应注意所选择的个案样本的代表性。个案最好按照发展的次序进行有系统的，传记式的记录，除了要求内容准确、描写细致，还要文字简练，并尽量避免使用专门术语。

(三) 实验法

实验法是在严格控制的条件下,主动引起需要考察的现象,并能对结果作数量化的分析和反复的验证。实验法在变态心理学研究中是重要的方法之一,它有以下几种类型。

1. 病程实验

这是变态心理学中较重要、较直接、也是最独特的一种实验方法。目的在于取得异常心理过程的现状及其变化特点,并对这些特点予以数量及性质上的评估。实验在病人的疾病演变过程中进行,所用方法和程序大多选自实验心理学并是心理障碍患者所能接受与使用的。实验结果可以表现疾病过程中及治疗前后变化的情况,借此可验证某些变态心理学的假设。

2. 病人的治疗性实验

这一方法来自精神病学,对病人的治疗赋予实验的性质,一般是病因学为依据,即采取病因学治疗。也就是说,变态心理学中的假说如果与事实相符,则所用的治疗方法,一般都应有预期的效果。治疗性实验作为变态心理学的一种研究方法应注意的是:首先,治疗的情境与条件应严格控制。与一般性的综合治疗不同的是,综合治疗要充分利用治疗中的各种条件以提高疗效,而治疗性实验中的治疗则无需如此。其次,在治疗性实验的实施过程中,医生往往会对病人显得过分关切和热情并期望良好的效果,在此情况下,医生对病情的估计和疗效的评定都可能高于实际情况,这是应予避免的。“双盲法”的实验设计可在某种程度上克服这种偏向。第三,对治疗效果的评定应有客观指标。

3. 儿童自然实验

儿童期是人格形成和心理发展成熟的一个过渡时期。儿童所处的生活环境,所受的教育情况,所习得的行为习惯及其身体素质等对其心理的正常或异常都会有十分明显的影响。自然实验法是让儿童在日常生活中,适当控制条件并结合游戏或学习等活动,对儿童行为表现进行系统的观察和记录。这种方法对于各年龄组儿童的心理异常作详细的检查和记录资料,将有助于变态心理学中确定各种行为异常发展学说的正确性和合理性,同时也可作为对于儿童早期出现的异常心理表现所采取的预防和治疗措施的理论依据。

4. 动物实验

有些实验如果用人作被试会损害其身心健康,因此不能随便采用,但我们可以在动物身上施行,如用人工方法制造生理缺陷,改变其机能状况,给予各种急性或慢性的刺激,从而制造各种心理病理模型以便进行类比。不过在将动物实验结果用于解释人的心理与行为异常问题时应充分考虑到它们之间的区别。通过动物实验确实可以发现在某些病理生理和异常行为方面动物与人的共同的事实与规律,但在应用动物实验结果与人的心理异常现象进行类比时应十分慎重,以免导致错误结论。

(四) 心理测验和行为评定量表法

无论在临床实践工作中的诊断,还是在研究工作中的测试,都需要一种对于心理异常表现能够进行定性、定量,同时又简便易行、容易操作的方法和手段。各种心理测验工具和行为评定量表,在某种程度上可以满足这个要求。

1. 心理测验

心理测验是由心理实验方法发展而来的一种心理学技术,是对人的某种心理现象进行客观的标准测量的方法。心理测验有各种各样的量表,如记忆量表、智力量表、人格量表以及神经心理测验量表等,其中每一方面又包括许多的具体量表。例如,有人统计,各种各样的人格量表就有一千种以上。在医学心理学尤其是变态心理学和神经心理学的研究和临床工作中,心理测验有十分重要的作用。例如,对于智力落后儿童的鉴别;对于心理与行为的正常与异常的诊断;对于器质性心理异常和功能性心理异常的鉴别;对于患者是否有人格障碍的诊断,等等,都可以借助心理测验进行较客观的和数量化的比较,并可缩短观察时间,较快地做出鉴别。

2. 评定量表和行为评定法

在变态心理学或精神病学的研究和临床工作中常常需要对病人的心理、情绪障碍进行客观评定,特别是在精神病临床上,为了更有效地对病人进行诊断和治疗,临床心理学家和精神科医生合作编制了许多评定量表,如各种抑郁量表,焦虑量表,躁狂量表,精神症状评定量表,精神衰退评定量表等。行为评定是除了心理测验之外,对病人的行为表现(外显行为和动作反应)进行评定。还可同时配合测定其心率、脉搏、呼吸等生理反应,因为这些也属于一种行为。行为评定一般是按照预先编好的一个结构式会谈提纲(或问卷)通过谈话来引起病人的动作反应和行为表现,还可进行打分,故行为评定也可以数量化。例如,最早提出 A 型行为类型的美国心脏病专家弗雷德曼(Freedman)和罗森曼(Rosenman)所设计并使用的 A 型行为的结构式会谈法就是一种行为评定法。

三、判别心理异常的指标

由于人的心理活动无论正常还是异常都是非常复杂的,并不像躯体生理活动如体温、脉搏、血压、肝功能等那样简单,要判别心理活动的正常和异常是相当困难的。但这对于变态心理学来说十分重要,也是不能回避的。明确正常和异常的指标对于理解心理(行为)异常的发生、发展、变化的过程极为重要。首先,心理活动的正常和异常之间的差别是相对的,很难找到一条截然的分界线。其次,心理异常表现受许多因素的影响,包括客观环境条件、大脑神经活动过程、主观经验、当时的心理状态以及不同的社会文化背景的影响等等。因此,很难找出一个统一的,被大家公认的判别标准。当然,这并不是说我们就无法认识和把握心理异常现象，或者说不可能找到任何原则和方法来确定心理异常现象了。

事实上，有许多学者都在不同的角度来探索心理(行为)正常与异常的指标。下面就是前人曾论述过的用以判别心理(行为)异常的具体指标。

(一) 统计学指标

有许多心理异常现象在常人身上也会或多或少有所表现，但不如精神病人身上那样特别明显。因为正常的、健康的心理活动总是和大多数人的心理是一致的，所以，判别一个人的心理是否正常，最明显的标志就是拿他的心理活动与大多数人进行比较和对照，看一看在某种情况下是否一致。如果把极少数的异常情况和大多数的情况，给予统计学处理，则其次数分配呈常态曲线，也就是说符合常态分配现象，大多数人是居中的，即接近平均数；只有较少数人是偏于两个极端的。在次数分配居中者(即接近于平均数)为常态，居于两端者为变态。例如，人的精神运动性活动水平是会有差别的，一切常人都同时具有精神运动性兴奋和精神运动性抑制这两个相反的状态。某些人兴奋较为占优势，所以表现活跃、好动、爱说、与人交往频繁等；而另一些人则抑制占优势，所以表现安静、沉默、话少、与人交往也少等。这些都是正常的。但如果一个人的精神运动兴奋表现超出了一定的范围，如见人就打招呼，不管是生人还是熟人，都要跟人家来往，整天说个没完，做这做那，一刻不停；或者相反，精神运动性抑制超出了一定的范围，整天缄默不语，只是向隅而坐或独自卧床，不与任何人交往，什么事也不想干，等等；这两种“超常”的表现就应考虑是变态的了。除了考虑与大多数人相比较是否一致以外，还要特别考虑与同龄人的心理状态相一致的问题。因为不同年龄阶段的人，他们在感知觉、思维、记忆、情感、意志、动机、性格和行为方式等各个方面都会有不同的特点。

当然，这样的判别指标也只是相对的。所谓与大多数人不一致，并没有一条绝对的界限。因此，不能因为稍有不一致就判定为异常；而且在常态分配的两端，常常可能只有一端是变态的，而另一端虽也超乎正常却不能算是变态。例如人的智力，智商在 70 以下属低常，无疑是异常的了；但智商在 140 以上属超常却不能认为是异常。因为智力超常可能是人们所羡慕的天才。

(二) 社会适应性和评价的指标

人是社会的动物，每一个人都不能离开他生活的社会集体。群体生活和人际交往是人类“天性”的表现。而且，人都只能在特定的社会环境中生活，因为人一出生，社会就已经为其准备了现成的、具体的历史现实环境，包括经济条件、政治条件以及一整套的社会价值观念体系、社会伦理道德规范、法律规范和民族传统、风俗习惯等。在正常情况下，每一个人都能通过家庭、学校和社会的教育与培养，通过自己的生活实践把社会的客观需要和要求经过社会内化作用而变为自身内在的、主观的需求。因此，人与生活在其中的社会是一个统一的整体,本质上是可以协调一致的,即能够按照其具体的社会生活环境要求来适应它、改造它,而不会发生问题。一个心理正常的人与其他人是能够相互沟通和交往的;他能理解别人,别人也能理解他;他能为他人和集体所悦纳,也能正确处理人际关系。这些都是一个人的社会适应性正常的表现。如果一个人在其内心世界里所具有的价值观念体系、伦理道德标准以及外在的行为表现与社会环境的客观要求格格不入,甚至相互抵触,那就不可能协调一致。在这种情况下他就不能很好地和他人进行沟通和交往,不能为别人所理解,自己也不能理解别人,不能为集体和他人所接纳,成为集体中一个不受信任、不受欢迎的"多余者",不能正确认识和处理各种人际关系,这就应该考虑其心理(行为)是否属于异常。

不过,人的社会适应性及其评价指标往往受到不同社会文化背景和不同社会历史条件的影响,因而这样的判别指标也不是绝对的。例如,我国历史上在民国以前,女人的裹脚称为"三寸金莲",被认为是美的表现。但如果今天还有女人裹脚,那就是地道的变态行为了。

(三) 以个人经验为指标

每个人都能自觉地意识到自身的心理活动,同时也能体察到别人的心理活动。因此,对于人的心理究竟什么是正常的,又怎样才算异常的,在每个人的心目中实际上都有一种主观"模式"。人们把自己对于正常心理的体验和经验作为出发点或参照点,来判别各种心理活动是属正常还是异常,这都是以个人经验为标准的方法。本来人的心理活动的各个方面,如认识活动、情感活动和意志行为等都应该是统一的、完整的和协调的。如果这三者不能协调一致,遇到应该高兴的事情,他却产生悲伤、忧愁的情绪体验,行为表现沮丧而消沉;或者相反,遇到悲惨伤心的事情时,他却体验着愉快振奋的情绪,表现出兴高采烈的行为。这样,我们就可凭个人经验判定其心理活动是不正常的。精神医学工作者在这方面具有比别人丰富和精确得多的个人经验,在其临床工作过程中经常采用这一指标。

但是,这一指标可因人而异,主观性很大。而主观性越大,则个人(包括研究者)之间的差异度也就越大。凡与自己个人经验不同者都可能被判别为异常或变态。这是运用这一标准时应注意的。

(四) 以客观检查结果为指标

客观检查指标要求能够数量化,并且要能够重复。因而,这个指标比较客观、可靠。它主要包括以下两方面的内容。

1. 生理和组织的检查指标

人脑是心理的器官,大脑的生理功能和组织结构有损害必然会造成心理活动的异常。许多因素如物理损伤、感染、中毒、遗传、代谢和内分泌紊乱等都能使大脑的生理功能或组织结构受到损害。这时各种物理、化学检查以及心理生理测定等有重要意义。如果检查结果确实存在某方面的阳性体征,同时又发现有相应的心理异常表现,即使是轻微的表现,通过病因与其相应心理异常症状存在的一致性作为标准,就可确定其心理异常的存在。

2. 心理实验和心理测验的检查指标

各种心理测验工具或实验仪器确实能给人们提供比较客观的数据;同时作为一种规范的方法也容易为大家所掌握,可以大大减少不同研究者的差异度。心理测验和实验的指标在某些心理活动方面已显示了它的使用价值,提供了一些为大家能接受、都能使用的测查方法。例如,在判别人的记忆能力是否有异常方面,可用各种记忆测验量表或仪器;在判定人的智力正常与否方面,可用各种智力测验工具;在判定一个人的人格是否属于常态方面,可用各种人格测查表,等等。但是,以心理测验或心理实验作为判别心理正常与否的方法或指标,也只是相对的,仍有很大的局限性。这是因为第一,人的主观心理活动无论是正常还是变态,都非常复杂,并受着许多因素的影响和制约,很难使用单一的测验工具或仪器恰如其分地测查出来。第二,在人身上还有许多方面的心理与行为活动究竟属于常态还是变态,还无法使用测验工具或仪器进行测查。因此,如果期望搞出一套心理测验与实验工具来取代以上的各种判别指标,并解决人的所有心理与行为是属于正常还是变态的问题,只能是一种不切实际的想法和苛求。

如上所述,对于心理活动的常态与变态的划分,实在难以找出一个十全十美、客观而又一致的指标。在上述四个指标里,几乎没有一个能在单独使用时完全解决问题。但并不是说,心理活动的常态与变态就无法鉴别了。事实上,在严重精神失常的情况下,所有指标都是适用的,如果把各个指标综合使用会大大增加判别的准确性;但是在临界状态(即边缘状态)下,则哪一个指标都难以判定。心理与行为从正常范围过渡到异常范围会有许多细微的变化,而到了一定的阶段是会有突变的,这必须通过量与质的辩证关系的分析才能正确解决问题。诚然,在现实生活中,心理障碍与精神疾病还是易于发现的,只是对于临界状态(边缘状态)的鉴别则需要更为丰富的临床经验和实际知识与技能才能做到。

四、心理行为异常表现的类别

人的心理异常也和躯体疾病一样,可以是轻微的,也可以是严重的,其表现各式各样,纷繁复杂。但为了进行科学研究,总结临床经验并进行交流,研究者们对于形形色色的精神(心理)异常必须进行划分、归类,并提出诊断的统一指标;这样才能有共同的语言。因此,对精神病学来说,精神疾病的分类就成为这一学科领域中的一项重大问题。目前世界各国都有自己应用的分类体系或方案。

专栏

常用的精神障碍分类系统

1. 世界卫生组织编制的《国际疾病分类》现已出到第 10 版(简称 ICD-10),于 1992 年公布,其中有关精神障碍的主要分类如下:

F00—F09 器质性(包括症状性)精神障碍
F10—F19 使用精神活性物质所致的精神及行为障碍
F20—F29 精神分裂症、分裂型及妄想性障碍
F30—F39 心境(情感性)障碍
F40—F49 神经症性、应激性及躯体形式障碍
F50—F59 伴有生理障碍及躯体因素的行为综合征
F60—F69 成人的人格与行为障碍
F70—F79 精神发育迟滞
F80—F89 心理发育障碍
F90—F98 通常发生于儿童及少年期的行为及精神障碍
F99 待分类的精神障碍

2. 美国精神障碍分类系统称为《精神障碍诊断与统计手册》(Diagnositic and Statistical Manual of Mental Disorders)现出到第 4 版(简称 DSM-Ⅳ),于 1994 年公布。其具体分类为如下 18 大类:

1. 通常在婴儿、儿童或少年期首次诊断的障碍
2. 谵妄、痴呆、遗忘及其他认知障碍
3. 由躯体情况引起的,在他处未提及的精神障碍
4. 与酒精有关的精神障碍
5. 与苯丙胺(或苯丙胺类)有关的障碍
6. 精神分裂症及其他精神病性障碍
7. 心境障碍
8. 焦虑障碍
9. 躯体型精神障碍
10. 做作性精神障碍
11. 分离性精神障碍
12. 性及性角色认同障碍
13. 进食障碍

14. 睡眠障碍
15. 未在他处提及的冲动控制障碍
16. 适应障碍
17. 人格障碍
18. 可能引起临床关注的其他问题

3. 我国的精神障碍分类系统称为《中国精神障碍分类方案与诊断标准》(简称CCMD),于2000年完成了第3版的编制,即CCMD-3,它的主要分类如下:

0. 器质性精神障碍
1. 精神活性物质所致精神障碍或非成瘾性物质所致精神障碍
2. 精神分裂症和其他精神病性障碍
3. 心境障碍(情感性精神障碍)
4. 癔症、应激相关障碍、神经症
5. 心理因素相关生理障碍
6. 人格障碍、习惯和冲动控制障碍、性心理障碍
7. 精神发育迟滞与童年和少年期心理发育障碍
8. 童年和少年期多动障碍、品行障碍和情绪障碍
9. 其他精神障碍和心理卫生情况

我们参考了上述几种分类系统,并根据人们日常生活和活动所见到的心理与行为的异常表现,把心理、行为异常(障碍)划分为六大类别。这是我们所能见到的,包括精神病在内的所有心理与行为异常(障碍)的表现。

1. 行为和人格偏离以及不良适应性反应

这一类别包括心理异常的问题较多,也较复杂,其中有各种各样的行为偏离、人格病态、性行为异常,以及在应激状态下发生的不良适应性行为等。这类行为异常问题有的可以是固定和持续的;有的则是一时性的。其中有些案例牵涉到社会治安或司法问题。他们虽然有心理与行为的异常,但并不是真正的精神病,因为他们一般来说智力是正常的,意识是清醒的,一般没有精神错乱症状;故此,对自己的行为有责任能力,如果触犯刑律是要负法律责任的。不过,对待他们仅用强制性的惩罚手段或简单的劳教措施,通常难以使他们的异常行为得以纠正,而必须同时使用心理与行为的有关理论与矫正方法进行处理才能取得效果。对于这一类心理与行为异常问题需要许多学科如心理科学、精神医学、教育科学和社会科学等共同参与与研究。其中有(1)行为偏离问题,主要发生在青少年身上,是指在没有智力障碍和精神失常情况下发生的与其所处社会情境及社会评价相违背,且显著地异于常态的各种行为表现(见17章)。(2)人格障

碍，是指明显偏离正常人格，并与他人和社会相悖的一种持久和牢固的情绪和行为反应方式，通常有社会适应不良并有不同的表现类型(见第8章)。(3) 性行为异常，是指寻求性满足的对象和方式与常人不同，与生殖没有直接联系且有违反当时社会习俗倾向的性行为活动(见第9章)。(4) 不良适应性反应，是指多发生在青少年身上，特别是那些心理素质发育不健全的人，在变化着的或新的环境中，容易产生不良适应性行为，对心理健康发展有严重影响。

2. 特殊意识状态

这一类心理异常问题包括：(1) 催眠状态或梦境中的心理变化。(2) 社交剥夺或感觉剥夺时的心理异常，这时由于大脑失去了适度的兴奋刺激的支持而造成大脑功能的失调，主要表现为注意涣散，记忆力减退，自控能力削弱，思想混乱，情绪烦恼、焦虑和孤独感。(3) 宗教徒的入化状态、气功的巅峰状态以及练功者的“走火入魔”状态。(4) 某些药物如致幻剂等作用下所产生的心理、行为异常表现。

这类心理、行为异常表现大多属于正常心理和变态心理之间的交叉或边缘状态。而且许多表现都是一过性的。即引起异常表现的各种状态消失以后，患者的心理与行为便恢复正常，大多数人无需治疗即可恢复正常。

3. 轻度心理异常

这一类心理异常表现是指人的整体心理活动某些方面受到影响，即大脑一般没有组织上的器质性损害，只是在高级神经系统活动方面表现失调。患者心理活动各方面的协调性受到一定的影响，对周围环境的适应能力有明显的减弱，人际关系处理往往不够和谐。但他们能理解并认识到自己的心理失常状态，因而主动寻求改善自身不正常状态的办法和措施；日常工作和社会活动可正常进行。一些轻度精神疾病如各种神经症和轻度的心因性反应症等都属于这一类(见第11、12、13章)。

4. 心身障碍或称心理生理障碍

这一类异常是指在躯体各器官系统发生病变前后所表现的心理异常现象。它常表现为在应激状态下所出现的某种内在的情绪或动机的冲突，通过心理影响生理的途径，以身体各器官系统的病变表现出来。因此，在心身障碍发生时，既有躯体的异常，也有心理行为的异常(见第10章)。

5. 大脑病患及躯体缺陷时所表现的心理行为异常

这类心理异常又有三种不同的表现：(1) 大脑发育不全时所表现的心理异常：主要是与大脑机能发育不全有关的各种能力的障碍，明显表现为智力迟滞(见第7章)。(2) 大脑器质性损害时出现的心理异常：对大脑的损害如脑震荡，脑挫伤，脑动脉硬化，中毒或病菌、病毒的感染都有可能既造成脑器质性损伤，又可能同时出现心理异常。(3) 盲、聋、哑、跛等躯体残缺时所发生的心理异常：当人的躯体某一部分受到破坏时，受损害器官的机能未能恢复，这时，在缺乏适当的教育和训练的情况下，会使患者造成某种程度的心理异常。

6．严重的心理异常

这一类是指人的整体心理机能的瓦解。不仅各种心理活动机能本身，而且它们之间的协调一致也严重受损；同时机体与周围环境的关系也严重失调。概括起来主要有三方面的异常表现：(1) 病人的反映机能受到严重损害，对客观现实的反映是歪曲的，可出现精神失常现象如幻觉、妄想、思维错乱、行为怪异、情感失常等，因而丧失正常的言行、理智与行为反应。(2) 社会功能有严重损失，不能处理正常的人际关系，不能参与正常的社会活动，甚至会给公众社会生活造成危害。(3) 不能理解和认识自身的现状和个人生活，不承认自己有精神病，对自己的处境完全丧失自知力。各种重性精神疾病如精神分裂症、躁狂抑郁症和严重的心因性精神病等都属于这一类(见第 14、15、18 章)。

五、变态心理学与相关学科

(一) 变态心理学与医学心理学

医学心理学也是心理学的一个分支，它以医疗实践中的心理学问题为对象。我国医学心理学倡导人丁瓒曾提出这一学科的任务：是以心理特征基本规律的知识来帮助医学阐明疾病的发生和痊愈等问题，更全面地揭示预防疾病、保护健康的科学原则(丁瓒，1956 年)。假如“疾病”指的是身体的和精神的疾病，则变态心理学应该是医学心理学的一个分支。波罗可帕(Prokop, 1981)等曾综述了医学心理学、行为医学诸问题，认为这些学科大都研究躯体或生理疾病(机能障碍)的心理因素的作用问题，变态心理学则更多是在精神健康与疾病的领域中起作用。但是从这两门学科的内容和任务来说都是互相交叉、互相补充的。

医学临床工作者缺少心理学的训练，心理学家缺少医学的知识，常常会使医学心理学的发展水平受到限制。

(二) 变态心理学与精神医学

精神医学是医学的一个分支，变态心理学是心理学的一个分支。显然两者是有所不同的，但也有密切联系。作为临床医学，精神医学首先和临床医学有同样的对象、任务和方法。其服务对象是各种精神病人，其临床工作主要在于对病人的诊断、治疗、预防和护理。变态心理学并不把这些作为自己的直接任务。

心理学及其分支变态心理学是精神医学的基础知识之一。变态心理学的研究成果可以协助精神医学的诊断与治疗，促使精神医学发展水平的提高。精神医学则用自己的临床材料和实际成果丰富变态心理学的内容，验证变态心理学中的许多理论和假设，并使变态心理学的研究不至“言之无物”。因此，有人说在心理学领域中的许多基础实验研究(广义的)都能对精神医学的某些问题给予一定的启发,另方面,精神医学的某些发展对变态心理学也有同样的意义。

六、变态心理学研究的历史简述

人们对异常心理现象的观察和记载已有漫长的历史,但是系统的探讨和科学的解释则是近百年来的事。古人对异常心理现象的解释常常带有神秘的色彩。随着科学的发展和社会文明的提高,人们对这些现象的认识也不断有所改变。然而,不论在原因的理解上和对病人的处置上,都产生过截然不同的看法和措施。因此,变态心理学的研究在其发展的道路上经历了漫长而曲折的过程。

(一) 中国古代的记载

我国是一个有着五千多年历史的文明古国。在公元前 5 至 3 世纪,春秋战国时代曾有过诸子百家争鸣的文化高潮,秦汉以后历代在变态心理学思想与实践上都有所发展,但基本思想多本先秦而来。先秦古书中已有丰富的变态心理学思想的资料。我们可以分两方面来研究,即古医书中变态心理学思想的记载及其他古籍中的记载。经、史古籍中有关的材料不及子书中的丰富;而在古医书中则最为丰富。这里就从这两个方面选述若干重要论点。

1. 我国古籍中的变态心理学思想

关于心理因素的致病作用,在我国古书中有不少记载,散见于《诗》、《礼》、《易》、《左传》及其他子书、史书之中。春秋战国时期,子产谈论晋侯的疾病时认为“出入饮食哀乐之事”(《左传·昭公元年》)是其原因,而山川星辰之神并不能为害。

关于却病延年之道,古人主张身体和精神都不可久劳,也不可久逸,而应当劳逸更递,这样就可宣散其气,保持心身健康。另外关于“过度”和“不节不时”的害处,《吕氏春秋·尽数》也说过:“大甘大酸大苦大辛大咸五者充形,则生害矣。大喜大怒大忧大恐大哀五者接神,则生害矣。大寒大热大燥大湿大风大霖大雾七者动情,则生害矣”。秦汉时代有的古书也提到疾病的机制问题,“臣闻乐大甚则阳溢,哀大甚则阴损。阴阳变则心动,心气动则精神散而邪气及。”(《汉书·东方朔传》)。另外《易·丰六二》“往得疑疾”,即多疑症状的记载;《荀子》有错觉、幻觉、酒醉及智力和躯体缺陷等特点的记叙。

2. 我国古医籍中的变态心理学思想

我国古代医学知识的各种讨论和传说集荟在战国时代成书的两部著作,即《素问》和《灵枢》,合称《内经》。

古人重视心理因素的致病作用,《灵枢·口问》中曾说:“夫百病之始也,皆生于风雨寒暑阴阳喜怒饮食居处”。《素问·举痛》说:“余知百病生于气也,怒则气上,喜则气缓。悲则气消,恐则气下……惊则气乱……思则气结”,还谈到这种危害机制在于“惊则心无所依，神无所归，虑无所定，故气乱矣”等。《素问·阴阳应象大论》还提出“怒伤肝”，“喜伤心”，“思伤脾”，“忧伤肺”，“恐伤肾”等观点。

《灵枢·阴阳二十五人》等篇对人的个别差异和类型，以及它们与疾病的关系做了详细的描写和分析：从阴阳的关系分阴阳两端为两行，又有三行居其间，共分为五行。从五行学说来分型则有：木行之人、火行之人、土行之人、金行之人、水行之人。此五行又各有四种变异型，总共分为二十五种类型。古人对这些类型的体形、心理特点及与疾病的关系等都做了详细的说明。

关于心理治疗和心理卫生的思想方面，古人也注意病人的心理状态，把其他治疗措施和心理治疗结合起来。在进行治疗时，《素问·宝命全形论》指出“治病必先治神”的重要性。关于心理卫生的记载古人主张养真气、守精神，如《素问·上古天真论》上说：“虚邪贼风，避之有时，恬澹虚无，真气从之，精神内守，病安从来?”我国古代早已认识到建立正常、合理生活作息的重要性，提出“饮食有节，起居有常，不妄作劳”，才能保健心身，长寿不老。

（二）西方变态心理学研究历史简述

早在公元前四百多年，古希腊医生希波克利特便以朴素唯物主义观点来解释心理异常现象。他反对以诅咒、求神来治疗精神病人。他认为心理障碍并不是什么神秘的现象，是由于各种体液起了变化进入脑内，破坏了脑的活动而产生的。他说：“欢乐、愉快 、欣幸、喜戏；苦恼、悲伤、不满和烦扰等，都是从脑产生出来的……而我们所以会疯狂，胡言乱语，深夜或黎明时被郁苦和恐惧所笼罩，同样也是由于脑的存在”。希波克利特对于心理异常现象已经观察得相当细致，当时，他已把心理异常现象区分为狂病、郁病和昏迷等三大类。稍后，在公元前约100年，希腊另一位医生阿克列比亚德(Asclepiades)首先使用了“心理障碍”与“心理缺损”等名称，而另一位医生格伦(Galen)则根据病人的心理状态区分了感觉病症、记忆病症和心理错乱等三种类型的障碍。以上说明，古希腊学者对行为异常已有初步的认识，看到了心理异常现象与人脑的关系，具有朴素唯物主义性质。

到了中世纪时代(公元5至16世纪)，由于神学和宗教占了统治地位，心理异常就完全被看做是魔鬼力量的体现。不同的心理异常症状则是由于附体魔鬼不同特点造成的，因此，残酷的拷打、禁闭、火烧、水淹、放血、停食等所谓“驱魔”手段就成为治疗精神病的方法(图1-1)。这给无数精神病人带来了悲惨的后果。

图1-1 直到19世纪精神病人身上仍套着锁链

从17世纪以后,由于新兴资产阶级的崛起,在文艺复兴运动的推动下,科学也日渐发达起来。与此同时,医学也逐渐摆脱了中世纪神学的束缚。心理异常现象被看做是精神病的表现,是一种需要医治的疾病。从此,变态心理学和精神病学一起作为科学而逐渐发展起来。现代的变态心理学在随后的变化历程中,大概经历了这样几次变革过程,即从黑暗愚昧走向复兴的比奈尔时代的变更;从思辨走向实验的克雷丕林的变更;从病人的外部走向病人内心的弗洛伊德的变更;从医院走向社会(社区)的阿尔比和卡普兰等人的现代的变更。

法国医生比奈尔(Pinel de Moutréal)认为精神病也是一种需要治疗的疾病,主张给予精神病人以人的待遇,他亲自解开精神病人身上的锁链,给他们自由、阳光和新鲜空气,使精神病人收容所完全改观(图1-2)。

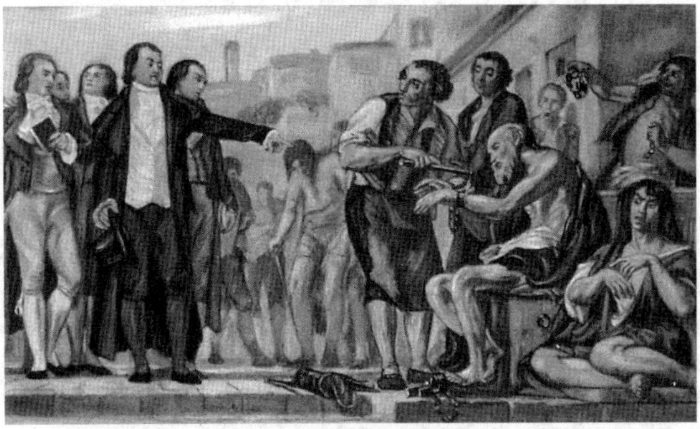

图1-2 比奈尔亲临现场监督解放精神病人

克雷丕林(Emil Kraepelin)把变态心理学和现代医学及现代心理学联系了起来,而比奈尔则仅仅是希波克利特的简单继承。克雷丕林对变态心理学的最大贡献是在实验心理学和精神病学之间搭起了桥梁。他相信实验心理学可能对基本的心理结构提供资料,对异常心理结构也是如此。他亲自到冯特创立的第一个心理实验室参加研究和学习,使用实验方法研究了药物对人心理的作用、精神病人的反应时间、记忆、思维、情感、书写和人格等。由此,他提出了许多变态心理学研究课题。

弗洛伊德与他的前人及大多数同时代人不同,前人都只重视精神病人的外在因素而忽视了其内在原因,而弗洛伊德则重视病人的内心冲突和动机,他把变态心理学从静止的描述改变为探究内在动力的精神分析。但是他的理论体系有着明显的弊病,如过分强调无意识的作用、宣扬泛性论观点等。他的学生和同事,如阿德勒和荣格等,以及不少追随者(如霍妮、沙利文和弗洛姆等人)对其经典精神分析已做了多方面的发展。弗洛伊德学说为后人对变态心理学的探索开拓了新的道路。

从20世纪后半叶开始,由于社会经济与科学技术飞速发展和社会生活的改变,对于行为异常的原因、性质和意义等问题，人们也开始从另一个不同的角度来考虑与对待。这就形成了变态心理的新的变更——社区精神卫生运动。认为任何人在相应的内外紧张刺激作用下都可能引起精神障碍，而社区对个人缺乏支持则是精神崩溃的重要原因。社区精神卫生运动重视现实的生活情境，把重点放在预防上。这一倾向的变态心理学观点对异常的概念与解释虽还不够精确，但它使人们明了社会变化与紧张等社会因素的不良作用，心理异常的防治涉及整个社会的各个方面。目前，社区精神卫生运动正在世界范围内深入发展，尤其为经济落后地区的精神疾病的防治工作带来了极大的好处。

2

心理异常的生物学基础

心理是大脑的机能,是客观现实的反映。从唯物主义观点来看,心理现象尽管没有形体,但它必然有物质的根据,与物质活动有不可分割的联系。人的任何心理活动与行为都不会是主观自生的、不可捉摸的现象,它必定一方面受人体,特别是大脑的生理、生化机制所制约,另一方面受其社会实践环境所制约,这是心理现象赖以产生和变化的物质根源。这一章,我们将首先阐述心理异常现象与人体及大脑的物质活动之间的关系。也就是要说明,怎样从生物学的观点解释人的心理与行为的异常现象。

在考察人的心理活动与行为和人体与大脑两者之间关系的时候,变态心理学具有独特的优越性,因为心理异常现象都具有比较直接的、明显的和容易考察的生物学变化。变态心理学可以借助于精神医学、神经病学、心理药理学和神经心理学等研究,以及对心理异常者的人体和大脑的各种各样的检查来确定某种心理异常相应的人体和大脑的物质变化。所以,变态心理学在这方面能够积累更多的有关材料,为探讨心理的实质提供更丰富的科学论据。

下面将从遗传基础、大脑解剖与生理基础和神经生化基础三个方面概述可能影响心理障碍或精神疾患的产生和发展变化的生物学因素。

一、遗传学基础

各种心理异常或精神疾病能不能遗传?

一般来说,人的心理是不能直接遗传的,它主要是在后天的社会环境影响下,在人的社会实践活动中逐渐形成和发展起来。然而,一个人,作为一个整体(包括身、心两个方面)与遗传因素的关系却又十分密切,尤其是一个人的体型、气质、神经活动特点,能力与性格的某些成分等都会受遗传因素的直接影响。

在历史上,对于人的心理能不能遗传,曾经有过遗传决定论和环境决定论之争。例如,19 世纪末叶的英国科学家高尔顿(A. Galton)曾出版了《遗传的才能与性格》和《遗传·天才》等著作,认为人的心理,包括才能和性格都是遗传来决定的。在中国也有所谓“龙生龙、凤生凤,老鼠生儿会打洞”的说法,认为人的心理特点和才能是由遗传决定的。

但是,心理学中的行为主义理论却坚决反对遗传决定论,主张人的心理与行为是由环境决定的。20世纪初的行为主义创始人华生(J.B.Watson)就曾说过,给他一打儿童和他可控制的环境,他能把他们塑造成科学家、音乐家、流氓无赖或者小偷等等。这两种观点都未免偏颇。

如果说,人的心理异常或精神疾病都是遗传下来的,这显然不会令人信服。但我们说有些心理异常或精神疾病与遗传因素密切相关,这是合乎逻辑的。

双生子研究和寄养子研究的大量资料一致表明,许多精神疾病患者的亲属都具有患病率高于一般群体的特征,而且亲属患者的亲缘关系越近,则患病风险率越高。据全(Tsuang, 1985)对精神分裂症家系调查结果表明,精神分裂症一级亲属患精神分裂症的风险率为3.7%,而对照组(正常人)一级亲属的风险率仅为0.2%,两组差异极为显著。我国钱德胜(1989)的调查结果为患者的一级亲属,精神分裂症的患病风险率为4.25%,而正常的群体一级亲属患病风险率仅为0.42%;情感性精神病患者的一级亲属患病风险率为6.8%,正常人群体一级亲属患病风险率仅为0.066%。在双生子调查研究中,肯德勒(Kendler, 1983)等发现,同卵双生子患精神分裂症的同病一致率为31%~78%,异卵双生的同病一致率为0%~28%。拜弗尔森(Berfelsen, 1979)等总结10批资料表明,181对同卵双生的情感性精神障碍的同病一致率为63%,而340对异卵双生的同病一致率为16%,相差4倍,我国学者方惠泰报告50对双生子的调查结果同卵双生的同病一致率为46.4%,异卵双生一致率为18.2%。在寄养子的调查研究资料中,赫斯顿(Heston, 1966)报告了精神分裂症患者母亲所生子女47例自幼寄养后随访结果,并与正常母亲所生子女50例寄养后随访结果比较。结果,患精神分裂症的母亲所生子女寄养后有5人患精神分裂症,而对照组则无一例患精神分裂症。且其他精神障碍的患病率中患者组的子女也较对照组的子女为高。

当今,由于分子生物学、分子遗传学和细胞遗传学研究的重大进展,揭示了遗传影响的物质基础,并已有可能去阐明遗传的具体机制,遗传的作用已是有充分科学根据的事实。脱氧核糖核酸(DNA)被称为遗传物质,染色体是由盘曲得很紧的双股螺旋形DNA分子构成,基因则是DNA分子中的一小段,由于染色体的变异(畸变)和基因的变异(突变)。变异范围有可能构成引起机体结构或功能异常的因素,成为致病基因,从而成为造成心理功能的异常或精神病的相关因素。国内、外的研究资料都已表明,在精神病患中,不仅是精神分裂症、躁狂抑郁症和癫痫性精神病等所谓的内源性精神病,遗传因素与其发病过程中有着十分重要的作用。而且近年来对阿尔采莫氏病、惊恐障碍、强迫症、酒依赖、药物依赖、人格障碍、儿童多动症、儿童孤独症等也在进行着分子遗传学的探索。一般认为躁狂抑郁症可能是单基因显性遗传病;精神分裂症有人认为是一种单基因隐性遗传病,但有许多人则认为是一种多基因遗传病,并与环境因素的作用有关;先天愚型(唐氏综合征)则被看做是染色体畸变造成的遗传病,近年来江三多等(1991)在研究高发的精神分裂症时,应用分离分析和多基因阈值模式的数学分布方法后,提示高发精神分裂症为一种显性主基因参与的多基因遗传病。

二、大脑的解剖与生理基础

在人体内外有害因素作用下,大脑是通过怎样的物质变化而形成人对客观外界的病理性歪曲反映,从而表现为异常的心理与行为的呢?能否通过对变态心理现象本质的研究去认识其中的规律,并在治疗过程中利用这些规律以促使人脑机能的康复?这是人们普遍感兴趣的问题。

(一) 病理形态学的研究

早在18世纪,解剖学家便开始了对精神病人的大脑结构进行形态学的观察,但是到19世纪后半叶才逐步获得可靠的资料。自从1861年布罗卡(Broca)发现了额下回后部的局限性病变,引起运动性失语症,并将这一区定为言语运动中枢;于1874年维尔尼克(Wernicke)发现脑左侧半球颞上回后部的病变引起言语感觉的障碍,定为言语感觉中枢;在这以后,有关大脑机能定位的进展十分迅速。研究发现,大脑皮层的不同区域具有不同的结构与功能,某一区域受到损害就会出现相应功能(包括心理功能)的障碍。对大脑皮层进行分区的做法也越加深入和细致;其中以布洛德曼(Brodmann)1919年所做的47个分区流行较广(见图2-1)。到1934年克雷斯特(Kleist)的皮层机能定位图更是全面,在图上不仅有理解音乐、理解名称、理解语句、认识数字、计算和记忆地点等的中枢,而且还有思考中枢、意志中枢、情绪体验中枢和自我的中枢等。

进一步的研究表明,大脑皮质以及脑的各个部分在形态结构上是有差别的,在生理机能上也不是完全一致的,各部分确实存在着不同程度的分工,但是,并不能确定心理活动的严格的代表区。如果把各种复杂的心理机能直接与大脑的某一局部区域机械地、孤立地联系起来,而认为各种心理障碍是大脑的某一区某一层或某一"中枢"损害的直接结果,这种看法显然是机械的、不正确的。实际上,人的各种心理活动与大脑的联系并不是绝对的定位关系。

诺贝尔奖获得者美国著名生理学和神经心理学家斯培利(Sperry)所创立的"大脑两半球机能不对称"或"大脑半球机能定侧化"的概念,从而否定了传统的所谓"优势半球"的说法。这一概念认为,所谓右半球(即非优势半球)对心理机能不起主要作用的看法是不能成立的。因为非语言形式的心理机能,如形象的感知和记忆,时间、空间的知觉与定向,人物定向和音乐旋律感、音乐的记忆以及语调、语词重读音的控制等均由右半球来完成。大脑两半球既有分工,又相互补充、相互制约、相互代偿,所谓"优势"也只是相对的,只有左、右两半球的协同工作,才是人类正常心理活动的可靠保证。

斯培利通过切断胼胝体来治疗癫痫病,并获得了成功。癫痫病人不仅有抽搐,而且也有精神症状。切断胼胝体以后,不仅治好了癫痫,而且使病人心理正常起来,精神症

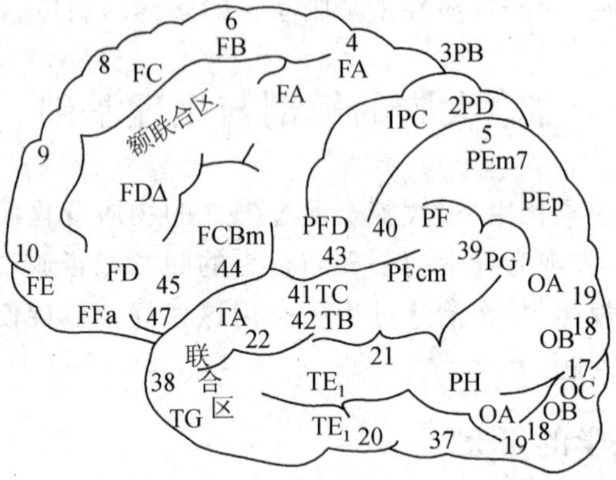

A. 脑的外侧面

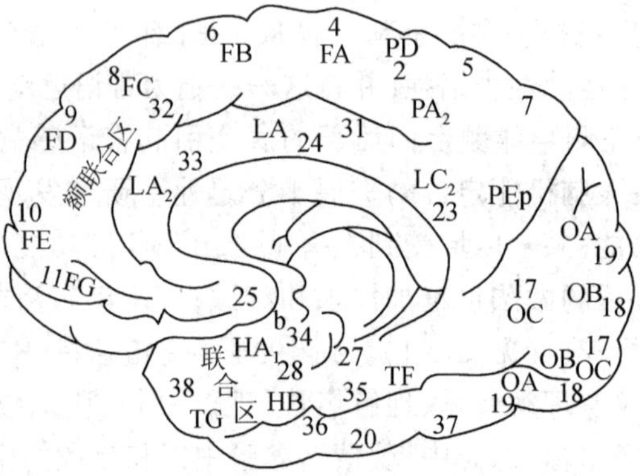

B. 脑的内侧面

图 2-1 布洛德曼(数字)和依科洛摩(字母)皮质功能定位图 *

*：主要区域图释：
- 3-1-2 区(PB-PC-PD)：主要感觉区
- 4 区(FA)：主要运动区
- 5-7 区(PEm)：感觉联合区
- 6 区(FB)：运动前区(部分锥体外路)
- 8 区(FC)：眼运动与瞳孔改变区
- 17 区(OC)：主要视觉区
- 18-19 区(OB-OA)：视觉联合区
- 39-40 区(PG-PF)：言语感觉联合区
- 41 区(TC)：主要听觉区
- 42 区(TB)：听觉联合区
- 44 区(FCBm)：言语运动区(Broca 区)

状消失，可见胼胝体不仅是对大脑两半球起联系的作用，而且直接参与心理机能的实现。研究还发现，两半球对情绪的控制也有不同。如果右半球(所谓非优势半球)机能受损害，病人就表现出情绪高涨、欣快、话多等；如果左半球受损害则表现为情绪低落、沉默寡言、自责自罪等。

(二) 中枢神经系统病理生理学的研究

19 世纪后半叶，动物大脑半球的完全切除和部分破坏以及局部刺激等研究方法的开展，揭开了近代神经生理学研究的序幕。与此同时，也开始了神经系统病理生理学的实验观察和研究，从而奠定了大脑神经活动生理学和病理学基础。其中最早的代表人物是谢灵顿、杰克森和谢切洛夫。后来巴甫洛夫(图2-2)在前人研究成果的基础上做了进一步的研究和总结，提出了系统的高级神经活动生理学和病理生理学，即经典的“条件反射学说”。巴甫洛夫认为高级神经活动的基本现象是条件反射或暂时联系。这在动物界和人类都是一种普遍的生理现象，同时也是一种心理现象。在高级神经活动病理学方面，巴氏提出的最基本的概念是所谓“睡眠时相”，这是大脑皮层从觉醒到睡眠状态或从睡眠到觉醒的一种过渡的机能状态。例如，从觉醒状态下的“正常相”开始，随着睡眠抑制的发展与加强，就有可能按顺序出现“均等相”、“反常相”、“超反常相”、“麻醉相”，最后是完全的“抑制相”。所谓均等相是强刺激与弱刺激都引起同样的反应；反常相是强刺激引起弱反应，弱刺激引起强反应；超反常相则是阳性刺激引起阴性反应，阴性刺激引起阳性反应，即该兴奋的反应反而被抑制，而该抑制的反应却反常地兴奋起来。在正常生理状态下，通常从觉醒到睡眠的过渡阶段时间是很短暂的，故催眠时相出现不甚明显，但是，在大脑皮层活动受到削弱，特别是处在受损害的病理状态下，时相状态就很容易出现，而且催眠时相中的某一阶段可能持续相当长久，几天、几星期甚至几个月。因此，催眠时相不仅可作为高级神经活动失调的指标，对于研究大脑皮层的病理过程有重要意义，而且也可以作为一种病理生理基础之一来解释人的心理异常表现。例如，巴甫洛夫认为超反常相就可能是幻觉、妄想以及其他一些变态心理与行为的病理生理基础。另一个解释高级神经活动病理学的基本概念是所谓“孤立病灶”或称“病理惰性”，可以是病理惰性兴奋也可以是病理惰性抑制。和催眠时相状态一样，“病理惰性”也是具有普遍意义的心理与行为异常的病理生理基础之一。

图2-2 巴甫洛夫(Ivan Parlov)

巴甫洛夫在高级神经活动病理学的实验研究方面，最突出的成就是关于“实验性神经症”概念的建立。他认为造成动物神经症的主要因素是由于兴奋与抑制过程协调平衡的关系失调，使高级神经活动机能混乱所致。这里包括兴奋过程的过度紧张、抑制过程的过度紧张和灵活性过度紧张等三种情况。巴甫洛夫认为动物的实验性神经症和人类的神经症有某些相似之处，所以把动物的实验性神经症看成是人类神经症的模型。但他同时也看到由于人的生活环境(社会)的复杂性和第二信号系统的独特性，人和动物的神经症又有明显的差别，因此，不能把动物身上的研究结果直接搬用在人类身上。此外，巴甫洛夫认为，大脑皮层和皮层下关系失调以及第一和第二信号系统关系失调都可以看做是心理与行为异常的病理生理基础之一。

巴甫洛夫经典条件反射学说的建立，对于人类进一步了解自身的大脑这块最复杂的物质的功能做出了伟大的贡献。但由于历史条件及当时科学水平的局限,它只能做到从宏观的角度进行研究,而且只能是间接的观察。随着科学技术的进展,特别是电生理学和神经生物化学等的发展,使各国的生理学家、生理心理学家和临床工作者可以从另外的新的途径即电生理学途径来探讨高级神经活动的机能特点。通过电生理学研究及临床观察,已逐步对边缘系统各部分的功能及其对动物和人类行为的影响有了更深入的了解。所谓边缘系统,包括杏仁核、海马、隔区、丘脑下部和视前区、部分视丘核、中脑背盖区和网状结构、某些大脑皮质区、部分纹状体等。以上各部分如果受到刺激、损害或出现病变时,就可能出现各种异常的情感反应,注意和记忆障碍,摄食、性行为与防御反应增强,睡眠与觉醒障碍,以及各种内脏、植物神经系统和内分泌机能的改变等等。因此,边缘系统的机能状态如何,与人或动物的心理与行为活动特别是情绪活动能否正常进行有密切关系。

三、神经生化基础

神经化学的研究开始于19世纪70年代。通过对脑组织的离体研究,脑脊液的化学分析,用死后的脑组织进行病理化学分析等,逐渐对脑的化学成分有所了解。研究表明,在种族和个体发育的不同阶段以及在脑的不同部位,其生物化学特性是有差别的。20世纪以来,现代科学技术,尤其是80年代以来迅速发展的分子生物学和各种成像尖端技术的发现和应用,使人们能更深入了解大脑处于不同机能状态下生化物质代谢的变化,特别是对于各种心理与行为异常状态下,脑内生化物质的改变有了越来越深刻的了解。

(一) 中枢神经递质

中枢神经递质是一类存在于中枢神经系统中对大脑功能有重要影响的物质,具有传导神经冲动或阻抑神经冲动传导的作用。主要有乙酰胆碱、儿茶酚胺、5-羟色胺、谷氨酸和γ-氨基丁酸以及多肽类物质等。这些生化物质如果代谢异常,就可能成为诱发精神障碍的重要原因。

1. 乙酰胆碱(acetylcholine, ACh)

在神经末梢中胆碱与乙酰辅酶的催化下合成ACh。ACh神经元分布广泛,脑内胆碱神经元主要在Meynert核,纤维分布到皮层及边缘系统,ACh受体分为毒蕈碱受体和烟碱受体。前者在脑内以锥体外系的纹状体密度最大,其次为大脑皮层、海马、杏仁核等部位、生理功能与不自主运动、意识、学习和记忆有关。烟碱受体主要分布在脊髓细胞以及边缘系统、下丘脑和海马等。其生理功能尚了解不多,中枢胆碱-肾正腺素平衡失调的假设,认为情感性精神障碍可能与胆碱能神经有关,尸解结果表明,阿尔采默氏病大脑皮层及海马胆碱能神经末梢及细胞体明显减少或损失。

2. 儿茶酚胺(catecholamines, CA)

CA是包括肾上腺素、去甲肾上腺素和多巴胺在内的与情绪活动关系密切的一类重要生化物质。有人曾提出情绪障碍的儿茶酚胺假说，认为内生性的情绪障碍如抑郁症是由于脑内CA机能不足所致，而躁狂症则是由于交感中枢机能亢进，CA的机能过盛造成。此外，CA的代谢障碍与精神异常也有密切的关系。例如，肾上腺素的苯环上共有两个羟基，如果二者被甲基取代，或其内部结构改变而形成吲哚化合物，如肾上腺素红或肾上腺素黄时，都可能引起精神异常。有人报告，躁狂症患者尿中肾上腺素和去甲肾上腺素的排出量明显增多，而忧郁症患者尿中二者的排出量则正常。慢性精神分裂症患者肾上腺素的排出量正常，而急性期患者排出量增多。老年性痴呆和先天愚型患者的肾上腺素排出量低于正常水平。

3．去甲肾上腺素(norepinephrine，NE)

在去甲肾上腺素神经元内酪胺酸转化为多巴胺后进入囊泡，由多巴胺经羟化酶催化成NE。NE广泛存在于正常人的脑组织中，一般认为它是交感神经系统的传递物质。NE在脑中的具体分布依其含量的多少依次如下：下丘脑、中脑、桥脑、延脑、纹状体、大脑皮层及海马。脑内的NE能神经元，其纤维分上行与下行两大组。上行纤维分背、腹两束。背束起于兰斑，上行到达全脑，特别是大脑皮层及小脑皮层、海马等处，也到达杏仁核及下丘脑前区，可能是网状结构上行激活系统的组成部分，与意识状态有关，参与维持觉醒状态。腹束起于延脑、桥脑的NE能神经核群，通过网状组织、丘脑下部及边缘系统(杏仁核、隔区、扣带回等)直至嗅球，其功能可能与饮食、生殖、情绪及奖励行为有关。下行纤维大部分交叉到对侧组成网状脊髓束，终止于脊髓前角及颈脑水平含交感神经节前神经元的侧角中，其功能可能与维持肌张力有关。

4．多巴胺(dopamine，DA)

在多巴胺神经元内酪胺酸经酪胺酸强化酶作用转为多巴，再经多巴脱羧酶转化为DA。DA神经元胞体主要集中于中脑，发生纤维有三条通路：(1) 黑质-纹状体系统，纤维起于黑质，投射至纹状体，主要功能为调节锥体外系统运动。动物实验表明，刺激该系统的通路可引起好奇、探究、运动增多和觅食等活动，如将两侧通路完全毁损则能引起不食不饮、运动减少，对周围事物无反应等表现。而至呈现木僵。(2) 中脑边缘系统通路，纤维起于中脑脚间核。广泛分布于大脑边缘系统，可能与人的精神活动特别是情绪行为有关。(3) 结节漏斗系统，胞体位于丘脑下部，纤维投射至垂体，其功能可能与内分泌的调节有关。

5．5-羟色胺(5-hydroxytryptamine，5-HT)

由5-HT神经末梢中的色胺酸在其羟化酶的作用下生成5-羟色胺酸，再经脱羧酶脱羧为5-HT。5-HT神经元主要分布于中脑和脑干，胞体主要集中于中缝核、行走与NE能纤维大体相似，也分上行和下行两部分，在功能上大体与NE神经元相拮抗。在人脑中5-HT含量如果过高或过低，都可能造成精神障碍。其主要生理功能与情绪以及自杀和暴力等行为有关。有人通过实验证明，如用药物抑制单胺氧化酶的活动，使脑内5-HT大量增加，就会出现兴奋现象，还有人实验证明，5-HT的异常代谢物，如蟾毒色胺、毒蕈素、内叶芸碱等,都可引起精神症状。

6. γ-氨基丁酸(γ-aminobutyric acid, GABA)

氨基酸类神经递质有两种,即γ-氨基丁酸和甘氨酸,均为中枢抑制性神经递质。由谷氨酸去谷氨酸脱羧酶和辅酶磷酸吡哆醛作用下合成γ-氨基丁酸(GABA)。GABA主要集中在纹状体,在下丘脑中脑和小脑也有分布。其生理功能与焦虑、惊厥、内分泌调节等有关。γ-氨基丁酸和甘氨酸是神经中枢重要的抑制性递质,能抑制突触神经冲动的传递。

7. 神经肽

是体内传递信息的多肽,主要分布于神经组织,也分布于其他组织。肽由多个氨基酸组成,也是构成蛋白质的主要成分。神经肽分布广泛,它的失活不同于单胺类神经递质,一般没有再摄取,主要为酶解失活。目前已发现百余种神经肽,其中较重要的有:(1) P物质,这是最早发现的神经肽,被认为是一种公认的神经递质,据研究发现脑内及外周组织中均有P物质受体,P物质可能与镇痛及黑质多巴胺能系统功能异常有关。(2) 内源性阿片样肽,主要为内啡呔类、脑啡呔类和强啡呔类,其作用广泛,对神经、精神、呼吸、循环、内分泌、感觉、运动、免疫等功能均有调节作用。对痛觉的调节作用更为明显。(3) 胆囊收缩素(CCK),是脑内含量最高的多肽,主要在细胞体内合成,储存于突触前束泡,以胞裂外排的形式释放,CCK与镇痛、厌食、脑血流的调节、脑垂体激素释放及胃肠道功能有关。

(二) 神经内分泌

神经细胞同时具有把神经信号转变为激素传递信号的功能,称为神经内分泌作用,从而使神经系统控制或调节内分泌作用,并使神经和内分泌两大系统功能有机地结合起来,使中枢神经系统能更好地适应内外环境的变化。下丘脑的某些区域的特定神经元可分泌神经内分泌激素,将神经元电信号转化为化学信号释放至血液可进入下丘脑-垂体-门脉系统,作用于垂体前叶,对垂体激素起促进或抑制其释放的调节作用。其中有促肾上皮质激素释放因子,促甲状腺素释放因子,促黄体生成激素释放因子,促性激素释放激素,以及生长素释放因子等。

神经内分泌激素的分泌及调节作用主要通过神经内分泌轴而实现。内分泌系统与行为的关系,表现在内分泌激素是行为的调节剂,同时内分泌系统对行为的调节作用又影响内分泌激素的生物合成及代谢。

实验与临床资料表明,机体生物胺机能的缺陷可能是情感性精神病的基础。而研究发现,情感性精神病患者有神经内分泌的异常。因此,推测这些内分泌变化是由于中枢生物胺的机能障碍所引起。临床上研究较多的内分泌系统是下丘脑-垂体-肾上腺轴。有人报道发现抑郁症患者血浆皮质激素和17-羟皮质类固醇的含量均增高;在起初,有人认为这是一般的紧张、焦虑等非特异性因素所造成,但后来,证明不能认为这些变化是单纯的应激反应,而是抑郁症患者的一种基本的神经内分泌障碍。

关于焦虑状态与神经内分泌的关系,某些临床研究指出,皮质类固醇可引起激越,加重焦虑。有焦虑症状的病人,皮质激素含量较恢复期高25%;精神病患者处于焦虑和抑郁状态时,皮质素含量可增高50%。因此认为焦虑可能是皮质类固醇增多所引起的神经化学变化造成的。人的肾上腺受下丘脑控制,下丘脑将神经应激信息转化为化学信息——促皮质释放因子。此因子从下丘脑细胞分泌出来,至特殊的垂体门脉系统,促进了促肾上腺皮质激素的释放。

四、变态心理学的生物医学观点

运用生理学或生物学的因素来解释各种心理异常现象或各种精神疾患,同时主要采取生物学方法来加以消除(即治疗),称为变态心理学的生物医学观点。这种观点是在古代的著名医学家希波克利特及其后的加尔(Call)的工作基础上发展起来的。他们都倾向于认为精神疾患都来源于躯体因素或大脑损伤。后来,到了18、19世纪,由于科学技术的迅速发展,尤其是大脑解剖学和生理学的成就,使人们对于心理活动与大脑物质的密切关系有了越来越深刻的认识,并促使人们去考虑心理异常现象可能与大脑组织及机能的损伤有直接关系的设想。

在19世纪,大多数医生都看到:周期性极度情绪高涨、没有真正躯体病损的肢体瘫痪或言语错乱等都是情绪障碍的征象,但关于这些异常表现具有怎样的意义、与大脑有什么关系、是什么样的一种疾病、却存在着激烈的争论。后来,医生们从躯体医学中得到了启发,即发现结合在一起的症状群往往表示一种特殊的疾病;每一种综合征候群表明有一种基本病因,从而提示一种合乎逻辑的治疗方法。例如在治疗肺结核时,不是仅仅去减轻像咳嗽或发热之类的症状,而是要竭力去控制和消灭结核杆菌,那么精神疾病是否也可以像躯体疾病那样来加以考虑呢?

图2-3 克雷丕林(Emil Kraepelin)

现代精神病学奠基人,德国著名精神病学家克雷丕林(E. Kraepelin, 见图2-3)最早、最系统、最有成效地模拟了这种在医学上颇为成功的方法去探讨精神疾病。他所著《精神病学教程》一书,自1883年第一版以后发行至第9版,在美国和世界上许多国家被看做是精神疾病分类、临床诊断和治疗的权威性著作。在19世纪末20世纪初,克雷丕林把成百上千精神病人的异常心理与行为进行观察、研究并加以分类,从而提出第一个关于精神疾病的科学分类方法以及疾病单位的概念,他认为真正的自然的疾病单位是具有同一病因、同一基本心理结构(基本症状)、同一病程、同一转归和同一病理解剖所见。根据这个原则,克雷丕林把整个精神病分为三大类:(1)伴有精神障碍的已知的躯体疾病(包括脑疾病、躯体病、中毒等)。(2)未见病理解剖所见的内因性精神病(包括真性癫痫、早发性痴呆(即精神分裂症)、躁狂抑郁症等)。(3)人格的偏离和反应状态(包括病态人格和心因性反应等)。克雷丕林根据自己的观察证明:"精神症状如此有规律地结合在一起,以至可以清楚地确定为一种特定的精神病","一个表现孤独、幻觉和意志障碍的病人是早发性痴呆,一个目前极度忧郁而过去又有明显周期性的、极度情绪高涨的病人,则属于躁狂抑郁症"。

此外,克雷丕林也是实验变态心理学的先驱者,他以一个精神病临床工作者的身份进入冯特的心理实验室,从事心理病理学和精神药理学的研究工作,因此,克雷丕林也是把实验心理学方法用于研究变态心理和精神病的首创者。

生物学观点认为在心理异常或精神疾病的原因里,起决定作用的是生物学因素。这一观点认为遗传在精神疾病中起关键作用,特别是所谓内因性精神病如精神分裂症和躁狂抑郁症等,但直到今天仍只能说遗传是有关因素之一,还不能说起直接的决定作用。关于生物学因素,二千年前希波克利特推测精神疾病是由于几种体液平衡失调所致;而今天,现代科学技术则证明,心理异常表现或说精神病症状有许多是与人体内的各种生化物质,特别是神经递质的相互平衡失调或代谢障碍有关。生物学观点所提出的精神疾病最明显而争论最少的病因就是脑损伤;因为任何脑损伤除了引起躯体症状外,还可能引起精神障碍。但实际上,人们看到,有很多精神病患者与脑损伤或其他躯体疾患并无关系;应激紧张、个人的内心矛盾冲突与适应不良性习惯都可能是直接的诱发因素,在生物学观点看来,这种情况只有在具有敏感或衰弱素质的人才会激发精神疾患。这里所指的素质因素仍然属于生物学的范畴。

根据这种观点,精神疾病是由生物学原因引起的,换言之,精神病人也就是患了一种生物性疾病,因此需要住院,服药或采用像治疗躯体疾病一样的有效治疗技术。对精神病人的治疗曾采用过的方法有:外科手术、电休克、旋水浴(水疗的一种)、二氧化碳吸入、人工发热、人工冬眠(降温)、胰岛素休克、卧床休息和化学药物等等。其中有些方法是有害无益的,但化学药物治疗看来很有前途,这是医学模式的主要贡献之一。例如,有数十种药物都能有效地减轻或控制精神分裂症、躁狂抑郁症或其他精神障碍症状。尽管药物常常不能使疾病彻底痊愈,但对患者的康复过程有很大的帮助。

生物学观点对于变态心理学和精神病学都具有重大的理论意义和实践意义。它的功绩在于,第一次在整个医学科学的基础上明确精神疾病和其他躯体疾病一样是一种疾病,都有生物学上的原因,从这一观点出发,有助于我们对心理异常的实质及其产生的原因和机制进行科学的了解。对于人类有效地减轻和控制各种精神疾患,维护人们的精神健康做出了重大的贡献。然而,这个观点有着明显的局限性,它只看到人的作为生物有机体的一面,即受生物学规律所制约的一面,而忽略了人同时又是一个活生生的社会成员,有着复杂丰富主观内心世界,受社会生活条件制约的一面。

3

行为障碍的心理学观点

一、心理动力学观点

行为异常的心理动力学观点，强调无意识领域中的心理冲突在造成心理异常方面起的重要作用，认为人的内在矛盾冲突或情绪扰乱是精神疾病的根源。这一理论的建立，最早而又系统的观点是弗洛伊德的精神分析学说。

弗洛伊德（图 3-1）是奥地利的一位神经病学家。在他的医疗工作中出现了一种意想不到的麻烦和困难。即病人常常把医生当作自己的情人、父亲或仇人；或者向医生表露缠绵的爱情，或者报以愤怒的敌意。后来，弗洛伊德发现，并不是自己的为人吸引着那些病人，而只是她们将对原来的恋爱对象的感情转移到医生身上，把医生作为替身而已。他把这种现象称之为移情作用。他认为医生只要保持严肃的专业态度和道德责任，不仅不应躲避，相反，恰恰可以利用这种情境更深入地了解病人的主观内心世界，并把它作为治病的一个有效的阶梯。

图 3-1　弗洛伊德（Sigmund Freud）

但是，弗洛伊德认识到，单纯使用催眠术不能提高治疗效果。因为催眠术有很大的局限性，首先是催眠术的使用使移情作用难以处理；其次是只有少数病人能被催眠，而大多数病人不能被催眠。为了扩大治疗的范围和提高治疗的效果，他渴望能发现和创立一种更为有效的方法，经过努力终于成功地用“自由联想”和“梦的分析”等新方法取代了催眠术。弗洛伊德认为只要鼓励病人谈话，说出其内心中所想到的任何东西，让病人重新体验引起她们发病的那些罪恶感或痛苦情感，使被压抑的情感引发出来，这就达到了目的。

弗洛伊德精神分析学说的核心是无意识的矛盾冲突假说。弗洛伊德认为人们的大多数行为是一种心理动机冲突的结果。无意识是人的心理结构的深层，它包括了原始的本能欲望与冲动。由于道德、现实和社会文明的约束，这些冲动和欲望得不到满足，就被压抑到无意识的领域中；但仍不断地寻找出路，回到意识中去以求得到满足。这种无意识的矛盾冲突正是产生各种各样的精神症状、梦境、失言、笔误或其他无意识过失的根源。此外，还有前意识和意识。前意识是介于无意识和意识之间的一个边缘部分，由一些可以经由回忆而进入意识的经验所构成，其功能是在意识和无意识之间从事警戒；它不允许无意识的本能冲动到达意识中去。意识则是心理结构的表层，它面向外部世界，是与对外在世界的直接感知有关的心理结构部分。其主要功能在于从心理结构中把那些来源于无意识的本能欲望与冲动排除出去。

弗洛伊德把代表追求生物本能欲望的人格结构部分称为"本我"(Id，又称"生物我"或"伊特")。本我是人格的基本结构，是人格中的一个永存的成分，在人一生的精神生活中起着重要的作用。本我遵循的是快乐原则，要求毫无掩盖与约束地寻找直接的肉体快感，以满足基本的生物需要。如果受阻抑或迟误了就会出现烦扰和焦虑，但不是本我的减弱或消失；相反，获得快感和满足欲望的要求显得更为迫切和强烈了，因而在本我的推动下，不顾一切代价，对于一切困难、痛苦和挫折都要克服而在所不惜。根据现实原则而起作用的人格结构部分称为"自我"(Ego，又称"现实我")。"自我"是通过与现实外界环境的接触，通过后天的学习使本我的一部分获得了特殊的发展。"自我"是伊特与外界关系的调节者，对外界的调节功能是感知外界刺激，了解周围环境，并将经验消化、储存；对本我的功能是指挥它，决定对它的各种要求是否允许其获得满足。若能满足则产生快感；若不能满足就产生不了快感；若遇到可能增加不快感的情况则产生焦虑不安。弗洛伊德把代表良心或道德力量的人格结构部分称为"超我"(Superego，又称"道德我")。从种族发展来看，"超我"来自于原始人，这是人类所特有的。从个体发展来看，"超我"在较大程度上依赖于父母的影响。在人格结构中正是"超我"表达了人的性格特征，使人按照价值观念和各自的理想行事。一旦"超我"形成以后，"自我"就要同时协调和满足"本我"、"超我"和现实三方面的要求。也就是说，在使"本我"(即本能冲动和欲望)要求获得满足的时候，不仅要考虑外界环境是否允许，还要考虑"超我"是否认可。这样，人的一切心理活动就可以从"本我"、"自我"和"超我"三者之间的人格动力关系中得以阐明。三者的关系可见图3-2。弗洛伊德还认为"本我"、"自我"和"超我"三者所占据的意识水

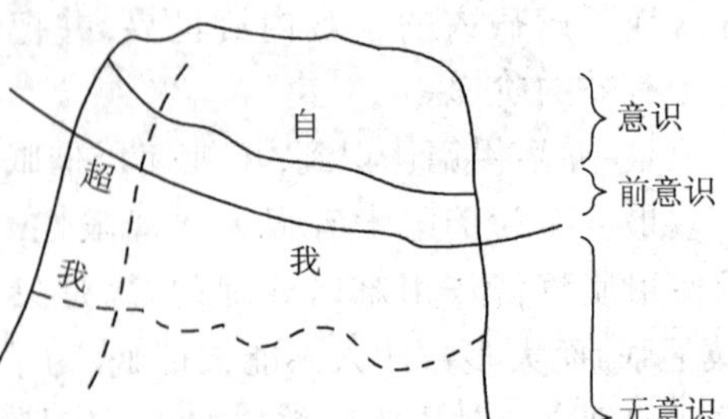

图3-2 弗洛伊德关于自我与意识的关系示意图

平是不同的。它们的相互关系就构成人的复杂的人格动力结构。一个人要保持心理正常，要生活得平稳、顺利和有效，就必须依赖这三种力量维持平衡；否则就会导致心理的失常。

弗洛伊德认为，伊特和"超我"在无意识领域中的矛盾冲突是不可调和的，而且这种冲突通常要引起一种弥漫性的恐惧感，称为焦虑。焦虑的产生反过来又使得各种心理防御机制发生作用，以帮助人们保持心理的平稳与安宁。最主要的防御机制是压抑，它可使伊特和"超我"之间的矛盾冲突几乎完全隐瞒起来而不让我们意识到。但是心理防御机制的过分运用反而会损害它的有效功能。例如，极度的投射机制可能导致偏执狂；而压抑和转换结合在一起，可能达到非常严重与广泛的程度而引起精神分裂。

根据对神经症病人的精神分析资料，弗洛伊德认为人的一切行为都是以性力（即Libido，力比多）为动力的。这包括许多追求快乐的行为和情感活动，并不是都与狭义的性行为有直接关联的。例如，父母子女之爱，兄弟姐妹之爱，朋友的情谊都来源于性本能，而且婴儿期强有力的欲望如吸吮、排便等也都有性的意味。当一个喂饱了的婴儿愉快地吸吮着自己的拇指或橡皮奶头之时，他并不是由饥饿所激动，而是由于某种追求快乐的动机，即基本性动机所驱使的。应当指出，婴幼儿期的性力发展对弗洛伊德的精神分析理论是极为重要的。为了对病人的疾病做彻底的解释并收到完全的治疗效果，就不能仅停留在致病当时的经验，而必须追溯到病人婴幼儿时期（指其性动机的挫折情境）。心理性发展可分为如下几个阶段（或时期）：

- 婴（幼）儿期包括口"欲"和肛"欲"两个阶段：口"欲"期（1 岁左右），其快乐来源为：唇、口、吸吮、吃、吃手指头。在长牙以后，快乐来自咬牙。肛"欲"期（1～2 岁），其快乐来源为：忍受和排粪便，肌紧张的控制。
- 儿童期包括生殖器期（年龄在 3～6 岁），其快乐来源为：生殖器部位的刺激和幻想，恋母或恋父。
- 潜伏期，年龄在 6～12 岁，又称少年早期。这一阶段的性力倾向大都受到压抑，于是转向外部世界，以好奇性知识等为满足。
- 青春期又称生殖器期，逐渐转向异性。
- 成年期。

弗洛伊德认为在性心理的发展过程中如果不能顺利地进行，如停留在某一阶段上或遇到挫折而从高级阶段倒退到低级阶段，都可能造成行为的异常。因此，这就成为各种神经症或精神病的根源。

精神分析理论的提出在当时需要有很大的理论勇气和实践精神。弗洛伊德不愧是一位天才的学者。首先，他第一次提出人的心理变态并不都是由大脑的生理和解剖结构的损害引起，人的内在心理矛盾冲突也同样能造成心理异常。因而，他实际上是对变态心理学作了彻底的改造，使精神病学家和心理学家从研究过程本身转向于研究病态表现的动力和内容，从病人的内心深处挖掘精神疾患的原因。因此，弗洛伊德精神分析学说被誉为是变态心理学和心理治疗理论发展的第一个里程碑,这是当之无愧的。其次,他强调本能冲动和欲望是人的心理动力;性是人类的一种基本动机,是推动人们心理活动的基本动力之一。第三,他提出心理的"防御机制"的概念,即认为,在人的无意识中有一种自发的心理调整机能,在一定的程度上能使人的内心矛盾冲突得以缓和,烦恼和不安得以减轻或消除,使人的心理活动恢复及保持某种稳定状态。但如果滥用或运用失效,又可能成为导致心理障碍的一个根源。

心理防御机制是弗洛伊德精神分析学说的一个基本概念。由于人格结构中的自我经常面临着本我、超我和外界现实,三个方面的压力与威胁,如果难以忍受就会产生焦虑反应。为了保护自身,自我就发展了一种无意识的心理机能,用各种手段去防范危险,缓解焦虑,这就是心理防御机制。最初,心理防御机制只局限于癔症病人所表现的病态病理特殊防御机制上,后来又陆续发现新的防御机制,其他心理分析家也有新的看法和新的发现,以后心理防御机制便受到学者们的普遍认可。

心理防御机制在现实生活中是一种相当普遍的心理现象。就像人体生理活动中存在一种"内稳态"功能一样,在人的精神活动中也存在一种类似的功能或倾向,即自觉或不自觉地在现实生活中发生问题时,用自己较能接受的方式加以解释或处理,从而解脱烦恼、减轻内心的不安与焦虑,以便恢复心理上的平衡,保持情绪的安宁与稳定。

心理防御机制作为一种自我心理调适的方法,一方面有着积极的适应功能,使人得以经常维护心理安宁。但另一方面,它又有消极的作用,因为现实存在的问题并没有真正解决,只能起到一种使人逃避现实的消极作用。从某种意义上说就是一种歪曲现实和"自我欺骗"的表现。总之,对防御机制的滥用或不管遇到什么问题都依赖防御机制,而不敢面对现实,主动应对,就会严重妨碍人们从根本上去解决所面临的问题,甚至可能成为导致心理障碍的一个根源,如对压抑、否认、退行、抵消、投射、转换等防御机制的过分运用或运用失效,就会发展出强迫性症状、分离性障碍、躯体性障碍、妄想及其他形式的心理障碍。此外,另有一些防御机制在歪曲现实和消极作用方面相对较轻一些,如升华、补偿、幽默等。

专栏

几种防御机制

下面简列几种一旦过分运用或运用失效就容易导致心理障碍表现的防御机制:

1. 压抑

指人们倾向于把一些"超我"不能接受,社会道德规范所不容的本能欲望和情感冲动压抑到无意识中去,但它们并没有消失,而且时刻在活动,力图进入意识中来,以求获得满足。弗洛伊德曾报告过一个病症:一位女青年有许多强迫行为动作,如睡前必须使自己的卧室和父母的卧室之间的门半开着,并在门口放上障碍物;她床上的长枕头不能与床板碰到一起(在治疗过程中发现这个少女认为长枕头像一个妇人,直挺挺的床板像一个男人)。这些强迫性行为动作,每天重复一二小时。通过自由联想,精神分析的结果是:这些强迫性行为动作的目的在于阻止父母性交,并借此仪式动作使自己代替母亲。这是一种为伦理道德所不容的乱伦欲望。因此,弗洛伊德认为症状(即心理障碍表现)是压抑到无意识中的欲望寻求满足的曲折表现。即被压抑的本能欲望既然不能得到真正满足,则以症状的形式得到某种代替性的满足,这就产生了心理障碍。

2. 否认

是一种无意识的防御机制,借助于这种机制,当事人对一些已经发生的令人悲痛的难以接受的事情好像根本不曾发生一样。这就避免了心理上的不安和痛苦。正因为这样,运用这种防御机制就特别容易形成过分运用或失效而导致心理异常。例如,一位母亲,本人自幼父母双亡,生活孤苦伶仃。婚后生一女孩,视之如命,极为疼爱。但很不幸,已上小学的女儿一天因车祸身亡。当接到这个悲惨的通知时,她拒绝承认这一事实。认为根本不可能,说女儿等一会就回来。当天,她照常准备晚饭,做女儿最爱吃的菜,等女儿回家吃饭。晚上仍照常为女儿铺好床,好让女儿回来就寝。以后天天如此,似乎女儿仍健在。并且不许别人提到女儿死的事。显然,她是在运用"否认"这个防御机制来避免这个不幸事件所带来的打击和痛苦。但这样一来,这位妇女的心理与行为已经严重偏离正常了。

3. 退行

是指一个人在遇到巨大的困难与挫折时,其心理与行为表现退回到较早时期的水平,采取较为原始与幼稚的方式来应付困境,以求得到别人的同情与关照,避开面对现实的窘迫与痛苦。从某种意义上说,许多心理障碍表现,尤其是各种神经症,诸如强迫症、恐惧症、焦虑症的症状表现以及癔病的许多症状,或多或少都是"退行"这种防御机制过分运用的结果。

4. 抵消

是指一个人用某种象征性的活动或事情来抵消已经发生的令人不安或不快的事情,似乎那些事情根本没有发生。如一个曾对自己过去有关性方面的经历感到罪恶或内疚的成年人,变成了一个经常做礼拜的、极为虔诚的清教徒,以此显示自己的"纯洁"和"美德"。强迫性仪式动作也可看做是"抵消"这种防御机制过分运用的例子。

5. 投射

指一个人将自己所不喜欢的或不能接受的,而自身却具有的性格特征、思想观念或欲望等转嫁到别人身上,说是别人具有这种性格、恶念或邪欲等。所谓"以小人之心,度君子之腹",就是这种防御机制的表现。例如,有人素来待人刻薄无情,而这种表现又是一种公认的恶念,如果他认为自己也是一个刻薄无情的人,就会自己也讨厌自己,自然会失去自尊。但若运用投射机制，认为周围人都是刻薄无情的，把自己的缺点转嫁到别人身上，在无意识中就可减轻自己的责任与内疚，也维护了自身的尊严，也就心安理得了。然而，投射机制的过分运用或运用失效就会造成无中生有、空穴来风、违反客观逻辑的思维导向，从而导致妄想症状的产生。

在弗洛伊德的理论体系中，有些原理、原则，是出于猜测，或者纯粹是虚构出来的。因此，他的整个理论体系不可避免地存在某些严重的缺陷。例如，过分夸大了无意识过程的作用；认为生物学的性本能冲动决定着人的一切心理行为活动；把人的生物属性与社会属性看成是不可调和的矛盾对立关系从而对人类未来引出悲观的结论，等等。但是弗洛伊德的心理动力学观点作为一种理论，某些心理现象(包括正常和异常的)确实能从中得以说明。作为一种方法，在临床实践中对于某些心理病态也确实能获得疗效。因此，我们认为，对于弗洛伊德的理论也应该"去其糟粕，取其精华"，即采取实事求是的科学态度，进行具体的分析研究，通过认真的批判，抛弃其唯心主义的体系，吸取其有用的"合理内核"。实际上，弗洛伊德的许多观点，在西方社会也早就受到过不少人的激烈批判。甚至连他的亲密的合作者和弟子如阿德勒(A. Adler)和荣格(C. G. Jung)，最后，由于不同意强调生物性动机的决定作用而不得不和他分手。

除了阿德勒和荣格以外，还有在美国出现的所谓新弗洛伊德学派，又称文化派的弗洛伊德学派。较有影响的代表人物是沙利文(Sullivan)、霍妮(Horney)、艾里克森(Erikson)和弗洛姆(Fromm)等人。他们的共同观点是强调社会文化的影响而反对弗洛伊德的本能冲动论和泛性论。但是他们还是接受了弗洛伊德的最基本的概念和方法，只不过赋予了他们各自的解释罢了。例如，他们都承认无意识的、非理性的、被压抑的欲望和冲动支配着人的行为，都承认神经症的治疗方法是把无意识的冲突引入到意识中来。因此，他们都基本上继承了精神分析的技术，如自由联想、释梦和移情分析等。

二、行为(学习)理论

正当弗洛伊德在欧洲进行精神分析研究的时候，华生(J. Watson)在美国提出了行为主义。华生认为引起反应的条件(即刺激)都是可以进行观察和测量的。他反对主观的推测和解释，而主张用客观的实验的方法进行严格的科学研究。这一观点从巴甫洛夫关于狗的应答性条件反射实验的成功和桑代克关于学习效果律现象的发现中得到有力的支持。

很快，人们就试图把有关学习的理论应用到变态心理学中去。巴甫洛夫就观察到可能使已形成条件反射的狗发生"神经症"症状的现象(即后来的实验性神经症)。例如,当狗形成了以圆形和椭圆形作为分化刺激形成条件反射以后。椭圆形逐渐变圆,当圆形与椭圆形的比例达到8:9时,狗就发生辨认困难,而曾经辨认很熟练的狗竟出现了心理紊乱,狂吠、哀鸣并咬坏仪器等异常行为。华生本人也很早就利用条件反射作用的知识来模拟恐怖症。实验是使一个原先很喜欢玩动物的小孩对一只大白鼠产生恐怖。每当小孩伸手去玩弄白鼠时,实验者在他背后发出巨响。只要这样结合几次以后,当动物一出现,小孩就会哭闹起来,行为发生混乱。不仅如此,每当小孩接近其他白色有毛的动物或与白鼠类似的刺激物时,都会变得十分恐惧。

尽管以上的论点和实验研究对于说明人的某些变态心理现象是很有价值的。但是在上世纪初,由于心理动力学观点正盛极一时,学习与行为理论并没有在变态心理学中流行起来。

斯金纳(B. F. Skinner, 见图3-3)可称是当代用学习与行为理论来解释行为异常而贡献最大的心理学者。斯金纳及其同事都认为心理异常只不过是一种特殊的学习获得性行为。因此,对于精神病的诊断,无非就是对特定的行为反应改变的分类。人的一切行为,除了直接由生理因素决定的能力以外,都是通过学习和训练而获得的。英国著名的心理学家艾森克提出的关于学习过程的特殊理论指出,各种心理变态和躯体症状都可以看做是学习得来的异常行为。因而,也同样可以通过学习来调整和改造它们,可以建立新的健康的行为来代替它们。

图3-3 斯金纳(Burrhus Frederic Skinner)在操作条件反射实验

在一般心理治疗家看,焦虑性神经症患者需要服药或与医生会谈,让病人畅谈自己的感受。而行为治疗家则需要确定患者的行为问题,了解那些行为使其感到痛苦?当患者叙述其经常感到恐惧时,确切的含义是什么?目前有哪些因素对这些异常行为起了强化作用?病人的行为为什么会持续下去?过去学习获得的哪些东西对目前的病态行为和主诉发生影响?当治疗者了解了这些问题以后,就要最终确定什么反应或不良行为应当消除或改变,并和病人一起规定合理的目标,即需要改变的靶行为,然后朝着这个目标去工作。

按照学习与行为理论家的看法,人类精神障碍与实验性动物神经症是十分相似的。许多症状都是诱发焦虑的环境条件与特殊的行为反应相结合而获得的。一个喜欢惩罚儿童的母亲可能成为产生儿童的恐惧与畏缩反应的条件刺激。这种反应也可能持续下去并产生泛化，以至儿童长大成人后，害怕周围的人并表现孤独。因此，条件作用既然可导致症状的获得，对抗条件作用就可以用来减轻病人的痛苦行为。恐惧白鼠的婴儿，可以用白鼠和一个愉快的反应相结合，使婴儿不再害怕白鼠。如当婴儿在吃喜爱的食物并感到轻松愉快时，把他们恐惧的东西在他们能够忍受的适当距离呈现出来，逐渐地、日复一日地缩短距离，直到白鼠靠近他而不感到害怕为止。

很多追随斯金纳学习理论的人都持极端的观点，即认为存在于人的行为学习中的"强化作用"是惟一决定的因素，但是，许多行为学者已开始认识到，在行为的形成过程中，强化并不是必须的。特别是社会学习论者如班杜拉等人，认为人们的许多行为不必通过强化，而只要通过模仿就能获得。例如，儿童看到成年人或电视片中的攻击行为，自己也就会变得富有攻击性。有些模仿行为，起初可能由于成人的赞许（如微笑或点头）而得到强化。但模仿反应最后也可能泛化，以致儿童对许多的成人行为都采取模仿反应。

自从1958年美国精神医学家沃尔普（Wolpe）在南非借助于经典条件作用的技术而创立了系统脱敏疗法并有效地应用到临床上以后，操作条件作用技术和模仿学习技术也同时相应地被广泛应用于行为治疗中，各种各样具体有效的行为疗法也应运而生，并都在临床上广泛应用起来。后来，许多行为治疗学者认识到认知等心理因素在行为发生过程中的重要作用，并对行为学习理论与行为治疗有所修正，强调在行为治疗过程中进行深入的行为分析的重要意义。

总之，行为(学习)观点对人的行为异常现象提供了一种全新的理论解释，以及新的研究方法，即采用客观实证方法，用实验事实和数据来说明问题，而不是只依据推论。同时提供了许多简便易行、行之有效而且比较规范的行为疗法，并已广泛应用于精神疾病，心身疾病和各种不良行为的矫正治疗之中。因而行为(学习)理论被认为是变态心理学和心理治疗理论发展史上的第二个里程碑。

然而，无论是华生的经典行为主义，还是斯金纳的新行为主义，都是极端的环境决定论观点，有十分明显的机械论色彩，他们对人性的看法过于简化，完全忽视了人的行为异常发生的内在认识、情感、动机和态度等主观的心理原因，同样，也忽视了认知、情感和意志等心理过程在治疗中的作用。如果只靠矫正行为，而不注意消除病人内心深处的认知、情感和动机等心理根源，就可能只是"治标"，而不能达到"治本"，只能停留在症状性治疗的水平上，难以达到保持稳定和彻底的疗效。

三、人本主义观点

变态心理学的人本主义理论是美国著名心理学家罗杰斯（C. Rogers）和马斯洛（A. Maslow）（见图3-4）所创立，始于20世纪40年代。人本主义既反对精神分析学派对治疗家的权威性作用，对无意识的意义和伊底等的过分夸大；也反对行为主义学派用条件反射和学习过程中的强化作用去解释人的行为。人本主义理论反对把人看做动物，而特别强调人的价值和意义。它认为人的行为不像动物，并不全是环境条件作用的结果。而人是自由的、能够独立自主的、具有无限潜能的，并且每一个人都能够意识到自身的各种变化；能理解自己的需要和经验；能分析自己的行为；也能做出抉择并对此承担责任。一个人如果从小就处于具有良好心理气氛的环境之中，例如有温暖和同情支持的父母以及家人，每个人就都会发现他的真正自我和他的全部创造性与潜能。

A. 罗杰斯 (Carl Rogers)

B. 马斯洛 (Abraham Maslow)

图 3-4 人本主义理论创始人

但是，一个人如果遭到虐待或受到重大的生活经历中的挫折与否定时，自我就会发生创伤或裂痕，内在的潜能不能发挥出来，而且还会受到损害。这样，人们就不会是一个真正自我实现的人，而可能是一个自我防御和心理失调的人。

罗杰斯与马斯洛一样，认为自我实现是人类最基本的动机。人类都具有一种自我实现的需要，即最大限度地实现自身的各种潜能的趋向。因此，他认为人是"积极主动的、自我实现和自我指导的。"这是人本主义理论的核心。为了进一步说明问题，罗杰斯还提出了"自我概念"，认为它是在人自我发展过程中，在与环境或别人的接触与交互作用中逐渐形成的。自我概念包括人对自己的认识，对自己与其他客体的区别和相互关系的认识，以及对人的价值标准的认识。

罗杰斯认为，在人际交往中，人总是愿意自己的行为受到别人的尊重。当一个人的行为产生了积极的自我体验，同时又得到他人的肯定时，他的自我概念就会是准确的，他的人格就能正常发展。但如果他的个人体验与他对自己的要求和评价相抵触时（这时，他可能会得不到他人的尊重），他就有可能采取歪曲和回避真实情感的办法，以缓和受尊重和自尊的需要与个体体验之间的矛盾冲突。也就是说，一个人如果只知道按照别人的看法和评价，不惜改变自身的标准，其结果是使自己失去标准，这样就会使自我概念发生歪曲，从而也就可能导致心理上的混乱。自我概念歪曲得越严重，各种心理异常表现如焦虑、抑郁、罪恶感和精神错乱等就表现得越明显。例如，一个生长在条件良好而又受到积极照顾的家庭中的儿童，由于得到父母毫无保留的爱护和尊重，就会发展一种坚强和积极的自我概念。如果父母的爱总是带有附加条件的，例如限制儿童只能“做这个”，不能“做那个”，不然就不能得到父母的爱抚，即评价的标准由别人来规定，从而产生一种“代价条件”的观念。这样，儿童就会形成一种软弱与破裂的自我概念。这种在内心世界中充满代价条件的自我，常常同一个人生而具有的在生理上和心理上都要体验到的自尊和受尊重的自我倾向发生矛盾冲突，其结果是失望、否认和歪曲，从而引起整个人格的瓦解而导致精神病。

由于罗杰斯认为心理异常是在违反人的本性的人际交往过程中产生的，因此，他主张消除心理异常的关键就是要在人与人之间建立起无条件的相互关心、相互尊重的关系，并创造一种真诚相待、相互谅解和彼此尊重的良好气氛。这样，人的心理就可以由僵化变为灵活；由静态变为动态；由依赖变为主动；由异常转化为正常；并使其全部潜能得以逐步发挥，从而达到自我实现的目标。

罗杰斯提出了来访者中心疗法和交友小组疗法。在来访者中心治疗中起主导作用的是来访者自己，他可以自由自在、无拘无束地表达自己的意见、想法、观点和感受。治疗者不必加以解释和劝导，更不予干涉和控制，只要表示理解、同情和乐于倾听就够了。这样，来访者就会感到自己是自由的、安全的，再不会有恐惧和顾虑，从而增强自信心和责任感，并能够去发现自己的问题，进行自我指导、自我克服和自我改善。交友小组治疗中也是没有领导者的，小组成员被鼓励去敞开思想，并鼓励情绪宣泄和真诚的交往。从而在小组成员中建立某种使人感到无条件积极关怀与尊重的关系，使个体提高自信，在人与人之间的真诚交往中去发现其真正的自我，依靠其自我指导能力来认识和解决自己的问题。

从罗杰斯的关于心理异常的理论和它的心理治疗方法来看，它强调人的价值和意义；强调人的独立自主的人格；强调人体所具有的现实的潜在能力；强调人的自我实现的至高无上的动机。在心理治疗方法中强调治疗者和患者的平等协调、情感沟通和心理交融的关系；强调充分调动患者主观能动性的重要作用；强调患者在治疗过程中自己来发掘自身的潜能，自己来发现真实的自我，从而达到自我实现。治疗不是仅仅着眼于过去历史和今日现状，而是放眼于未来，体现着积极向上的进取精神。可以说，人本主义观点对人的心理异常的解释以及对心理治疗与咨询的实施提供了一种新的思路和更合乎人性的新的技术路线。有人把人本主义理论视为变态心理学和心理治疗理论发展史上的第三浪潮，这是有道理的。

但是，人本主义理论和前面的理论一样，也存在自身的局限性，它的理论观点较多地依据推论和设想，而较少地依据实证的支持；在心理治疗方法上，令人较难把握它的客观性、确定性和可操作性。

四、认知心理学观点

认知心理学观点与行为主义心理学观点不同，后者认为外部刺激进入大脑以后的内部加工过程是不重要的，是不可探索的“黑箱子”；而认知心理学则认为，恰恰是“黑箱子”中所进行的过程才是最重要的。认知心理学把人的高级心理过程作为自己的研究对象，认为人脑对外界刺激（即进入大脑的信息）进行加工是一个庞大而复杂的过程。因此，认知心理学涉及的领域极为广泛，它包括经典心理学中的许多方面的研究；也涉及心理与大脑关系的神经心理学问题的研究；还涉及到心理病理学的研究，以便从正反两面去把握人的精神活动，而特别强调的是思维发展和思维过程。

现代科学的发展无疑是促成认知心理学出现的重要因素，但在心理学本身也有它的坚实基础和丰富的源泉。如皮亚杰曾做过大量研究的思维心理学。他认为思维结构是一种组织经验和行为调整的工具；还认为人在其成长过程中是积极主动的，是追求认知并对认知进行加工处理的主体而不是被动接收器。又如阿德勒（Adler）的个人心理学也曾强调在临床中，人的认识的重要性，他认为精神创伤本身并不是经验，而是我们对经验的认识。

由于上述认知心理学思想，即认识对人的精神活动有重要作用的思想被应用到临床上，出现了一种用以解释心理障碍或行为异常问题的新观点即认知心理学观点，并形成了一种新的特殊的心理疗法即认知疗法。

关于人的心理障碍如情绪失调问题，心理动力学观点认为是来源于无意识的动机的矛盾冲突，是受本能支配的；而认知心理学观点则认为是来源于错误的认知（思维），是受人的有意识的思想支配的。例如，人对于事物的发展都有一个符合客观实际的看法，有正确的分析能力和解决问题的决策能力，因此，当在其生活中发生某些事情时，就能镇静地加以处理，不至于造成严重的焦虑和不安。但是，如果一个人有了某些错误的思维结构或成见，即使是一些合乎逻辑的事情发生了，他也无法把它们纳入正确的思维轨道，而会感到极不愉快，甚至抑郁和焦虑。在认知心理学观点看来，情绪的产生是直接受认知，特别是思维活动调节的。因此，以认知心理学观点为依据的认知疗法，对于情绪障碍的形成和消除问题主要是从解决人的思维结构入手的。

把认知心理学观点应用于临床的开创者之一是埃利斯（A. Ellis），他把认知对情绪的调节原理应用于临床，从而创立了“理性-情绪疗法”。

他认为人生来可以既有理性的思维和合理的信念，又可以有非理性的思维和不合理的信念。引起人们的情绪和行为反应（C）的直接原因，并不是外界刺激性事件本身（A），而是人们对事件的认知和信念（B）。这就是埃利斯“理性-情绪疗法”的基本理论依据，称为 ABC 理论。这个理论认为，造成心理障碍或非适应性的、不良的情绪和行为如抑郁、焦虑等,其原因也不在于外界不良刺激性事件的存在,而是在于人自身所具有的非理性思维和不合理的信念,因而产生了错误的、歪曲的认知。这样我们就可以帮助和激励病人,用理性思维和合理的信念去战胜非理性思维和不合理的信念。当人的理性思维和合理的信念占了优势,并贯彻于自身的行动之中,就可以排解不良的情绪,而变得心情舒畅、充满信心、富于竞争精神、从而使自己的认知、情绪和行为得以正常运转。

对认知心理治疗,做出特别贡献的学者还有贝克等人。贝克(A. T. Beck)(图 3-5)所创立的对抑郁症有明显疗效的认知转变疗法,已得人们的普遍认同,并在临床上被广泛应用。贝克认为造成心理障碍的因素并不是什么神秘的力量,而是日常生活中的普通事件和存在于人们头脑中的歪曲的认知方式。如抑郁症病人的歪曲认知通常表现为对自己、对世界、对未来的悲观主义信念。贝克认为常见的认知歪曲有过度概括化、过度引申、选择性概括和双极性思维等,这些认知歪曲表现为消极的自动式思维。因此,认知转变疗法的主要目标就在于通过识别自动式思维,识别认知错误和真实检验等程序,从而改变失调的情绪与行为。

图 3-5 贝克(Aaron Beck)

总之,认知心理学观点,强调认知改变在心理障碍形成中的关键作用,从而对心理异常现象及其成因提供了一种新的理论解释,有些已经得到了实证研究的支持;同时依据认知理论创立了各种不同形式且行之有效的认知疗法。这是认知心理学观点的主要贡献。但是,用以解释行为异常的认识心理学观点还需要得到更多的实证研究资料的支持,例如,认知改变与行为异常之间的因果关系问题,特别是把成因复杂的情感障碍单纯归因于知认错误或歪曲,明显地存在着把复杂问题简单化以及忽视认知因素以外的其他因素在行为异常形成中的作用的倾向。

4

心理异常的社会-文化根源

心理现象的物质根源,除了生物学基础以外,还有社会物质生活的各种条件,即所谓社会-文化因素。凡是社会客观环境的一切因素对正常和异常心理都有巨大影响。生理学因素只能决定心理现象的发生和存在,而社会-文化因素则决定着心理现象发生、发展和变化的方向。正是人的社会-文化因素的无比复杂和丰富,决定了人的心理(包括变态心理)现象的丰富性和多样性。

一、社会-文化因素是心理异常的重要成因

当人们的社会文化环境(关系)发生了变化,而人所形成的一定的人格及其内在的心理品质与行为方式却不能做出相应的适应性改变,或者社会文化环境发生的变化过于迅速、频繁或过于强烈,超出了人(主体)所能适应的能力的范围;这时,就不可避免地出现社会文化关系失调或适应困难的情况,并可能导致心理异常,严重时可形成精神疾病。

强烈的社会文化冲击,如社会动乱、外敌入侵、战争、社会经济大衰退、文化性大迁徙、都市化过程中的农民涌入城市,等等,处在这些情境之中,由于种种变故,如传统文化的瓦解,价值观念的剧烈变化,生活条件和生活方式的严重扰乱,以及徬徨、恐慌、困惑和紧张的情绪反应,人们的心理健康就难免遭受严重的威胁。一些人格欠健全、心理品质较差、适应能力低下、无法做出适应性反应的个体就不可避免地引发心理异常,甚至发生各种精神疾病,此外,还会引发如酗酒、吸毒、卖淫、赌博、暴力、犯罪等各种不良行为的泛滥。

还有一些不良的社会文化因素,作为社会文化冲击,如不良的社会制度、宗教迷信、种族或性别歧视、不良的社会风气和文化习俗等虽然表面看并不强烈,但它们的缓慢而持续的影响作用,对人们心理健康的侵蚀和引发心理异常的严重性是不容低估的。

社会文化因素作为心理异常的形成原因,其作用过程是相当普遍而复杂的。任何社会文化环境中的差异、变动、冲击都不可避免地在人的内在心理世界中牵动波澜。

下面我们着重探讨一下有关社会文化环境差异、变动、冲击的几种现象:

(一) 社会经济地位低下

社会经济地位低下环境中的人群,许多研究资料证明,其心理异常和精神疾病的发生率有明显增高的倾向。而且经济地位越低下,心理异常的频率越高。早期美国的霍林斯黑德和雷德利克(Hollingshead & Redlich, 1954),英国的戈德堡和莫里森(Goldberg & Morrison, 1963)等的研究都相继证实城市里贫穷的下层社会中精神疾病(如精神分裂症)病人明显地多。稍后,美国的什罗特(Srote et al., 1978)调查了纽约市郊繁华商业区的1600多名居民,逐个进行评定,结果证明存在着严重的心理健康问题,至少有四分之一的人存在某种精神病症状,而且研究也证明,那些生活经济条件愈差、生活愈紧张的人,心理异常的比例越大。国内12个地区的流行病学抽样调查(1982)也发现精神分裂症的患病率同居民的经济水平呈负相关。对这种现象有不同的解释:

- 有人认为社会经济生活条件恶劣是精神疾病的诱发因素之一。
- 有的有精神病素质的人往往沦落到社会经济生活的底层,因而形成了经济条件差的人群精神病人多的印象,认为这是社会选择的结果。
- 再有人认为下层社会中的精神病人得不到妥善的治疗,以致慢性化者居多。
- 还有人认为下层社会中的贫穷居民生活范围受限,经济条件差,社会应付能力弱,结合遗传素质和心理压力大等因素共同起作用而致病,并不是单一因素造成的。

(二) 社会生活变动或社会生活事件

社会生活中的变动或称社会生活事件,牵涉到人们日常生活中的方方面面,包括家庭生活、教育活动、工作活动、经济活动、业余生活、婚恋活动和宗教信仰活动,等等。随着社会高速的发展和变化,社会生活变动也变得越来越丰富和复杂。我们今天所经历的生活变动无论在数量上和速度上都远远超过我们的祖辈。事实上,在日常生活中每一个人都可能遭遇到各种各样的生活事件,即社会生活中的变动。在这个过程中就需要人们做出一定的主观努力,进行自我调整来适应这种变动。长期以来,人们观察到,在社会生活中经历的社会生活变动越多,尤其是经受重大的生活变动,人所接受的心理压力越大,其身心健康所经受的威胁性影响就越严重。引发心理异常的可能性也越大。

美国学者霍尔姆斯(Holmes)等曾对5000余人进行了关于生活事件对人的疾病影响的调查研究。按其影响大小把生活事件按次序编制成量表,称为"社会生活再适应量表"(Social Reajustment Rating Scale, SRRS)(表4-1)。他们认为任何类型的社会生活事件(变动)都能造成人们对疾病的易感状态,特别是一些使人感受到失落或丧失的事件影响就更加严重。亲近的家庭成员,尤其是配偶的死亡,在所有生活事件中占着重要的位置,需要最大的再适应的努力,定为100分。其他如离婚、夫妻分居、坐牢、被解雇、大量借贷等,也占有相当重要的位置(详见表4-1)。

表 4-1　社会再适应评定量表*

顺序	生活事件	评分	顺序	生活事件	评分
1	配偶死亡	100	23	子女离家	29
2	离婚	73	24	司法纠纷	29
3	夫妻分居	65	25	突出的成就	28
4	坐牢	63	26	妻子开始或停止工作	26
5	亲近家人死亡	63	27	升学或辍学	26
6	受伤或疾病	53	28	生活条件变化	25
7	结婚	50	29	生活习惯改变	24
8	被解雇	47	30	与上级有矛盾	23
9	复婚	45	31	工作时间或条件改变	20
10	退休	45	32	搬家	20
11	家人患病	44	33	更换学校	20
12	怀孕	40	34	娱乐改变	19
13	性生活问题	39	35	宗教活动改变	19
14	家庭增加新成员	39	36	社会活动改变	18
15	调换新工作	39	37	小量借贷	17
16	经济状况改变	38	38	睡眠习惯改变	16
17	好友亡故	37	39	家庭成员变化	15
18	职业性质改变	36	40	饮食习惯改变	15
19	夫妻不睦	35	41	假期	13
20	大量借贷	31	42	圣诞节	12
21	抵押或借贷到期	30	43	轻度违法	11
22	职位的变化	29			

* 根据 Holmes, J. of Psychosomatic Reseach, 11:213～218, 1967.

从研究发现,人们遭受的生活变动越多,则发病的可能性越大。例如,一个人在一年内遭遇的生活事件打分累计超过 200 分,就有 50%生病的机会;超过 300 分,生病的机会超过 70%。相反,如果低于 30 分,则来年可以健康安泰。但也有研究者认为生活事件与疾病的相关程度并不是很高的,而且它们之间的联系并不是直接的,还需通过人的主观心理中介因素才能起作用。因为生活事件是否会造成疾病还要受到许多其他因素的制约。

(三) 人口流动(移民群体)

由于社会的急剧变迁和发展,在世界范围内的不同国家或在一个国家内的不同地区,因为发展的不平衡,特别是在工业化和城市化的迅速发展过程中就出现了发达国家和不发达(或称发展中)国家的差别;在一个国家中也出现了发达地区和不发达地区的差别(主要是城市和农村的差别)。这样,在世界范围内就产生了一个非常突出的也是全球性的问题:落后的、不发达国家的人口流向发达国家;不发达地区的人口流向发达地区(主要是农村人口涌向城市)。这样,就形成了一个特殊流动性质的人群(其中也包括移民人群)。这实质上是一种人们无法避免的文化性迁徙。

在文化性迁徙中的流动人口或移民群体一般被公认是心理健康问题较多的群体。移民过程中或移民以后,作为少数人,置身于陌生的社会文化环境之中,语言不通、生活方式不同,可能遭受种种困难和歧视,远离家乡,得不到旧日亲友的关照,失去了社会支持,生活矛盾多,压力大,很容易陷入惶恐和紧张的境遇之中。那些原本心理素质不高、人格不健全,适应能力较差的个体,就容易引发心理异常,甚至发生精神疾病。研究资料显示,移民群体中的心理健康问题是否严重,这取决于移民的动机、心理压力、可用资源和定居条件等多方面因素。墨菲(Murphy, 1977)认为,移民中心理健康问题严重与否,主要取决于三方面因素:(1) 原来的文化背景,对待移居的态度,对移民地了解的程度,以及精神疾病的遗传因素等。(2) 是在怎样的形势下移民,是自愿移民还是被迫移民,是暂时性还是永久性移民,移民过程中遇到的困难大小等。(3) 移居地的社会情况,当地对待移民的态度,是欢迎还是拒绝,是支持还是歧视。

二、心理异常的内容和表现方式受社会-文化因素的制约

社会-文化因素还影响着心理异常的内容和表现方式。精神病的临床研究表明,幻觉的内容不管怎样离奇古怪,都是病人曾感知过、经历过的事物。同样,妄想作为一种歪曲的观念,不管怎样荒唐可笑,也都是病人曾体验过、思考过、与特定的社会-文化背景相关联的概念和观念。例如:妄想中的附体妄想、被操纵感或影响妄想等,只有科学技术高度发展的今天才会与无线电、脑电波、超声波、激光等联系起来,而在这些东西发明出来以前,幻觉、妄想的内容则只是与魔鬼、神仙、狐狸精等相联系。甚至在今天的边远农村,幻觉、妄想的内容仍以带迷信色彩者多见。研究发现,在1956～1963年这一时期,带有封建迷信色彩的占6.3%,而1965～1978年只占2.9%,差异非常明显。在有浓厚迷信心理的农村中,常有一些人声称见到过鬼魂或死去的人,绘声绘色,言之凿凿,煞有介事,对此,也不能简单地说其有妄想、幻觉了之,深入了解其文化特点才能更深刻理解这些现象的实质。

同样表现为妄想症状的病人,为什么有的人是夸大妄想,有的人是嫉妒妄想,有的人是被害妄想,有的人是自罪妄想等等。这些表现的不同,显然与大脑生理变异无关,而与人的社会-文化关系的不同背景有关。

不同的社会-文化关系(或环境)不仅制约着人的心理异常表现的内容,而且影响到心理异常的表现方式。同样的一种心理异常,在不同的时代、不同的社会-文化背景下,其表现方式可以是很不相同的。例如有人在研究战地歇斯底里(一种战争中常见的心理异常表现)时发现,在第一次世界大战期间,士兵中普遍出现的歇斯底里表现是瘫痪、

失明、失听等，但做身体检查时并无器质性改变。到了第二次世界大战时，同样是对战争的恐惧和焦虑，表现出来的却不再是瘫痪和失明，而是各种各样的心身疾患，如溃疡病、高血压、哮喘病等等。据解释，这是因为在第一次世界大战时，武器还比较落后，主要使用刀、剑、简单的步枪等，更多的是面对面的拼搏；如果“瘫痪”了，“眼瞎”了，走不动，看不见，当然就可以不上前线。这是防御性心理机制在起作用，是一种“转换性”心理异常，即把对战争的恐惧与焦虑，“转换”成瘫痪和失明。被送回后方休养，从艰险环境中逃避出来即可解除内心的恐惧。但在第二次世界大战出现了许多现代化的武器，着重于远距离杀伤，很难分出前方和后方，面对面拼搏的机会不多了，对战争的恐惧与焦虑“转换”成瘫痪或失明已经失去意义，不能有任何帮助。结果，长期的恐惧紧张无法松弛下来，于是出现了心身疾患。

对抑郁症的临床研究表明，东方国家及其他地区的发展中国家抑郁症患者的临床表现与西方发达国家的抑郁症不尽相同。巴泽欧(Bazzoal, 1970)报告伊拉克的抑郁症病人常不呈现抑郁神情，自己也不觉察情绪有改变，而是诉说胸闷、透不过气来，并可出现攻击行为。瓦泽瑞(Waziri, 1973)报告，阿富汗的抑郁症病人，尽管54%表示过“死的愿望”，但他们只是祈祷，“伟大的真主，让我死吧”！而很少有真的自杀行为。因为伊斯兰教规把自杀视为最大的罪恶。据美籍华人学者曾文星等报道(1986)，同样是抑郁症，中国人和美国人也有不同的表现(主诉不尽相同)，中国病人多诉说自己胸部发闷、胃口不好、全身没力气等；而美国病人则能比较准确、适当地表达出自己忧郁的心情，诉说对什么都没有兴趣、不想活了等等。总之，东方国家以及中国的抑郁病病人和欧美国家病人的这种表现上的差别显然与社会文化背景的不同有关。

对于精神分裂症的临床研究表明，不同的国家和民族此病的临床症状表现也有很大差别。斯古勒等(Schooler, et al., 1964)曾将日、美两国精神分裂症病人加以比较研究，发现其症状的外在表现颇有不同。日本病人较常对其家庭成员进行攻击，而美国病人则较多出现幻觉、思维怪异和迷惘感。研究者认为，日本病人和美国病人的常见症状恰好是对其文化中受推崇的品性的非难。日本的社会文化推崇自我约束和尊重家庭，但是精神分裂症病人偏偏约束不住自己而攻击家庭成员；美国社会文化最讲究实际，但病人的症状却偏偏脱离现实，受幻觉、怪异思维和迷惘感的支配。

不同的社会文化条件还会造成一些独特的心理异常表现。例如中国东南沿海地区和东南亚地区(多见于华人)，有一种谓之“缩阳症”(西方文献称为Koro)的见于男性的病症。此症患者突然觉得自己的阴茎即将缩进腹腔里去，果真如此，人就会死亡，因而惊恐万状，焦虑不已。往往由其亲属紧握其阴茎送医，甚至用绳子或铁丝吊住龟头，以防其缩入腹内。这与中国的某种社会文化观念有关，即相信男人的精子是身体的精华，一旦手淫或房事过多，就会阳之丧尽，损害身体、危及生命。由于受这种观念的渲染，一些人当受到严重心理应激之时就会惧怕阳具缩小，甚至缩入体内而丧命。据广东学者莫淦明报道，在1984～1985年和1987年，海南岛和雷州半岛曾有过缩阳症的流行，患者多达三四千人。

又如，在马来西亚地区，出现一种所谓"杀人狂"的精神异常疾患。在土著民族中，当有人被侮蔑或发现自己妻子有外遇的时候，先是严重的抑郁，然后把自己的眉毛、胡子、头发等通通剃光，再拿起一把大斧子，走到人多的街上，见人就砍，遇到反抗就与之厮杀，直到自己精疲力尽，被杀死为止。

再如，在加拿大、阿拉斯加和北极圈地区常出现一种称为"温地高"(Windigo)的心理异常表现。这是由于那些地方觅食困难，生命常受威胁，因此男人从小训练去打猎、挨饿，可以几天不吃东西。当时传说有一种鬼兽，名叫 Windigo，它会因为饥饿而把人抓去吃掉。所以那一带的人，尤其是印第安人去打猎时，如果收获好，就高高兴兴的。可是如果打不着猎物，则会心里恐慌，并突然出现心理异常，觉得自己要被 Windigo 吃掉了；或者觉得 Windigo 已经跑到自己身上，自己也要吃人了，由此可能出现残暴行为。另外，在爱斯基摩人中有一种"皮普鲁克图症"(Piblokto)。这种病阵发性地发作：大笑、大闹、脱去衣服在雪地上打滚或乱跑，并有杀人或自杀的现象。在南美洲还发现有一种称为"Sasto"的秘鲁急性惊恐症，表现为极度的焦虑和惊恐反应。这种焦虑和惊恐是由于病人相信有一种独眼妖魔，能危害于人。

在中国文化比较落后的农村，迷信和崇拜鬼神，认为人死以后还有不死的灵魂，在阴间像真人一样活动着，而且能附在某人身上，托言于她(他)，并为其亲属预言凶吉。于是她(他)就成为阴间和尘世人间的沟通者，并取得周围群众对她(他)的膜拜和供奉，而实际上这些人则可能是一种患有附体症状的癔症病人。据报道，在非洲、印度和美洲的部分民族中，类似的心理异常表现也是常有所见的。

三、社会-文化差异及其对心理异常的评定、态度与处理方法的差别

(一) 社会-文化因素对心理异常评定标准的影响

判别一个人的心理与行为是否正常，牵涉到许多因素，其中也有社会-文化因素的影响。当然比较严重的精神异常，如系统的幻觉、妄想、严重的精神和行为的障碍等，无论在什么样的社会-文化背景下都可能被确诊为病态。但是在大多数情况下，心理与行为的异常表现并不是那么明显的，因此，评定起来就不那么轻而易举了，这时就要联系其所处的社会环境条件，即与其所处的社会条件在正常情况下的社会-文化规范作比较来进行评定，才能做出相对准确的判断。因为在一种社会-文化背景下认为是异常，但在另一种社会-文化背景下可能不算是异常而属正常范围。

例如：一个妇女袒胸露背在街上行走，在某些地方(西方国家)被认为是正常行为。

但阿拉伯伊斯兰国家就会被认为是过分暴露,是一种异常行为(所谓裸露癖)。又如在中国的许多古代小说里(例如梁山伯与祝英台)常描写某个女子装扮成男子到学堂念书,或上京赴考,一举成名,并通常被认为是求知心切或追求功名的合理行为而加以赞颂,人们却从不考虑她可能有什么异常的地方。而在一些国家里就有可能被认为是一种"异性装扮癖"。

对于"同性恋"行为评定,受社会-文化因素的影响可以说是再明显不过了。在《圣经·旧约全书》中明确指出:"人若与男人苟合,像与女人一样,他们二人行了可憎的事,总要把他们治死,罪要归到他们身上。"(《利未记》20 章 13 节)在变态心理学或精神病学教科书里,大多数把同性恋列为人格和行为异常的范畴。到上世纪末,在许多国家(包括我国在内)越来越多的学者认为同性恋(或称同性爱)和异性爱一样,是人类本性的一部分,属于正常性行为,不应列入心理行为病态的范围。

(二)社会-文化差异及其对待心理异常的态度和处理办法

在不同的社会-文化背景下,人们对心理异常现象或精神病的理解与看法不尽相同。因此对其态度及处理办法也很不相同。例如,基督教曾认为,一个人之所以精神错乱是由于他(她)犯有"原罪",是上帝对他的"惩罚"。因此,他们对待精神病患者抱轻蔑的、谴责的态度。在中世纪时代,人们认为病人的精神错乱是由于魔鬼附体之故。为了对付或赶走病人身上的恶魔就采取饥饿、铁链上锁、拷打、火烧和水淹等办法。这是十分残酷的。但回教徒则与此相反,他们认为精神错乱是由于受到神的恩惠,透过精神病人的错乱状态以显示神意(即神通过病人托言于尘世)。因此,他们对待精神病患者是尊崇的,给予优惠的、人道的待遇。

解放前,在我国对待精神病人有各种不同的态度和办法,这也是与文化差异有关,有的人认为是有病,应该当作病人来对待,给予良好的照顾和治疗。这是文明程度较高的阶层所持的态度。也有的人认为是魔鬼附体的表现,是祖宗前辈罪恶的报应,因此,也同样采取轻蔑的态度,并给予虐待。还有的人认为精神错乱是与鬼神沟通的表现,是他们的"代言人",因而把精神病人奉若神明,这后两种情况多出在文化水平较低的阶层。

在现代工业发达的国家,由于科学技术的发展,人们对心理和行为的异常现象及其实质逐渐有了正确的科学的了解,不仅把心理异常,尤其是比较严重的心理异常看做是与人们大脑损害有关的一种疾患,对这类患者需要像对身体患疾病人一样给予照顾和治疗(包括药物治疗和各种心理治疗);而且把心理异常和人们生活环境,尤其是社会-文化关系中的问题直接联系起来,采用更为全面、更为科学,因而也更有效的方法来对待精神病患者。近年来出现了一门新的学科称为社区心理学(community psychology)或社区精神病学(community psychiatry),提出了进一步解放精神病人的口号。原来的精神病院都是设在偏僻的远离人群的地方。现在则认为应该尽量让精神病人过正常人的生活,让精神病人回到社会人群中去。因此,许多大精神病院逐渐被取消。另外,还主张把精神病院建在人群集中的地方,或者在综合医院中开设精神科。同时,认为应该更多地进行门诊治疗和家庭治疗,特别主张大力开展社区治疗或社区精神卫生的工作,即根据社会-文化因素所涉及的有关理论来开展对精神病的预防和治疗工作。

社区精神卫生与社区治疗,首先是由卡普兰(G. Caplan)等人于1974年在美国发展起来的。其中包括以下几个方面的内容:

- 通过抗议(游行)、立法和其他社会活动来改善精神病患者的生活条件、就业状况和增加各种社会福利。
- 在市区最方便的地区以及人们最需要的地方设立精神卫生治疗机构。
- 设立所谓危机干预中心(Crisis Intervention Centers),以便使那些有自杀和杀人倾向或其他危急情况的人,通过电话或其他联系方式,得到训练有素的社区精神卫生工作人员的帮助。
- 对社区成员,即社区广大居民及其领导人,进行有关精神病患的预防和治疗知识的宣传。

由于把大量精神病人放到社会人群中去,就需要有相应的有效措施来对精神病患者进行管理。这个问题目前尚未得到完善的解决。在一些发达国家里,除了大量开设精神卫生与治疗门诊以外,还采取中途康复站和家庭照管的方式,强调对心理异常的人不应认为有病就送到精神病院去,而主张首先考虑送到中途康复站或家庭照管。所谓中途康复站又称临时中间站,位于居民区,平均有20~40名病人,病人没有被禁闭,而是照常参加部分工作,而且人们鼓励他们去找工作,成为社会的一员,在他们工作的同时,对其提供治疗服务。据调查,在中途站里的"居民",58%能很快独立生活,80%能自理生活,只有20%的人需要转送医院。所谓家庭照管,过去只是作为康复病人的临时搭伙,今天急性病人也可以安置。布鲁克(Brook, 1976)等研究了需要加强照管的220名病人,共安置在五个"家庭"里。病人中包括精神分裂症及其他严重心理障碍患者。通过两年的研究表明,病人不仅更喜欢这种家庭照管,而且在许多方面确比住院治疗更优越。病人在"家庭"中能有更大的活动自由,能发挥自我服务的能动性,能有一个温暖的"家庭"环境。

在我国,近年来在社区精神卫生工作方面也有了显著的进展。特别是在北京、上海、天津等大城市,已正式建立了三级精神卫生保健系统,或称三级精神病防治网,正在积极而有效地进行工作(见图4-1)。在这三级机构中,市级领导机构由卫生局、民政局和公安局等部门的代表组成。其主要任务是制订全市的精神卫生保健服务的规划;协调各部门间的精神卫生保健的方法和措施;动员和组织医务人员及社会力量,推动精神卫生保健工作的开展;指导和督促下级的相应机构贯彻执行各项工作任务。区、县级和街道(乡镇)级除了与上述类似的任务以外,还有与上级和下级组织沟通联系的任务。在市级,负责指导执行全市精神卫生服务工作的具体单位是市精神病防治院;在区、县级是区县精神病防治院；在基层级是街道医院和乡镇卫生院。此外，在基层级还有精神病人看护网和工娱治疗站（简称工疗站）。

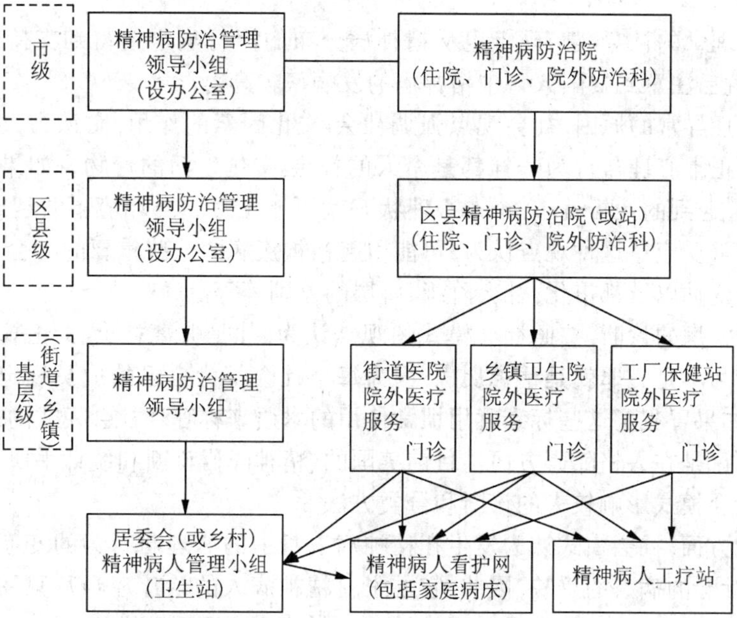

图 4-1　我国大城市三级精神病防治网示意图

三级精神卫生保健系统建立以来，得到了各级政府和群众组织的广泛支持。在普及宣传精神卫生知识，培训精神卫生骨干队伍，开展地段精神科门诊，建立和发展精神病人工娱治疗站、看护组和家庭病床，以及发展工厂精神卫生保健服务等方面，做了大量的工作，既方便了病人，也减轻了病人家属的负担。这里说的"工娱治疗站"，相当于某些国家的"日间医院"、"中途站"或"病人工场"等社区精神卫生服务形式；"看护组"是由居委会领导，由病人家属、邻居和退休人员组成，职责是观察病人的病情变化，及时向医务人员报告病况，督促病人服药，关心其生活情况，给予指导和帮助解决一些社会适应问题。

四、变态心理学的社会(学)观点

关于变态心理学的社会(学)观点，是在第一次世界大战后才开始发展起来的。这种观点认为，精神疾患尽管会给社会带来不利的影响，但社会本身对心理变态也负有责任。因此，社会精神病学作为医学的一个分支，主张精神疾病的定义、病因的解释和治疗都应立足于社会。人类学家马林诺斯基在《原始社会中的性与压抑》一书中指出：关于异常和变态的定义是各个不同社会-文化的产物。与身体疾病不同，在美国被认为是精神病的人,在新几内亚却可能被认为是正常的,他们还研究发现在太平洋上的许多岛屿社会,欧洲人和美国人常见的精神病,如偏执狂和抑郁症,以及神经症,那里却是很少见的。

变态心理学的社会(学)观点也从精神病分布的流行病学中得到支持。19世纪以来,医生们就已注意到贫困人口中精神病的发病率较高。

关于心理异常的原因,社会观点强调社会-文化因素的作用,它认为大多数变态心理与行为和正常心理与行为一样都是个人的社会-文化生活的产物。如果得到社会的支持和同情,遇到的挫折就小,个人心理状态就可能正常。当环境不顺利或不稳定时,就会发生异常反应。这种观点认为,可能引起精神疾病的一些重要的社会-文化因素是重大的社会变动以及都市化,社会阶级、阶层的差别等等。

对精神疾病的诊断,按照社会模式的观点认为,凡是偏离社会-文化规范和准则的绝大多数行为不是犯罪就是精神疾病,因为每个社会都为自己的成员规定了一套行为规范标准,如果冒犯了这些标准就用惯常使用的术语来称呼。社会模式的诊断方式,最有影响的可说是在人格障碍方面。目前美国的《精神障碍诊断和统计手册,DSM-Ⅳ》被认为是受社会模式影响较大的诊断和分类方法。

在治疗方面,社会模式认为发生在精神病人身上的心理与行为的变态并不是个人问题,而是社会的病态的反映,因此,它主张对精神病人的治疗应当从只注意病人本身转移到整个社会方面去,这就是社区精神卫生与治疗的原则和措施。

社会(学)观点从一个新的角度对心理变态进行解释,并提供了新的治疗措施,是很有启发性的。这对变态心理学和精神病学的进展起了巨大的促进作用。但是它仍然过分强调了事物的一个方面,很多地方不能使人信服。如果把社会-文化标准看做是精神健康惟一的或主要的决定性因素,那么,任何人的生活习惯、性生活、娱乐或政治活动,如果是不合乎时俗的就有被宣布为精神变态的危险。因此,单纯的社会观点,仍然不能完全克服对心理异常的片面的解释。

五、生物-心理-社会综合观点

前面提到的解释心理变态的几种观点或模式,都从各自观点出发提供了一些说明精神病理现象的有价值的理论和实用的知识与技术。对于心理异常实质的探讨和维护人类心身健康方面是有益的,我们应该给予充分的肯定。但是这几种观点或模式,都不可避免地带有片面性和局限性。不过在实践中大多数临床医生都是自觉或不自觉地采取一种妥协的、折中的观点,只有极少数人教条式地坚持一种观点或模式而完全否定另一种观点或模式。

随着科学技术(包括自然科学和社会科学)的迅速发展,人类对自己身体健康与疾病的本质的认识,包括对精神疾患的认识正在不断地深入,已经逐渐地认识到人体疾病，尤其是精神疾患绝不会由单一的因素造成，必须从多维的角度来考虑心理异常的原因及其治疗方法的问题。当然，与人的身心健康有关的因素，概括起来只不过是三个方面，即生物学因素、心理学因素和社会-文化因素。这三方面因素的联系是错综复杂的，它们之间怎样相互制约、相互联系、相互影响，还是一个有待研究的问题。不过可以认为，任何心理异常现象的产生，都可能是这三个方面的因素共同作用的结果。从这个角度来解释心理与行为异常的观点，称为综合分析观点或生物-心理-社会模式。

在生物-心理-社会模式中，生物因素、心理因素和社会-文化因素各有各的独特内容，同时又具有相互联系、相互包含和相互制约的不可分割的关系(见图 4-2)。这一模式图表明，生物学因素是最基本的因素，是整个模式图的核心部分，是心理学因素赖以产生的物质基础，也是心理和社会-文化因素所作用的物质承受者。心理学因素是在生物学因素的基础上产生出来的，而它一旦产生就时时刻刻给予生物学因素以深刻的影响和制约。社会-文化因素则是在生物学和心理学因素的共同基础上产生的，它反过来又直接影响和制约着心理学因素，是心理学因素赖以形成和出现的根源所在；对生物学因素的影响和制约是间接的，一般来说是通过心理学因素的折射作用才能实现。这个模式还告诉我们，在人的心理与行为活动(包括正常和变态)的发生、发展和变化过程中，所有这些因素是错综复杂地交织在一起而起作用的(见图 4-3)。

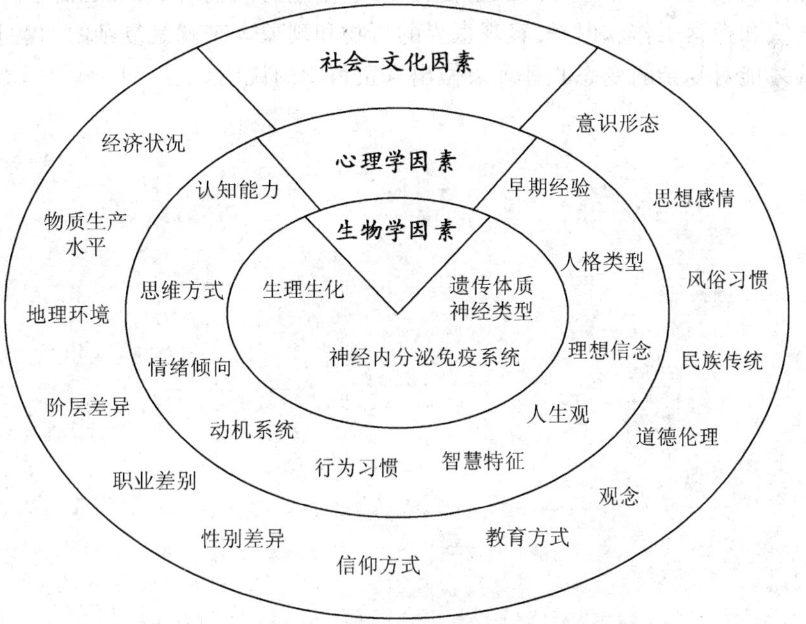

图 4-2 生物-心理-社会模式的内容及其相互关系模式图

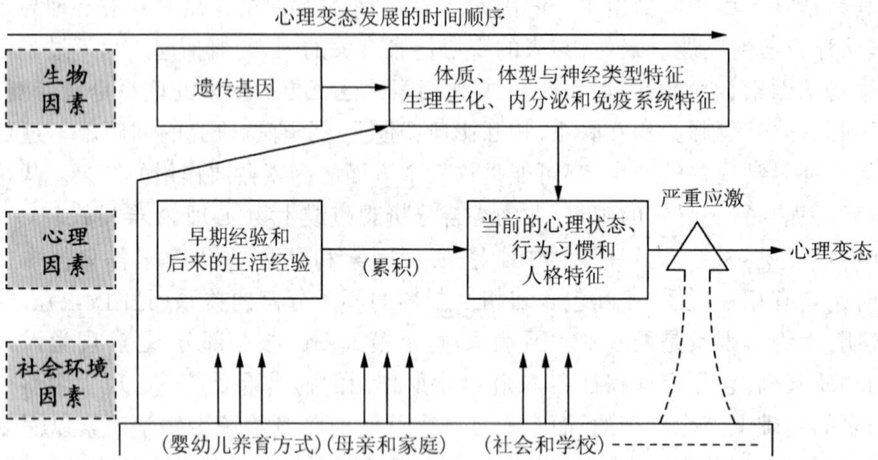

图 4-3　生物-心理-社会模式三个维度及其与心理变态之间的关系示意图

总之,生物-心理-社会模式表明,在解释各种各样的变态心理现象时,不应片面地只从某一个侧面来加以说明,而应该运用综合分析的观点,同时从社会的、心理的和生物的各个方面来探索心理变态发生的根源。这样才能避免简单化和片面性的偏向。当然这样做是困难的,而且"生物-心理-社会模式"刚刚为人们所认识,还需进行许许多多艰苦的研究和探索工作。但是,客观世界的事物和现象本来就是复杂的,我们必须遵循这一模式才能对复杂的变态心理现象做出真正科学的说明。

5

认知心理障碍

一、感知觉障碍

感知(包括感觉过程和知觉过程)是对客观事物的直接的反映,并与所反映的外界事物相一致。感知过程实际上包括了传入和传出的机制,即反馈和矫正的机制。因此,感知过程的产生不仅取决于客观事物的直接作用,同时也依赖于人的情绪状态和个人的人格特征,即感知的指向性、选择性、理解性和感知对象的范围等都受情绪、动机和人格因素的影响。这样,在感知活动的整个过程中不管哪一个环节,如信息的接收、传入路径、皮层信息加工以及据此所做出的行为反应等如果发生了障碍,或者人格的制约性受到破坏,都可能造成感知障碍。它表现为认知上的困难、对感知材料的歪曲、感知错误以及感知活动动机的改变等等。

(一) 感知和识别能力缺失症(不识症)

患者不能把客观物体作为整体来感知,不能识别物体的性质和含义,不能说出物体的名称,这种感知异常现象称为“不识症”。它大多发生在脑器官疾患的病人身上。关于视觉不识症已有很多研究,有人把它分为:物体不识症(即病人不能认识物体及其图形)、颜色和字形不识症以及空间不识症等。

关于对物体及其图形的不识症,例如,病人把钥匙说成是“一个圆环和一根轴”;把浇花的喷壶说成是“一种桶形的体,圆圆的,在中间的一边有一根粗的棒”;把梳子说成是“平平的一条线,在线下面长出来小小的、细细的棒”。有的病人进行变态心理检查时发现,感知和识别物体的能力发生严重的障碍,给他看图形,竟有 40% 认不出来,例如,他把蘑菇说成是“干草堆”,而把火柴叫做“结晶”等等。

(二) 感知错幻

1. 错觉

错觉(illusion)是一种对客观事物歪曲的感知,即把客观外界存在着的某种事物感知为性质完全不同的另一种事物。错觉引起的原因可能是生理的,也可能是心理的。

同一感知器官内部的相互作用，不同感知器官所提供的信号不一致，当前知觉与过去经验相矛盾，或者思维推理上的错误以及某种特定的情绪背景等等，都可成为造成错觉的原因。

对于正常人，当客观情境的复杂因素使感知对象本身的特性受到掩盖或歪曲；当感官提供给大脑的信号减少，各感知器官的信号相互矛盾，大脑皮层对外界刺激物的分析综合便发生困难，都可以发生错觉。此外，在某种情绪背景下如精神疲乏、心情紧张或惊慌恐惧的时候，也可以发生错觉。如一个胆小、害怕黑暗的人在夜间进入昏暗的房间时，看到挂着的衣服常会以为是吊着一个人而大吃一惊。而一些情绪比较活跃而又爱幻想的人易产生幻想性错觉，例如把天空中的云彩或墙壁上的污渍，通过想像构成一幅赋予某种意义的图景，而且内容可随幻想的改变而改变。对于正常人来说，错觉只是认识活动的个别的特殊情况，并不能以此说明其不能正确认识客观事物。

对于精神病人，错觉是常见的症状之一，错觉一旦产生，病人自己不能觉察，不能认识，更不能加以纠正，而且往往严重影响病人的行为。例如，病人会把屋顶的小猫看成是猛虎或把吊灯看成是巨蟒，因而惊恐万状；也会把碗里的白米饭看成是一碗蛆，因而大发雷霆，拒绝进食，等等。精神病人的错觉可见于不同器官，因而有错视、错听、错味、错嗅、错触及内感受器的错觉，但临床上最多见的是视错觉，其次是听错觉。

2. 幻觉

幻觉(hallucination)是一种没有现实刺激物作用于相应的感受器官而出现的一种虚幻的感知体验，即外界环境并不存在某种事物而主体却坚持认为感知到该事物的存在。幻觉是精神病人最常见的症状之一，是一种严重的心理过程障碍。例如某病人整天愁眉苦脸，认为自己是废物，没有任何用处，白吃了人民的大米；并经常听见屋外有单位某领导人责备的声音，说其“白拿工资”、“偷懒”、“没病装病”等。患者一听到声音就到屋外寻找，并没有人，患者则认为该领导是不愿意跟自己见面，因此常独自向窗外大声回答说：“是，我是偷懒！”，“是，我是白拿工资！”等等。

幻觉也可以在正常人身上见到。正常人在某种特殊状态下，如处在疲劳状态，入睡前或醒觉过程中，在催眠暗示或感知觉剥夺状态下以及因期待而焦虑的情绪状态下等等，都可以出现幻觉。不过对正常人来说一般都是片断的，持续时间也很短。如果反复出现大量的幻觉或持续时间很长就应看做是病理状态。

作为病理过程的幻觉，按其内容的性质来看，可以是肯定的、中性的、否定的与命令性的。“肯定的”是指幻觉的内容对患者有利的，如表示赞扬、称颂、奉承和捧场等。因而病人感到高兴、得意。“中性的”是指幻觉的内容是一些与患者无关的东西，因而可以安静地进行反应，而基本上不影响其行为。“否定的”是指幻觉的内容对患者不利，有侮辱、谩骂、指责、讽刺、讥笑甚至威胁等性质，因而病人感到愤怒、不平和难以忍受。“命令性的”是指幻觉的内容对患者具有命令性质，病人“听到”声音命令他做某种事情，如声音“命令”病人扔掉自己的东西；“命令”病人把钱币烧掉；声音“威胁”病人说要打死他等。病人在这种幻觉的影响下,做出这样或那样的行为,例如病人真的把自己的东西扔掉;真的把钱币烧掉;受"威胁"的病人因忍受不了而企图自杀等。

通常有幻觉的病人不能区别幻觉的形象和从现实中获得的物体的形象。病人常常能指出幻觉形象的方位,例如声音发自楼上,隔壁或窗外。病人甚至可以辨出是男是女,是熟人还是陌生人的声音。幻觉形象的产生是不以病人的意志为转移的,病人既不能随意地让它产生,也不能随病人的意愿避开它,不让它产生。

幻觉形象的产生是无法进行检查的,即不能用事实来向病人证明或无法使病人相信其幻觉形象是不存在的。病人会对医生的劝说进行反驳,例如说:"您怎么会看不见?在那边,在右边角落里站着一条狗,竖着耳朵,毛是棕黄色的。"或者会说:"您怎么会听不见?有一个很清楚的男人声音命令我'举起手来',是一个吸烟人的嘶哑声音"。因此,要说服幻觉病人是不可能的,只有随着整体病理状态的改善,症状才能消失。

按照感知器官的不同,幻觉也可以分为幻视、幻听、幻嗅、幻味、幻触以及内脏和本体感受器的幻觉等。在临床上最常见的是幻听,而幻听之中又以言语性幻听最多见;其次是幻视,以及幻触、幻嗅、幻味等。这种情况与常人有些不同:正常人从外界得到的信息90%以上来自视觉通道;而精神病人的感知错幻则大多数产生于听觉通道,特别是言语声音的幻听。这可能是因为现实生活中人际交往主要依靠言语;言语刺激(即人们说话的声音)是最反映人际关系的现实状况的刺激物,与人们当前的利害关系息息相关,因此,有较大的信息量。

幻觉还可以分为真性幻觉和假性幻觉。真性幻觉是指病人对幻觉形象的体验与对真实事物的感知映象完全相同。假性幻觉与真性幻觉不同的是:

- 病人所感受的幻觉形象,一般轮廓不够清晰、不够鲜明和生动,不具备真性幻觉的那种现实性,幻觉形象往往不完整。例如患者只看到一个人的上半身,或仅有头部而没有躯体部分。
- 假性幻觉的形象并不位于客观空间,而只是在病人的主观空间之内(脑子里)。它只是对于内部表象的重新感知。如果说真性幻觉是病人对外界客观现实的虚假的感知的话,假性幻觉则是病人对自己内部的主观形象的感知。
- 假性幻觉并不是通过病人的感官获得的,病人可以不用自己的眼睛就"看"到头脑里有一个人像;可以不通过耳朵而"听"到脑里有人说话的声音。
- 病人对待假性幻觉的幻觉形象的态度不同于真性幻觉。病人并不害怕假性幻觉中的狮子,尽管他感知到了狮子的爪子的接触。但如果在真性幻觉中看到狮子,他一定会叫喊起来,并要逃跑。

幻觉的另一种特殊形式是机能性幻听。这是病人在听到外界某种现实声音刺激的同时,出现与此无关的言语性幻听。当现实刺激作用中止时,幻觉也随之消失。换言之,这种幻听是在听觉感知器官受到现实的声音刺激作用时,即处于某种机能状态下才出现的。能够引起机能性幻听的声音一般是单调的声音,如钟声、流水声、雨声、雷声、刮风声和脚步声等。幻听的内容一般较单调、简短而固定。

3. 关于感知错幻的变态心理学探讨

感知错幻作为心理异常的重要表现之一，已经有过许多研究。精神病学者着重从幻觉产生以后的结果和表现来进行分析和描述，以服务于临床诊断。但是幻觉是怎样产生的？离开外界客体的存在为什么能产生物体的映象（即幻觉形象）？幻觉的实质是什么？它产生的原因和机制如何，等等，都是变态心理学感兴趣的问题。

关于幻觉的机制问题，最初有人认为幻觉是感受器官损害的自生产物，这称为末梢论。但由于盲人和聋哑人仍可出现幻觉，因此，现在已无人支持这种观点。后来，又有人提出幻觉是由于中枢神经系统部分损害的区域所引起。这种观点过分强调了解剖定位的作用，并不符合大多数精神病人的实际情况。从高级神经活动生理学说来看，幻觉是由于在大脑皮质不同部位产生的兴奋性病理惰性灶的结果。这种病理惰性灶如果产生在大脑皮层感知部位（第一信号系统）就出现形象性的幻觉；如果出现在言语系统（第二信号系统）的脑部位则出现言语性幻觉。苏联著名病理生理学家波波夫（Попов）提出幻觉的皮层抑制学说，临床观察和实验表明，在刚睡和将醒时幻觉形象会加强起来；而此时服用咖啡因等兴奋剂，幻觉就减弱；服用了溴剂等抑制性药物，幻觉则大大地加强起来。根据在反常时相中，弱刺激引起强反应，强刺激只引起弱反应的规律，波波夫认为在催眠时相状态的影响下，表象就反常地加强起来，从而获得了与外界现实刺激相等或更强的投射效果。

苏联心理学家鲁宾斯坦曾研究过幻觉现象，他从辩证唯物论出发，认为一切心理活动都是现实的反映。幻觉也是一种反映。人的一切心理活动形式（包括变态心理）都是对现实刺激物的无数作用的反映。在大多数情况下，我们无法确定幻觉与客体之间的直接联系，但不能因此说明没有联系。幻觉既然也是一种反映，也同样应有知觉的一般特性，只是这种反映（即幻觉）与正常情况不同，可能有一些因素在起作用而我们还不能了解。它也可能是由一种复杂的关系引起的，与某些客观刺激有关；完全没有客观刺激物，幻觉也不可能产生。为了证明自己的观点，鲁宾斯坦设计了如下的方法：

让病人听预先录制下来的差别不大的声音，有的是具体的，如纸的沙沙声，水的潺潺声；有的声音则是不具体、不能分辨的。正常人可区分出声音的性质和来源，但病人（特别是有幻觉症状的病人）在实验过程中则会引起听觉错觉。例如，病人把纸的沙沙声听作："你是败类，你是败类……"；另一病人听成大笑声；一个当过海员的病人则听成是计时器的声音和海浪声。鲁宾斯坦因而得出结论，认为辨听声音的困难是产生幻觉的重要致病条件之一。这与正常人在感觉器官活动困难条件下易于引起感知错幻的原理是一致的。在文献中常有报道的容易产生感知错幻的情境是：(1) 在感觉稀少（即感知觉信息不足）的条件下，如在潜水员和压力室内工作的人身上；(2) 在弱视和重听者身上（但不是在盲人和聋人身上）。

（三）感知综合过程的障碍

病人在感知某一客观事物时，作为一个客体的整体来说，是正确的；但是对它的部分属性，如形状、大小、颜色、位置、距离和时间关系等产生了歪曲的感知。这时病人所反映的客观事物的整体虽然并未发生变化，但对其个别属性及时空关系等的综合作用却发生了障碍。关于感知综合过程的障碍，它产生的原因与机制尚不清楚，但有人认为这与人格因素有关，即认为感知综合过程的障碍可能是人格本身的病态变化的反映。

表现在空间特性方面的感知综合过程的障碍称为视物变形症（metamorphopsia）；即病人所看到的外界物体或人的形象发生了改变，如看到别人的脸变得很长，眼睛很小，鼻高大，脸色很难看等。如果被看到的物体的形象比实物明显增大了，则称为视物显大症（macropsia），如果变小了则称为视物显小症（micropsia）。如果病人对周围物体与自身的空间距离产生了歪曲的感知，即把本来很远的物体看得很近而把近物又看得很远，称为视物错位症。例如有一病人想把杯子放到桌子上，但由于桌子实际距离尚远，因而杯子掉落在地上。

表现在时间关系方面的感知综合过程障碍，主要是病人感到外在世界已经停滞不前，周围环境变得死气沉沉，岁月不再流逝等。或者反过来，病人感到周围世界的一切都在剧烈地变化着，而且变化得异乎寻常地迅速。此外，病人还可以觉得周围事物变得模糊不清，缺乏真实性，这种现象称为非真实感。

也有表现在对自身体形或对自身躯体结构方面的感知综合过程的障碍。病人感到自己整个的躯体或它的个别部分都发生了变化。例如，有的病人感到自己的头部膨大起来；有的病人感到自己四肢的长短、轻重、粗细、形状和颜色等都发生了变化。此外，还有的病人感到身体很轻，简直可以被一阵风吹到天上去；有的病人感到自己身体变得特别高大，可以顶到天花板，所以在屋里走路时总是弯着身子。

感知综合过程的障碍还表现在病人不能把情节并不复杂而意思相互连贯的两幅画面综合起来说出其统一的意思。例如让病人看这样的两幅画：一幅画了两个男孩在干草堆旁边抽烟，另一幅画着干草堆起火了，而两个男孩正在逃跑。问病人从这两幅里看见什么？病人只是说：“这里两个人坐着，而这里两个人在跑”。这种病的特点是在没有思维障碍的情况下不能把两幅画面综合起来，因此，可以认为这是感知觉的障碍。

二、记忆障碍

记忆是人脑对过去经验中发生过的事物的反映。识记、保持、回忆和再认是记忆的基本过程。记忆在人的整个心理活动和日常生活中具有非常重要的作用。因为有了记忆，人才能保持过去的反映并使当前的反映能在已有的基础上反映得更全面更正确；有了记忆人才能积累经验，并使先前的经验和后来的经验联系起来，使人的心理活动成为一个整体。如果没有记忆,一切心理活动的发展,一切智慧活动都是不可能的。

记忆障碍是精神疾患(尤其是脑器质性疾患)中较为常见的心理异常现象。病人一般不说自己的思维有缺陷,行为和情绪有变态,却往往诉说自己记忆发生了障碍。因此,记忆障碍成为精神病学和变态心理学研究的中心问题之一。

(一) 记忆增强

如果一个人的记忆能力明显地超于常人,例如其记忆的保持量大大超于遗忘曲线所表示的水平,或者大大超过了记忆广度的范围(7±2),这都可以说是超常的记忆能力。和智力超常一样,这种记忆增强(hypermnesia)不能认为是异常的。

作为变态的记忆增强是指人处在病理情况下或其他特殊情况下,对过去已经遗忘了的、久远的经验或根本记不起来的事情,都能记得起来,而且记得很清楚。例如病人能回忆起他童年时期的某些事情,曾做过的一些游戏以及和谁跳过什么舞蹈等等,即对非常细微的情节也能清楚无遗地回忆起来。例如有系统妄想的精神分裂症病人,由于对周围事物特别警觉和专心注意,明显地表现出记忆增强,就连正常人根本注意不到的细枝末节也能毫无遗漏地回忆起来。轻性躁狂症病人,由于联想十分丰富,能产生对某些既往生活事件的详情细节的追忆。一位女病人在大脑受到损害以后,突然间把儿时学过并达到对话水平,但因后来不用而已全忘记了的德语,又全都记起并说得和儿时一样流利。此外,在催眠状态和梦境中,可以回忆起一些早已遗忘了的以往生活经历中的景象,甚至是根本想不起来的早期童年生活的具体片断。这些都是记忆增强的表现。

(二) 记忆减退

记忆减退(hypomnesia)是指病人的记忆能力普遍降低的表现,即病人识记、保持、回忆和再现这四个环节的能力比一般常人或比本人发病之前都有不同程度的减退。也可以是四个环节中某一个环节受到严重破坏而导致整个记忆能力的减退。如果一个人对记忆材料的遗忘比"遗忘曲线"要差得多,他的记忆广度明显地低于 7±2 的范围,例如只能记住 3 或 4 位数,就是记忆减退的明显表现。记忆减退可以表现为近事记忆减退(比较常见),也可以表现为远事记忆减退;但从发展上看则常常表现为由近事记忆减退开始逐渐发展到远事记忆减退。记忆减退的极端表现是"遗忘症"。

1. 遗忘症

对于识记过的事物不能回忆,称为遗忘;不能回忆的有时还能再认,如果既不能回忆又不能再认,称为完全性遗忘。在正常人,遗忘是正常现象,但是,如果对既往经验过的重大事件或某一段时间内的经历,出现完全性的遗忘,则表明记忆有严重障碍,这称为遗忘症(amnesia)。遗忘症实际上是一种记忆的丧失而非记忆减退。遗忘症和一般的遗忘现象有类似的特点,即越是新近的经验遗忘得越彻底,回忆起来的可能性越少。因此遗忘症的发展过程也往往是从新近的扩展到较远的。一个刚吃过了饭而立刻忘记了自己是否已经吃了饭的病人；一个出了病房就找不到自己的房门和床位的病人，对于很早以前的童年经验却可以回忆一些。由于大脑病态而引起大脑弥散性损害的病人，如老年性痴呆病人，在大脑疾病不断加重的过程中，记忆的损害也会进行性地加重，并同时伴有日益加重的痴呆和淡漠，这称为进行性遗忘症(progressive amnesia)。其突出的表现是回忆和再认的严重障碍。遗忘一般持续进行，日趋严重，多由近事遗忘开始，逐渐发展到远事遗忘。

遗忘症根据它所波及的时间阶段而划分为逆行性遗忘和顺行性遗忘。所谓逆行性遗忘症(retrograde amnesia)是指病人对于疾病或受伤以前一段时间所发生的事情，如他在受伤前在什么地方，做什么事情等均不能回忆。这种症状在颅脑外伤并伴有意识丧失时较为多见外，也可见于老年性精神病或猝中发作，有时在严重精神创作后或一氧化碳中毒时也可出现。所谓顺行性遗忘(anterograde amnesia)是指病人在受伤或发病当时及以后一段时间内的经历，如怎样被送进医院进行抢救的等等均不能回忆，而且在意识恢复以后，如果大脑已蒙受了严重的损害，则继续表现识记的严重困难，甚至一过即忘。可是在病前经验过的事以及久远以前的、童年的经历，仍保持着较好的记忆。若问病人今天是什么时候了，回答的总是事故前一天的日期。可见顺行性遗忘主要是识记过程的障碍，而对回忆与再认过程影响较少。这两种遗忘症在理论上似乎是有绝对区别的，但在临床实际病例中，往往同时存在于同一个病人身上。

2. 再认错误

这是记忆减退的一种特殊形式。病人对过去已经认知过的事物不能正确地进行再认，称为旧事如新症。如果病人对于过去并没有认知过的事物或情景，却认为是曾经认知过的，称为似曾相识症。

- 似曾相识症(d'ejà VU)：病人在接触到新的环境、事物或人的时候，好像过去曾经见到过或经历过，因而在自己的记忆中有一种早就体验过的熟悉的感觉。这里错误的再认，是把当前事物的映象和以往的不同而又类似的事物表象混淆在一起了，因而新到一个陌生的地方会觉得是旧地重游；新见面的陌生人似乎过去曾见到过；甚至对一切新的、生疏的东西都有熟悉感，有已知的、曾经历过的体验。
- 旧事如新症(jamais VU)：是对于本来熟悉的周围事物感到陌生，即病人对过去曾经体验过而且相当熟悉的环境、事物和人，当他再次接触时，有一种似乎从来也不曾见过的新奇而陌生的感觉。这里的再认障碍表现是当前感知的事物的映象，无法与以往相同的事物的表象接通。如在癫痫梦样状况下，患者对周围日常熟悉的人都如同陌路，对熟悉的生活环境都如初到的异地；家门、街道、同事全都变得生疏了。

(三) 记忆错乱

记忆障碍的另一种表现是记忆错乱。这主要表现为回忆和再认过程的错误或紊乱。表现为回忆过程错乱的有错构症和虚构症。

● 错构症(paramnesia)：是指病人将过去可能在生活中经历过，但在他指的那段时间里并没有发生过的事件，错误地作为当时的一件真事来诉说，不自觉地加以歪曲和渲染，并坚持自己所说的事情是真实的。事情发生的时间、地点和情节上，有回忆的错误，张冠李戴，唐汉不分。例如一位患者初次与医师见面，便说他与这位医师在某处见过面、谈过话，而实际上与他在某地见面的是另外一个人。

● 虚构症(confabulation)：是指病人在回忆中把过去从未发生过而可能是纯属幻想的事件，当作亲身的经历，并坚信确有其事。病人就是以这样一段虚构的事件来填补其记忆中的空白。例如一个病人，从未去过上海，但他坚持说自己在两周之前曾去过那里，住了三天，还到南京路买过东西，而且遇见了一位老同学等等。如果病人同时出现记忆力减退，及错构、虚构和定向力障碍等，称为柯萨可夫氏症候群。

三、思 维 障 碍

由于思维过程的异常而造成的对客观现实的歪曲的反映在临床上是最常见的，思维障碍也是精神病的主要症状之一。所谓思维障碍，是由于某种外来的或体内的有害因素的影响，破坏了人脑正常的活动规律或扰乱了人的思维的逻辑进程；在病理的基础上倒退到低级的水平上进行分析和综合，抽象和概括，比较和联想，形成一些反乎常人的逻辑概念，做出了违反常人逻辑的判断和推理，从而丧失了正常的正确反映客观现实的思维能力，对现实进行了歪曲的反映。

关于思维障碍的分类问题，由于思维活动本身的复杂性，到目前尚无一致的分类方法。这里将从思维过程(形式)和思维内容两个方面的异常表现作简要的分析。

(一) 思维过程障碍

1．抽象和概括过程的障碍

抽象和概括是思维活动的基本过程，抽象概括过程的障碍，主要表现为形成和掌握概念的能力受到损害。

(1) 抽象概括水平下降：主要表现为病人对于现实事物和现象的判断是以直接的表象为主要依据的，这称为直观形象或直观情境联合的形式。即病人在进行抽象概括的时候所依据的是事物和现象的具体的、局部的和表面的特点，而不是事物和现象的内在的、本质的特点。因此，病人实际上不能形成也不能掌握正确的概念，不能在主体旧有经验的概括系统中形成新的概括系统。例如，在进行分类实验时，病人认为羊和狼不能分在一类，是因为“它们是敌对的”；猫和鸟也不能分在一类，是因为“猫生活在家里，不会飞；而鸟生活在树林里，会飞”。这表明病人没有掌握“动物”这个概念，又如病人可以把鞋子、帽子、衣服、自行车和人归为一类，说道“这个人穿上了衣服和鞋子，戴上帽子，骑着自行车上班去了”。病人把“人”和各种的“物”这些不同性质的事物归为一类，表明他没有把握事物的本质的内在的属性。

通过"第四例外"实验也可以发现病人抽象概括水平下降的表现。让病人看四张物体卡片,其中三个是属于一类的,有一个不属这一类应当排除。例如煤油灯、蜡烛、太阳、电灯,这里应当排除太阳(自然照明光源而非人工照明光源),但是病人却认为应当排除煤油灯。理由是"煤油灯太落后了,甚至最偏僻的地方也用上电灯了"。又如,当呈现皮鞋、便鞋、袜子和脚四张图片时,病人说:"对不起,哪一个也不能拿掉,没有脚,要鞋袜干什么?"

(2) 抽象概括歪曲:表现与水平下降的表现不同,在于病人往往不顾客观事实,以特别夸张的形式"超脱"了具体对象、具体联系,脱离具体情境,病人所抽象概括的往往只是事物或现象的偶然或次要的联系,而抛弃了本质的东西。因此形成的概念实际上被歪曲了。例如在做分类实验时,病人把勺子和交通工具放在一起,解释说:"飞机向天空运行,轮船向海洋运行,火车向陆地运行,勺子向嘴巴运行。"病人把钟表和自行车归为一类,理由是"钟表测量时间,自行车可以测量空间"。

抽象概括水平的下降多见于大脑器质性损害和智力迟滞的患者,抽象概括过程的歪曲则多见于精神分裂症患者。

2. 联想过程的障碍

思维过程就是通过分析综合、抽象概括、比较和联想等过程,首先是形成概念,在概念的基础上形成判断,再进一步使用判断进行推理,从而形成各种各样的观念和思想。这一过程都是借助语言来进行的,语言的基本成分是词,而词所表示的就是概念。因此,使用概念形成判断和进行推理的思维过程也就是概念(或者说"词")的相互联系的过程,在某种意义上说也就是联想过程,在正常人,这种联想过程是遵照一定的速度和逻辑规律进行的。但是在思维障碍的情况下,患者的联想活动过程就不仅表现出联想过程速度上的异常(如反常的迅速或缓慢),而且还表现出联想是违反常人逻辑的、杂乱无章的、常人无法理解的。

(1) 联想过度:表现为联想速度反常地加快。这种症状称为思想奔逸(或称意念飘忽,flight of idea),病人往往表现出思潮澎湃,概念一个接一个不断地涌现出来,而且说话语速增快,貌似口若悬河、高谈阔论、出口成章。正如一个病人所说的,他"变得非常聪明敏捷,脑子好像加了润滑油似的,用不着思考,一滑就出来了"。病人可以在很短的时间内写出许多诗词、快板或文章,有时甚至以顺口溜或歌唱来代替一般的说话。有时患者思维的联想进程太快,以致言语加速度也跟不上。但在这种情况下,患者在进行联想时就会出现随境转移与音联、意联等情况。患者说话的主题很容易变动,常常一个问题未说完,接着就转移到另一个话题上去,主题可以随着当时周围环境中所发生的变化或出现的新情况而转移,这称为随境转移。在患者的言语中,上下句之间如果只因词语的同音或押韵,而不顾其意义上关联与否,就随意地连结起来,称为音联。如果只因词句意义相关或字义相通而不管上下句之间是否有内在的逻辑关系就任意地连结起来,这称为意联。这种症状是躁狂症的典型表现之一。

(2) 联想贫乏:表现为联想速度反常地缓慢,联想内容的贫乏。联想贫乏有两种情况:一种是思想贫乏。这种患者表现为联想贫乏,思想内容十分空洞,患者在谈话过程中反应迟钝,常常默默不语,茫然不知所措,脑子里好像空空荡荡的,虽经再三询问,也不作答,或简单地答以"没什么"、"不知道"等,极少主动说话;而且病人对此处境毫无自觉、漠然置之。这种状态常与情感淡漠,意志和意向缺乏一起出现,称为精神分裂症的三种基本症状。另一种是思维迟缓,又称抑制性思维。主要为思维过程十分缓慢,联想困难,思路阻滞。有时,概念在脑子里停留很长时间而不能顺利地表达出来。对问题反应迟钝,回答问题十分困难,拖延很久,难于出口;有时,在再三重复和催促下才能回答,即使回答,内容也很简单。患者常诉说自己脑子变得笨拙和迟钝,思考问题非常吃力,脑子里好像一团糨糊似的。这是抑郁症的典型症状之一。

(3) 联想错乱:较轻者表现为思维松散,即联想的范围过于散漫,思想内容虽然多少也有点联系,但缺乏逻辑的必然的联系,通篇谈话或书写作品内容结构极不严谨。叙述不中肯也不切题,使人对其主题或用意不易理解。这是精神分裂症早期阶段的特征性症状之一。

联想错乱严重时表现为思维破裂(甚至联想断裂),思想内容缺乏内在的应有的逻辑性。虽然在单独的语句上其语法结构一般是正确的,意义也可以理解。但在整段话中,句与句之间却无任何联系,往往是一些词句的堆积,缺乏中心思想,内容支离破碎,杂乱无章,使人无法理解其意义所在。例如,让一个病人写一篇胰岛素治疗的体会时,写道:"今晨开始胰岛素治疗,感谢党的领导和朋友们的劝告,只有这样才能医治好我心灵的创伤。现在,我感谢党的培养,我小学是在美国哈佛大学毕业的。宏庙小学是我的故乡。身体需要彻底的休养,现在的命令是:火烧白莲寺,救出苦难的朋友,杀死刽子手。尽可能地加快速度,我父亲是×××,人的脑子是最有营养的东西,是最高级的东西,将唐明皇斩首,因为他是好不了的,是极端的法西斯分子,马上准备好一匹快马,以便于进行彻底的思考……"这种症状是精神分裂症的特征性症状之一,称为破裂性思维。

思想不连贯也是联想错乱的严重状态之一。它们表现为比破裂性思维更为严重的联想断裂。不仅句与句之间缺乏联系,就是词与词(即概念与概念)之间也毫无联系。所说的话或所写的东西,缺乏任何主题,是零碎、片断、杂乱无章的。严重的联想障碍常常伴随严重意识障碍出现。

3. 思维逻辑进程(或逻辑结构)的障碍

人的思维作为一种间接的和概括的反映形式,依赖于正确的概念的运用以及按一定的逻辑进程联系起来的判断与推理而实现的。思维逻辑进程障碍这种形式的思维障碍表现为在概念的运用上似乎并无障碍,但在进行判断和推理时,在思维的逻辑进程或逻辑结构上就表现出明显的障碍。其表现如下:

(1) 逻辑倒错性思维：又称病理性思维，是一种思维逻辑进程的障碍，主要表现为患者推理缺乏逻辑依据，可在没有前提的条件下做出结论，也可在毫无根据的情况下设置前提，还可倒因为果或倒果为因，以致前提和结论缺乏应有的逻辑关系，使人无法理解。如一个患者说："我是太阳神，只要看我一下，所有人的脸都会发青"；"丁某是死人，我把他救活了，所以他要害我"。这种推理都缺乏理由和根据，并不是因为病人智能发生障碍，而是由于思维的逻辑推理进程的障碍所致。

(2) 象征性思维：也是一种思维逻辑进程的障碍，主要表现为患者往往把两类毫无逻辑关系的事物或概念生硬地联系起来。例如把某种具体的事物、动作或标记和某些特殊的抽象的概念、判断或推理互相代替或混淆起来。这种代替或象征不符合逻辑规律，也违反常人的习惯，如果不经病人自己的解释是无法理解的。如一病人在理发时拒绝刮胡子，理由是：我不希望别人"刮我的胡子"(挨批评之意)。

(3) 诡辩证(sophistry)：是指病人在言语的语法和外表结构上都是正常的，但言论的内容却是空泛的，缺乏现实意义和确切的论证。病人谈论的对象常常是一些缺乏可靠根据、完全不值得注意的事情，但他却毫无目的地、广泛地运用一些空洞的、无意义的言词和论据，长篇大论，侃侃而谈，不着边际；给人一种牵强附会，似是而非，强词夺理，胡搅蛮缠的印象，好像在那里搞诡辩把戏似的。

(4) 语词新作(neologism)：是一种思维逻辑结构上的障碍，主要表现为患者按照自己的思维逻辑去生造一些新词新字，或用图形和符号代替某些概念。其特殊含义只有患者自己才能理解，这种新造的词和字可能由几个不同的概念凝缩而成，如"昘"表示一昼夜；也可能是对常用的字进行加工改造；如一位患者认为人心不正，因此，应该把所有带心的字，将"心"改为偏旁"忄"，如㤁＝思，㤙＝恩，㤑＝恋，忐＝志，等等。

(二) 思维内容障碍——妄想

1. 妄想的概念

妄想(delusion)是在病理基础上产生的歪曲的信念、错误的判断和推理。表现为病人对某种虚构的不真实的思想内容坚信不移，病人的这些思想和信念，在内容上是完全缺乏事实根据，完全违背思维的逻辑规律，甚至是极端荒诞无稽的。但是病人对此不仅不能正确地加以认识和批判，而且坚信它的"真实性"；即使摆出确凿无误的事实，进行多方面的充分的说理和论证，也丝毫不能动摇或纠正其错误信念。不过，在具有妄想症状的病人中，一般来说，并不是全部思维活动都发生障碍，对于与其妄想无关的问题，病人还是能够做出合理的分析和判断的。

妄想与常人的一些错误想法，如偏见和迷信等应该区别开来。正常人的错误想法，主要是由于思想方法、文化知识水平和个人情感等因素造成；至于宗教迷信思想的形成，则尚有社会-文化的原因。但是，这些都是可以通过说服教育，进行社会改革，提高认识水平和改进思想方法等途径来加以纠正，而妄想则是在一定的病理基础上形成的，必须通过医疗措施，随着病情的好转或痊愈才能逐渐消失。

妄想是一种严重的心理异常表现，是精神病的最重要、最常见的症状之一。妄想可以在各种不同的精神疾病中出现，并由于病种的不同，其妄想的内容和表现方式也有所差别。对精神疾病不同病种的妄想症状的特点进行深入细致的临床观察和研究，对于精神疾病的确诊和治疗有着极其重要的实践意义；对于变态心理本质的认识也会有非常重要的理论意义。

2. 妄想的分类

按照妄想的起源来分，可以分为原发性妄想和继发性妄想。起源于某种突然发生的病理性体验，而与病人的既往生活经历和当时的现实情境缺乏任何联系，称为原发性妄想。这在精神分裂症病人中可以见到。在感知错幻、意识模糊、智力障碍导致的判断推理错误，以及在精神刺激和暗示等的基础上所产生的妄想，称为继发性妄想，可见于多种精神病。

从妄想的结构来看，可以分为系统性妄想和非系统性妄想两类。系统性妄想是指内容连贯、结构紧密的一类妄想。这类妄想的产生常围绕某一思想核心，并以此为前提，随着疾病的进展而逐渐发展，不断增加新的内容，把周围的一些本来无关的事件牵强附会上去，使妄想内容更为复杂，从而形成一个比较固定的妄想体系。非系统性妄想则是指一些零散片断、内容互不连贯、不固定的荒谬的妄想观念。

按照妄想内容的性质来分，可以分为带有被害性质的妄想、夸大色彩的妄想和贬斥性质的妄想。

(1) 属于被害性质的妄想有：

- 关系妄想：又称牵连观念或援引观念，是指病人将其周围环境中本来与他毫无关系的一些人物、现象、某种变动情境或偶然巧合的事情，都牵连到自己身上，并错误地认为都是针对他的，和他有密切关系。例如病人坚信别人的咳嗽、关门、谈笑、议论等一切言行举动，以至于收音机广播、报纸刊登的新闻等都是别有用心，对他而发的。关系妄想的内容多数对患者不利。
- 被害妄想：是指病人坚信自己或亲人遭受到打击和迫害。例如认为周围有人或某个集团正在阴谋利用种种卑鄙手段，公开或隐蔽地诬蔑他、陷害他；他正受到监视，可能要被捕或遭暗杀；他的食物中有人放了毒药；他的健康受到破坏；他的财产已被掠夺等等。
- 影响妄想：是指病人坚信自己的整个思想及行动都已受到某些人或某种神秘力量的影响、干扰、操纵和支配，使他不能自主；甚至将一些不属于他的思想和意愿强加于他。有时病人坚信有人用某种特殊的仪器，或某种奇特的设施，如原子侦察器、电脑、太空仪等操纵或遥控着他的思想或行为，使他受到损害。
- 嫉妒妄想：是指病人肯定地认为自己的配偶对他（或她）不忠，暗中与其他异性私下会晤，有不正当行为，因而跟踪、监视其配偶的活动。

(2) 属于夸大色彩的妄想有：

● 夸大妄想：是指病人坚信自己的才华盖世，聪明绝顶，自己有很高的职位，有无上的权力，有大量的财富，是当今世界最伟大的政治家、军事家，最大的财主等等。

● 发明妄想：是指病人坚信自己在某方面已做出了非凡的发明创造，并取得了无与伦比的科学成果，已经获得了诺贝尔奖金等等。

● 钟情妄想：是指病人坚信自己为某异性所眷恋，并常做出相应的反应向对方表示爱情。即使对方并无此意，甚至遭到对方的斥责或殴打，亦认为情有所钟，毫不质疑，继续追求，纠缠不已。

(3) 属于自我贬斥性质的妄想有：

● 自责自罪妄想：是指病人毫无根据地坚信自己犯了严重的错误或不可饶恕的罪行，以致连累亲友，使国家和人民遭到重大损失。自认为不仅应该受人鄙视、唾骂，甚至处死也不能补偿其罪过。因而病人常采取某些赎罪方式，如拼命干活、拒食，甚至自伤或自杀等。

● 疑病妄想：是指病人坚信自己身体已患了某种不治之症，如脑子萎缩了，心跳停止了，肺或胃肠腐烂了等等。虽经各科医生反复详细检查，证明这类疾病并不存在，病人仍然坚信不移，而且整天焦急如焚、忧愁哀叹，自认已无希望再活下去了，等等。

3. 妄想产生的条件

人的心理活动的各个方面是互相联系，而且常常是作为一个整体活动着。妄想作为一种复杂的变态心理现象，它的产生必然与许多条件相关联。下面从几个方面来考察妄想产生的条件：

(1) 病人在意识清醒下，由于某种身体内、外的刺激物的作用，而对外界刺激物的认识出现异常，就可能在认知异常(包括感知觉异常)的基础上通过思维发展为妄想。不少继发性妄想大多是在这种条件下产生的。例如继发性的疑病妄想和物理影响妄想等就往往在这种条件下产生。

(2) 妄想也可以在意识障碍的条件下产生。这时病人处于朦胧状态或谵妄状态等意识障碍的条件下，会出现大量带有恐怖性的感知错幻现象，而且因为有意识障碍，病人的定向力、判断力和批判能力下降或丧失。因此就会在感知错幻的基础上产生妄想。这时的妄想多属被害性的，且较零乱、不系统。

(3) 在情绪障碍的条件下产生妄想。人的情绪状态如何，会密切地影响到人的思维的逻辑进程。特别是在强烈而反常的情绪状态下，病人思维的指向性和正常的逻辑进程都要受到扰乱。这时，抽象概括过程会受到歪曲，可能做出错误的判断和推理，在此基础上就会产生妄想。例如，处在躁狂状态下的病人，由于情绪反常地高涨，感到精力充盈、无人可比，就会产生夸大妄想。处于严重抑郁状态的病人，由于情绪反常地消极、低沉和沮丧，就可能产生自责自罪妄想。

(4) 思维过程本身有障碍的条件下产生妄想。在思维过程本身有所变异时，病人的分析综合能力、抽象概括能力和判断推理能力均受到损害。这时可以导致两种情况：一是病人反映客观现实能力降低，甚至完全丧失了常人所具有的判断力和批判力，不能把握起码的是非、好坏和善恶的标准；这时就会产生一些极端荒唐可笑、带有幻想性而又零乱不系统的妄想。器质性精神病人的妄想多属此类。二是病人反映客观现实的能力受到歪曲，由于歪曲的抽象概括和判断推理，就会产生歪曲的概念和思想；继而也会产生各种各样比较系统且结构严密的妄想。精神分裂症病人的妄想多属此类。

(5) 在人格障碍的背景上产生妄想。由于人格发展的不协调，在人格结构中的某些部分过分发展，对自己不能做出恰当的正确评价，而往往过高估计自己。认为自己了不起，能干大事，这时可产生夸大妄想，然而病人自己的实际能力却与他的理想相距甚远。这种情况下病人的许多想法根本不能实现，只能在现实中到处碰壁。由于缺乏自知之明，病人总是把挫折和失败的原因归之于客观，认为是周围的人给他设置了重重障碍，妒忌他，扰乱他，打击他，结果就会产生被害妄想。

(三) 关于思维障碍的一些理论

1. 布鲁勒的内向性思维学说

瑞士著名的精神病学家布鲁勒(E. Bleuler)对于具有典型意义的精神分裂症思维障碍进行了长期的系统的研究。他认为精神分裂症病人思维最大的特点是思维松散和思维破裂(他因此而第一次提出了“精神分裂症”的名称)。他不仅通过临床观察而且采用了思维联想实验的方法对精神分裂症病人的思维进行了研究和描述，并提出了关于思维的病理学观点，即内向性思维学说。

布鲁勒把人类的思维分为两类，一类是内向性思维，另一类是现实性思维。布鲁勒提出的所谓内向性思维，有如下几个特点。第一，这种思维是一种只受意向和情绪操纵而且是自我产生的思维；第二，是一种无批判、无明显的动机和目的、进行着随意的无联系联想的思维；第三，是一种不受客观现实所调节的主观性思维。因此，他认为内向性思维是一种孤立存在的、不以外界信号为转移而绝对服从于个人的主观需要与体验，即追求快感、逃避痛苦的意向和情感。同时，这种思维也不顾逻辑的连贯性，不遵循正常人的逻辑规律。所谓现实性思维则是一种和现实世界相适应，能真实反映客观现实的一种逻辑思维。布鲁勒认为，现实性思维是一种把现实向我们提供的联系，即人和周围现实沟通起来的联系在人们头脑中的复制(或重现)。他认为，现实性思维虽然受现实和逻辑的规律支配，但它却是孤立于人的情绪、意向和需要之外的，是一种纯粹的理性过程。因此，他认为这两类思维是绝对对立的。例如从来源上看，现实性思维是通过个体形成的经验获得的，故又称为经验性思维；而内向性思维则是来自某种先天的机制。

布鲁勒认为，在人身上同时存在着这两种思维，但在正常人总是现实性思维占优势，故其思维活动不会出现病理状态。然而，一旦逻辑思维，即现实性思维出现弱化的时候，内向性思维就要占优势，这时思维过程就要陷入病理状态。他认为健康人的梦境和精神分裂症病人的思维就是内向性思维占优势的突出表现。精神分裂症病人正由于内向性思维占优势，所以常常是严重地而且主动地脱离外界现实，使整个人沉浸在自我情感体验和主观幻想世界之中。他们的各种各样妄想也正是这样产生的。布鲁勒还认为内向性思维不仅表现在精神分裂症病人身上，而且在正常人身上也能见到。例如他曾描述过梦境中的幻想以及健康人，特别是诗人、画家及一般艺术家在清醒时的内向性思维的表现。不过，只是由于正常人的内向性思维通常是不占优势的，所以，他们的思维活动不会超出正常的范围。

布鲁勒在上世纪末、本世纪初所提出的精神分裂症思维的主要特点是内向性和破裂性的看法，直到今天，仍为人们所普遍接受。但是，当他把精神分裂症病人的思维和正常人的思维进行比较时，特别是他提出一种完整的思维学说的时候，其观点则是错误的。他虽然指出现实性思维作为一种逻辑思维能反映现实，但却又把这种思维和情感、意向、需要等完全割裂开来。同样地，他虽然看到内向性思维作为一种病理状态的思维，同需要、情感、意向有密切联系，并强调指出了需要和情感在思维活动中的重要作用，却又认为内向性思维完全不能反映现实，只是主观自生的现象。因此，布鲁勒对于现实性思维的解释只是涉及了它的功能；对于内向性思维的解释则是不可知论和神秘主义的，而且，他对思维的所谓内向性和现实性的划分是人为的、没有根据的。

2．思维的倒退学说

思维倒退说(thought regress theory)一般认为精神病人的心理活动是倒退到系统发展中不同水平的低级阶段上的结果。因此，有很多人从这种观点出发，试图把精神分裂症病人的思维和原始人的思维进行类比。例如希勒德(Schilder)等人就认为精神分裂症病人的思维是发生了向思维机能比较古老的形式，即原始性思维复归(倒退)的结果。他们认为精神分裂症思维是以缺乏“我”和周围环境之间的分化为特征的。病人的主观体验被投射到周围环境中去，客观外界的现象则作为病人自己的个性而被感知，即把外部世界人格化了。这种情况就好像远古时代的人类按照自己的人格用自己的主观体验和幻想去解释各种各样他们所无法控制和躲避的自然现象一样。

另外的一些人则把精神分裂症的思维同处于青春发育期的儿童作比较，认为精神分裂症思维是向幼年时期儿童思维的复归(即倒退)。他们把人的心理活动的高级和低级阶段与大脑神经系统的高级和低级水平相应地等同起来，认为精神分裂症的思维障碍是由于系统发展中比较古老的大脑系统相对活跃，较后发展的大脑系统相对削弱所致。苏联早期著名心理学家维果特斯基也主张这种观点。他认为精神分裂症病人和痴呆症患者一样都是概念思维能力减退或遭破坏，不能进行抽象思维的结果，故认为都是倒退现象。

这种观点只看到病理思维的表面现象，抹杀了正常人和病人思维活动的本质差别，所以也是不正确的。第一，无论是原始人的思维，还是幼年期儿童的思维，都是概念思维(即抽象思维)能力尚未形成或尚待完善而处在增长和完善的过程中；而精神病人则是已有的概念思维能力因疾病的影响而下降或倒退了。故在动态发展的方向上是不同的,不能简单地进行类比。第二,儿童思维只是尚未达到充分发展的抽象概括水平,而病人的思维则是因疾病的破坏不仅倒退了,而且具有病理结构,是一种歪曲的反映。故在思维活动的结构上是不同的,绝不能混为一谈。

3. 思维包含过多理论

关于精神分裂症的思维障碍特点,卡麦隆(Cameron)1947 年就提出这种病人思维障碍的特点是不能排除多余的外界刺激。病人把不属于同一概念,但与此概念有联系的内容包含其中。这样就使概念的内容过度扩展,思维活动变得没有条理且不连续。这种思维障碍称为包含过多。这就是说,病人对于外界事物的概念不能保持在应有的界线上,致使界线向外扩展,而把很多不应归属于这一概念的事物也包括在内,即把概念的内涵和外延都无限制地扩大。

有人把思维包含过多的现象称为刺激多余性,认为思维包含过多既涉及抽象概括过程的障碍,也与病人的信息输入、加工过程的障碍有关,即病人不能通过对信息的过滤把无关信息加以排除,因此使其信息加工过程发生混乱。这就是精神分裂症妄想型病人思维包含过多表现最突出的原因。

根据以上这些论述,我们可以发现有关精神分裂症的思维障碍尚有许多值得探讨的问题。在这些论点中,有的是偏重临床方面来提出论述的,有的则重视实验。另外,在分析材料上也有多种重点不同,如有的重视分析思维的内容,有的侧重思维的进程。近年对思维障碍现象多有从认知理论及信息加工等方面进行研究的,人们企望由此而突破一些实质性问题。但是,只有在实际领域中再作多方面的实验研究工作,才能使思维障碍研究向前推进一步。

6

情感障碍与意志行为障碍

一、情感活动异常

(一) 情感活动的特点

人对现实事物总是采取某种态度并产生各种不同的内心体验,如喜悦、悲哀、恐惧、愤怒、快乐、忧愁等,即为情感。情感过程所反映的是人和客观事物之间的关系;而这种关系则是人对该事物需要程度的反映。因此,情感的产生不仅取决于客观事物本身的特点,而且取决于客观事物对人所具有的意义,以及对这种意义的认识。同一事物对于不同的人,可以引起非常不同的态度和体验,可以产生非常不同的情感。

情感活动又是一种状态或背景,和其他心理活动,如认识活动、意志活动以及人格特征等都有紧密的联系。任何心理活动都必然同时伴随某种情感和情绪活动,而且互相影响。一般来说,人的情感活动和其他心理活动是协调一致的,而在病态的情况下,这种协调一致就会受到破坏。情感障碍可以导致其他心理活动过程的障碍,反之,其他心理活动过程的障碍亦可导致情感障碍。当然,情感障碍的产生主要还是由于情感活动本身的规律受到破坏所致。从情感作为客观现实的一种反映来看,可以引起情感活动变化的外界环境及社会条件的急剧变化,超出了人的心理活动可能忍受的范围,就可能导致情感活动的异常。从情感作为大脑的一种机能来看,情感活动有着广泛的大脑神经生理生化基础。它不仅与大脑皮层的活动密切联系,而且与大脑的边缘结构有更为密切的联系,情感活动是大脑皮层、皮层下结构和内分泌系统等各个不同水平的神经结构和神经体液系统协同活动的结果。在不同水平的神经结构和体液的系统中,某一环节产生故障都可能造成情感的障碍。因此,情感障碍实际上是一个很复杂的过程。

(二) 表现为高涨和兴奋的情感活动异常

1. 情感高涨

情感高涨(hyperthymia)表现为病人的情感活动显著增强,经常表现得欢欣喜悦,得意洋洋;说话时总是语音高昂,喜笑颜开;病人对一切都感到非常乐观,对任何事物都感到兴趣，而且骄傲自负，有夸大色彩。但病人的这种状态不是很稳定的，有时也很容易受刺激，稍遇不遂便勃然大怒，不过这种变化往往转瞬即逝。病人常常伴有良好的自身感觉，似乎总是显得心情开朗、感觉幸福。由于病人心理活动的完整性以及与环境之间的统一性仍然保持完好，所以上述表现还能为一般人所理解。病人的乐观、愉快情绪往往具有很大的感染力，容易引起周围人的共鸣。这是躁郁性精神病躁狂状态的又一个典型症状。

2. 欣快

欣快(euphoria)与前者在表面上颇为类似，病人表现为乐呵呵的，似乎总是有一种十分满意和幸福愉快的体验。但是，由于它总是伴随智能障碍出现的，故与情感高涨有本质不同。病人即使很愉快高兴，其表现仍明显地给人一种呆傻和愚蠢的感觉；病人自己也说不清为什么愉快和高兴，因此，它不能引起其他常人的共鸣。

3. 情感爆发

情感爆发(emotional outburst)是一种在精神因素影响下突然发作的、爆发性的情感异常。病人表现为哭笑无常，叫喊吵骂，打人毁物等。病人有时捶胸顿足，号啕大哭；有时又兴高采烈，狂笑不已；有时满地打滚，横蛮粗暴。这类症状的特点是来得快，来得猛，而持续时间较短暂。这种症状也常伴有撒娇、幼稚以及戏剧样的表情动作。病人对周围情况的感知并无障碍。这是癔病的主要精神障碍之一。

4. 病理性激情

病理性激情(pathological affect)是一种突然、强烈而短暂的情感发作，并伴有一定程度的意识障碍。一般来说，病人不能意识到由此而可能产生的冲动行为和举动，因而不能自行控制。激情可伴有冲动性行为，甚至可能残暴行凶。发作后，病人对病中经过不能完全回忆。多见于严重的颅脑外伤、癫痫病或中毒性精神病，也可见于精神分裂症。

5. 易激惹

易激惹(irritableness)的病人对于一般或很轻微的刺激就产生剧烈且不愉快的情绪反应，表现为易生气、激动，以至大发雷霆。常见于癔病、神经衰弱、躁狂状态、躯体性疾病(如甲状腺机能亢进)或器质性精神病。

(三) 抑郁、恐惧和焦虑

1. 抑郁

抑郁(depression)主要表现是情绪低落，病人自我感觉很坏，心境抑郁悲观，落落寡欢，不与人交往；他们对自己的能力往往估计过低；一些小困难也认为克服不了，工作不能胜任；以"灰色"的心情来观察周围的事物，对什么也不感兴趣，觉得没有意思，表现迟钝、呆板、缺乏活力，终日忧心忡忡，愁眉不展，低头少语或长吁短叹，度日如年；常自卑自责自罪。情绪低落也有不同程度的表现，轻者心情沉郁，无精打采，自觉脑力迟钝，肢体乏力,不愿参加各种活动,对完成工作任务缺乏信心;进而忧愁伤感,终日饮泣,自叹生不逢时,难以为人,活着没有意思,还不如死了好。重者有严重的罪恶感,常寻思自杀或出现自我惩罚行为。多见于各种忧郁症和更年期忧郁症。

2. 恐怖症

恐怖症(phobia)是一类带有强迫性质的、不能以病人的意志和愿望为转移的恐惧情绪。如病人对过去一些本来并不感到可怕的事物却产生一种紧张恐怖的情绪体验。他也知道这种恐惧是完全不必要的,甚至自己也能认识到这是不正常的表现,但他却不能控制自己,即使尽了很大的努力加以克制和斗争,也无法摆脱或消除。因而感到极为不安,十分痛苦。从内容来看可以有各种各样的恐怖,如广场恐怖、红脸恐怖、利器恐怖、死亡恐怖以及怕脏、怕得某种病、怕接触某人或某物的恐怖等。此类症状多见于强迫性神经症以及精神分裂症早期。

3. 焦虑

焦虑(anxiety)病人对自身的健康和客观情况做出过分严重的估计,在缺乏任何客观根据的情况下出现内心不安;或认为病情严重,难以治愈;或认为即将大祸临头难免遭遇不幸,因而表现坐立不安,搔首顿足,怨天尤人,惶惶不可终日,反复找人诉说。即使多方解释,也不能消除其忧虑。由于经常处于紧张状态,病人常常彻夜难眠,饮食乏味,或出现心悸、出汗、四肢发凉、胃肠机能失调等植物神经系统的功能紊乱反应。多见于焦虑状态和更年期焦虑症。

(四) 情感和情绪错乱

1. 情感倒错

情感倒错(parathymia)是一种认识过程和情感过程之间丧失其协调一致的联系而出现脱节的现象。即病人的情感体验和反应与外界刺激的性质不符。如遇到悲哀的事情时却体验着并表现出喜悦的情感;相反,遇到高兴的事情时却痛哭流涕、悲伤不已或显得无所谓的样子。常见于精神分裂症,尤其在青春型病人中更为多见。

2. 表情倒错

表情倒错(paramimia)是内心体验和表情动作之间不相协调的表现,多见于精神分裂症。病人号啕痛哭,但内心并不感到有什么悲伤的体验,也说不出任何引起其情绪波动的原因,有时本来心里是高兴的,但却痛哭流涕,显得非常伤心。

3. 矛盾心态

矛盾心态(ambivalence)的病人对同一个人或同一件事同时体验到两种相反的不同情感。例如,病人对其亲人又喜欢又讨厌,但并不因这两种情感的对立而感到苦恼。可见于精神分裂症。

(五) 情感淡漠与减退

1. 情感淡漠

情感淡漠(apathy)的病人对外界的任何刺激缺乏相应的情感反应,如在生离死别或久别重逢的情况下病人表现得无动于衷。平时面部表情平淡呆板,冷漠无情。内心体验也日益贫乏,失去与周围环境的情感上的联系。在疾病早期,往往表现为细致的情感逐渐丧失,病人对家人显得不关心、不体贴,对周围人和事物态度冷淡,情感反应不鲜明、不生动。以后则慢慢发展为典型现象。此症状与情绪低落在表面上有些类似,但实质上是完全不同的。情感淡漠是精神分裂症多见而又具有特征性意义的症状。

2. 情感减退

情感减退(hypothymia)的病人对各种外界事物逐渐丧失相应的态度和内心情感体验。除了受到重大干扰或侮辱而可能偶尔表示一点愤怒或退避反应以外,其他任何刺激都不能引起他的情绪反应,完全丧失任何动机和欲念,处于完全麻木不仁的状态之中。多见于器质性痴呆状态和晚期精神分裂患者中。

二、意志和行为动作异常

(一) 意志和行为动作异常的概念

所谓意志就是人在其实践活动中有意识地提出确定的目的,并为达到目的而自觉地控制与调节自己的行为,不断克服困难,坚持行动的一种心理活动过程。

对于显然是荒谬、不合理的目的矢志不移的追求;与病态相联系的在确定行动目的时(即采取决定时)优柔寡断,朝三暮四;自觉控制与调节自己行为的能力的削弱或丧失,以及在实现行为目的时有头无尾、随境转移、不能坚持等,都是意志障碍的表现。

动作或运动是机体对内外环境刺激做出的简单反应,可分为随意运动和不随意运动。单个的不随意或随意的运动都称为动作,而建立在一系列随意运动基础上的复杂的意志动作称为行为活动。动机是反映在人们头脑中激励人去行动的某种冲动,是行为的动力;目的则是指在人的头脑中所预想的行动的结果,是行动的方向。动机说明人所要进行的某种行动的原因;目的说明人通过某种行动所要追求的结果。

精神病人的病态行为动作往往是由于随意运动障碍或意志障碍所造成;也可能是由于病态的动机和目的而引起。例如自杀或伤人的行为就可能是由于以被害性质的幻觉和妄想的形式反映出来的病态的动机,如自咎或逃避的动机,自卫或报复的动机等所驱使。

(二) 意志活动的异常表现

1. 意志增强

意志增强(hyperbulia)是指病人的意志具有病态的顽固性。患者受妄想影响,坚持某种行为活动。如有被害妄想的患者反复上诉要求解除某人对他的迫害;有疑病妄想的患者,四处求医,要求解除病痛等,都可以表现出极大的顽固性,不顾行动中遇到任何阻碍,仍一往直前,经久不懈。常见于妄想狂以及某些精神分裂症妄想型病人的症状活跃阶段。

2. 意志减弱

意志减弱(hypobulia)的病人由于神经系统机能的脆弱,以及心情焦躁、情感脆弱,因此缺乏坚持性,特别不能忍受委屈和挫折,容易灰心丧气。这样病人就往往不能够把行动坚持到底,直至达到既定的目的。这是意志减弱的一种表现,常见于神经症。另外,有的病人由于注意力涣散,思想奔逸和随境转移,在行动的过程中易受那些无关的意向与欲望的影响,也容易为某些次要的无关的因素所转移。因此,这些病人的行为总是有始无终、朝三暮四。这是意志减弱的另一种表现,多见于躁郁症的躁狂状态。

3. 意志缺失

意志缺失(abulia)表现为病人对周围事物缺乏兴趣,对外界环境及其变化缺乏任何情感反应,生活的需要和欲望显著减退或消失,缺乏行动的动机和目的。他们的一切活动常常需要外力的督促才能被动地进行,完全丧失了任何自觉的、主动的行动。意志丧失常与思维贫乏、情感淡漠或衰退同时出现,多见于精神分裂症晚期或痴呆状态。

(三) 行为动作的异常表现

行为动作的障碍主要表现在两个方面:一是随意运动(动作)本身受到破坏,即随意性受到削弱或丧失。二是意志活动和随意动作之间的关系受到破坏。然而不管哪方面受到破坏最终都必将导致人的整个行为活动的障碍。

1. 随意动作的异常

(1) 木僵状态(stuporous state):病人几乎静止不动,经常保持一种固定的姿势,如长期的僵立、僵坐或僵卧;既不主动说话,也不回答问题,对外界刺激没有动作的反应,甚至不主动进食和大小便。不同的精神疾患都可出现木僵状态,但其表现又有如下不同的特点:

- 抑郁性木僵:躁郁症病人在严重的抑郁状态下,由于深度抑制,可出现木僵状态。随着情绪的低落,运动也逐渐减少,病人首先感到肢体沉重,抬举无力,继而整日僵卧,不食不语,有时伴有唾液和尿便的潴留。在极力的有效鼓舞下尚可做些简单动作,如坚持向他提问,有时还可获得微弱的回答。病人的情感活动与内心体验是相符合的,因为有时向病人讲述伤心之事时,病人虽无应答却会落泪。

• 心因性木僵：是在突然遭受强烈的精神刺激之后发生的一种状态，病人既无动作，也无表情，并伴有意识障碍，但为时较短，可迅速恢复或转为兴奋状态。恢复后，对木僵期间的经过多不能回忆，因此这是心理上遇到"休克"的一种表现。这类症状多见于反应性精神病。

• 紧张性木僵：病人全身骨骼肌肉可发生不同程度的紧张，主动运动几乎完全消失；在相当长的时间内保持一个固定不变的姿态，僵住不动；在精神分裂症紧张性木僵的基础上常可出现蜡样屈曲，身体各部分任人摆布成各种姿势；面部表情呆板，缄默不语，不吃不喝。对体内、外刺激均不引起反应，如以针刺其皮肤或以拳在其眼前做欲击状，均不能引起眨眼、躲避等防御反应。口内积满唾液，既不咽下，也不吐出，任其外溢；大小便也任其潴留而不主动排出。病人白天一般卧床不起，但在夜深人静之际，有时可起床稍事活动或进食，询问之也可做低声的简单回答。木僵状态可历时很短，亦可长达数月数年之久，但可突然缓解或与紧张性兴奋交替出现。这类症状多见于精神分裂症紧张型。

• 器质性木僵：是发生于严重的急性脑损害后，如感染、中毒、外伤、缺氧或癫痫发作的一种状态。病人表现为运动不能，但可做被动的进食或排便动作。轻者可望恢复，重者则会后遗痴呆。

(2) 蜡样屈曲(flexibilitas cerea)：是在木僵状态的基础上出现的一种特殊表现形式。因此，它是紧张性木僵的一个组成部分。病人姿势往往固定不变，身体任人摆布，即使肢体上举或放在极不舒适的位置，也能维持很久而不主动改变，如同蜡做的人一般(见图 6-1)。如果病人僵卧在床上，有时抽去他头下的枕头，他的头仍然悬空，好像枕头并未抽掉似的。这样的症状称为"空气"枕头。蜡样屈曲多见于精神分裂症紧张型。

图 6-1 蜡样屈曲患者长时间肢体悬空

(3) 违拗症(抗拒症)(negativism)：病人对别人加于他的动作和提示不仅没有相应的反应，而且加以抗拒，在临床上可见到两种表现：主动性违拗，病人做出与要求全然相反的动作，如让他张口，他偏闭口，让他闭眼，他偏睁眼，让他坐下，他偏站立等；被动性违拗，病人对要求他做的动作一概加以拒绝。这类症状多见于精神分裂症紧张型。

(4) 被动性服从(passive obedience)：与违拗症的表现恰好相反。病人对任何意见与要求都无条件地接受，并立即执行，即使执行的结果会对他造成损害或引起痛苦，他也照样去做。可见于精神分裂症和处于催眠状态的病人。

(5) 刻板动作(stereotyped act)、模仿动作(echopraxia)、持续动作(perseveration):病人在没有任何目的和意义的情况下,持久地、机械地重复做着一种单调的动作,如患者反复用手将扣子解开又扣上,扣上又解开,称为刻板动作;病人简单地重复别人的动作或言语,如别人抽烟,他也抽烟或做抽烟的姿势,别人行礼,他也行礼,别人说什么,他也一字不改地重复,这称为模仿动作;如果病人知道没有必要,但仍然免不了去重复自己刚才所做过的动作,则称为持续动作。刻板动作、模仿动作和持续动作往往相应地与刻板言语、模仿言语和持续言语一起出现。

(6) 作态(mannerism):病人做出一些古怪的、愚蠢的和做作的幼稚动作、姿势、步态或表情,使人感到好像故意装出来似的,例如病人挤眉弄眼,装怪样,做鬼脸,用脚尖走路或用怪声怪调跟人说话等。此症状多见于精神分裂症青春型。

2. 意志行为和其他兴奋性行为的异常

(1) 强迫动作(compulsive act):这是病人在某种难以抑制的意向和情感的影响下重复进行的动作。病人虽然也知道这些动作的重复是毫无必要的,并为此感到十分苦恼,但却不能加以控制,即使百般努力,想尽办法或采取各种手段也无法摆脱与消除。例如一位患者排便后必须反复洗手并总感到未洗干净,以致反复洗数次或数十次,才勉强放心;又一患者每于进门之前必须在门口立正站一下,然后才进去,如果某次与朋友走得太匆忙,来不及立正便进去了,即感到不安而必定找借口重新到门口立正一下才能放心。这类毫无意义的动作又称仪式动作,多见于强迫性神经症。这与强制性动作不同,强制性动作是不受患者的意向影响的,突然发作,随即消失,对此病人并不在意,不感到苦恼,也没有要摆脱的愿望。

(2) 躁狂性兴奋(manic excitement):病人整个心理活动增强,言语、动作、行为都大大增加。联想迅速,心情愉快,动作轻松、活泼,好管闲事,主意很多,兴趣广泛,随境转移;做起事来爽快利索,但较轻浮,坚持性差,有始无终,整天来来去去,忙忙碌碌,干这干那,没有安静的时候。行动有意识、有目的,与周围环境配合协调,可为人所理解,但目的不能贯彻始终。多见于躁郁症精神病躁狂状态。

(3) 青春性兴奋(hebephrenic excitement):病人言语明显增多,但往往支离破碎、语无伦次,有明显的破裂性思维,情感表现倒错、做作,即使又唱又笑,却缺乏与之相应的内心体验。行为动作也明显增多,表现离奇古怪,愚蠢幼稚,捉摸不定,缺乏动机和目的,不能为别人所理解,与周围环境不配合、不协调。多见于精神分裂症青春型。

(4) 紧张性兴奋(catatonic excitement):病人说话较少,语句简单,内容单调,有时显得杂乱,且常出现刻板言语和模仿言语;情感变化较大,表现强烈,但表情呆滞,与其他心理活动不协调;行为动作较少,但强烈而粗暴,具有突然发作性和冲动性,杂乱、刻板、单调,往往无端伤人毁物,既无明显的原因,也无确切的指向和目的,使人捉摸不定而难以防御。这种意志行为障碍一般持续时间较短,并常与紧张性木僵交替出现。多见于精神分裂症紧张型。

7

智 力 障 碍

智力障碍是当今一个世界性的,最严重的社会、医学、教育和心理问题。它直接关系到一个国家、一个民族的人口素质,各国都在大力进行研究。研究智力障碍,对于教育上的因材施教,对于人事上的量才用人,对于医疗上的诊断、治疗及早期干预等都具有重要的意义。

一、智力和智力障碍

(一) 什么是智力

在19世纪后半叶,智力一词最早是由哲学家斯宾塞(H. Spencer)和生物学家高尔顿将古拉丁词 intelligence 引入英文的,其意义是代表一种天生的特点及倾向性。关于智力,在心理学史上可以说是一个争论不休、众说纷纭、莫衷一是的概念。1927年,美国教育心理学杂志开辟专栏,特邀17位知名的心理学家各抒己见,探讨智力的性质和涵义,但结果仍无法统一。讨论结果大致可归纳为三种看法:

- 智力是抽象思维的能力:主张此说者认为智力是一种抽象思维能力,如判断力、理解力、推理力、创造力等。
- 智力是学习的能力:主张此说者认为智力是学习的能力,学习成绩就代表智力水平。
- 智力是适应新环境的能力:认为智力是人类适应环境的能力。智力越高者,适应环境的能力越强,即对新的情境从容应付、随机应变的能力越强。

这三种观点只是谈及智力的某些层面。20世纪40年代后有些心理学家将上述定义综合起来。例如,史多达(G.D. Stoddard)下的定义为:"智力是从事艰难、复杂、抽象、敏捷和创造性活动以及集中精力保持情绪稳定的能力。"而韦克斯勒(D. Wechsler)的定义则说:"智力是一个人有目的行动、合理思维和有效地处理周围环境汇合的或整体的能量。"我国较多的心理学家认为,智力大体上是指学习的能力、保持知识的能力、推理的能力及应付新环境的能力。

不过,现在一般都认为智力就是人们在认识过程方面所表现出来的各种能力,如观察力、记忆力、想像力和思维能力,其中思维能力是智力的核心,而创造性思维能力尤其是衡量智力的重要标志。

(二) 智力障碍与智力迟滞

1. 智力障碍的概念

智力障碍,又称智力缺陷,一般指的是由于大脑受到器质性的损害或是由于脑发育不完全从而造成认识活动的持续障碍以及整个心理活动的障碍。由于遗传变异(染色体畸变和基因突变等)、感染、中毒、头部受伤、颅脑畸形或内分泌异常等有害因素造成胎儿或婴幼儿的大脑不能正常发育或发育不完全,使智力活动的发育停留在某个比较低的阶段中,称为智力迟滞(intellectual retardation)。由于大脑受到物理、化学或病毒、病菌等因素的损伤使原来正常的智力受到损害,造成缺陷,则称为痴呆(dementia)。

痴呆与智力迟滞的概念不同,智力迟滞者出生后一直是低能的,痴呆病人则有过良好智能而在后来某一时期逐渐发生智能减退。关于智力迟滞本章将做详尽阐述,而痴呆将在第18章介绍。

2. 智力迟滞的等级及心理特点

智力迟滞又称精神发育迟滞或精神发育不全,是以智力低下和适应能力欠缺为主要特征的一组疾病。在美国和欧洲一些大城市所进行的研究表明,智力迟滞者约占人口总数的2.6%,有的人认为可能达到3%～3.5%。在我国,根据一些地区的调查大致在3%左右,个别地区可高达7%～8%。因此,许多不同学科领域的学者,都从不同的角度在关心和研究智力迟滞问题。

(1) 智力迟滞的等级:据ICD-10 (1992年)及CCMD-3 (2001年),智力迟滞可分为如下等级(表7-1):

表7-1 智力迟滞分级标准

等 级	智商(IQ)
轻度(mild)	50～69
中度(moderate)	35～49
重度(severe)	20～34
极度(profound)	20以下

• 轻度:智商分数在50～69之间者,是智力迟滞者中人数最多的一类,约占智力迟滞总数的80%,大致相当于“能教育”者。他们在学龄前期(0～5岁)能发展社会和交往技能,在感觉运动方面的损害不严重,一般难与正常儿童相区别;到10多岁时能进入学校学习,能读完小学;成年后,一般能掌握社交与职业技能,从而达到低水平的生活自理,但在非常的社会或经济压力下,需要有指导和帮助,其中有些病人在精神因素作用下可出现行为障碍或精神病样发作。

• 中度:智商分数在35～49之间者,人数约占智力迟滞者的12%,大致相当于“能训练”者,他们在学龄前期能学会说话及与人交往,但对社会习俗认识很差,在自助(即生活自理上)方面可因训练而获益,能在中等程度的监护下照管自己。学龄期可部分接受社会与职业的技能训练,但在校学习到二年级后便难以升级。成年后,在保护性工厂可从事一些非技术性的简单劳动，但在轻微的社会或经济压力下即需监护和指导，很难达到完全独立生活的程度。本组病人大多数可发现器质性病因，癫痫、神经系统和躯体障碍也很常见；少数出现儿童孤独症或其他精神障碍。

- 重度：智商分数在 20～34 之间者，人数约占智力迟滞者的 7%。往往具有某些躯体畸形及神经障碍，以癫痫多见，因此常在出生后不久即被发现。年龄较大的儿童可有一些语言功能，可说些简短的语句和表达自己的意思，但极少交流性词语，并缺乏抽象概念。患者经过长期的训练可学会基本的卫生习惯，但即使经过训练也很难达到自理，仍需要他人照料，基本上丧失了学习能力。这类患者情感幼稚，情绪反应容易过头，但对明显的危险能够躲避。长大以后，可在监督之下作些简单的体力劳动。

- 极重度：智商分数在 20 以下者，在全部智力迟滞中不足 1%。多兼有明显的躯体畸形或神经障碍，他们通常不能分辨亲人，不能表示最简单的需要，情绪反应极为原始，只会在不愉快时发出喊叫声，基本上没有意志活动，不知躲避明显的危险，终身生活需全部由他人照料。他们没有语言功能，顶多能说些简单的单词，如“爸”，“妈”等，但声音没有针对性，并不能真正辨识爸妈，感知觉明显减退，对周围的一切视而不见，听而不闻，有时虽遭火烫或严重创伤也似乎无甚痛苦，运动功能也极差，有的甚至不会站立和走动。约 50%的患者有癫痫发作，常早年夭折，因此成年人很少见。

(2) 智力迟滞者的心理特点：智力迟滞者的心理活动存在较明显的障碍，其基本症状是智力低下与社会适应能力欠缺。实际上，智力迟滞的人其缺陷并不只限于智力，而是整个心理过程都有障碍。

- 感知觉方面：通常是降低的，其程度与智力迟滞的程度成正比。严重者感知觉不仅极为迟钝，而且经常倒错，但感知器官并无病变。他们不能分辨刺激物，如食而不知其味；对于颜色就像幼儿一样只能辨认红色；听觉不但不及正常儿童灵敏、迅速，而且听觉分化程度也很低；痛觉迟钝，往往受伤不知其痛，就是生病时也较少表现出主观感觉上的不适感。有些人喜欢寻求强烈刺激，如痛觉刺激，故常会出现自伤行为。轻度迟滞者的感知障碍较轻，但视觉及听觉的敏锐性不如常人，尤其视知觉缓慢、迟钝，对于环境中的细小变化，事物间的微小差别，则不能精确及时地察觉，给人以鲁钝笨拙之感。

- 记忆方面：程度较轻者并不影响其记忆能力，但由于兴趣范围的狭窄，注意力不集中以及理解力的缺陷，使得这些儿童在记忆方面，无论识记直观材料或是文字材料，进展均很缓慢，再现不准确，遗忘却很快。有人让特教学校一年级学生知觉不太复杂的物体，然后令其凭借记忆再现图形，结果物体的许多带有特征性的部分都没有在图画上出现，有的学生画的手表没有字盘和秒针，也没有上弦的螺丝，而且所画的物体位置与实物不符，多则旋转了 180 度。重症者的学习和记忆能力极差，其学习速度十分缓慢，只有在极其耐心和得当的训练之下，才会学到一些与人交往的技能，或掌握一些简单的语句。

- 思维方面：重度智力迟滞者几乎全无思维能力。轻症患者对于事物的认识比较简单，其特点是受事物具体形象或表象的束缚，多集中于具体事物或感觉表象上，不能理解现象背后的本质特征。他们只有把各种事物同具体情境联系在一起时,才会理解其意义。智力迟滞患者思维的另一个特点是缺乏明确的指向性,他们往往不能有的放矢地进行思维,某项活动或解决某个问题的过程一旦开始之后,便很容易“忘掉”活动的目的,不能坚持地进行连贯的思维,好像做事没有目的,就好像驾着一辆没有方向盘的车子,很快就偏离了最初的目标,往往使活动半途而废。

- 情感方面:轻度智力迟滞者的情绪反应基本正常,但一般只有一些较原始而简单的情绪,缺乏复杂、高级的情感,在情绪情感的表达上,常常采用粗俗、简单的方式;极重度者的情绪反应则表现为表情愚蠢不辨亲疏,受刺激时只知道发怒、叫喊,或者情绪倒错,哭笑不止。有些中度智力迟滞者情绪易波动,喜怒无常,嬉笑不定,容易冲动,有时会暴怒,他们常因些微小事或似乎无缘无故地情绪激动,予人以喜怒无常之感。

- 行为方面:常表现得固执、刻板和墨守成规。很多患者从小就表现出行为方面的障碍,他们行为呆板,对外界事物缺乏好奇心,遇事缺乏灵活性,思维呆板,不会变通。在日常生活中,往往表现依赖性大,容易以自我为中心,对自己估计过高;他们喜欢别人夸奖自己的工作和人品,只要满足了他们的某些微小的虚荣心和愿望,举止就十分温顺,听人支配;但他们适应新环境的能力极差,缺乏自制力,容易轻信别人,故常会被人利用而进行犯罪行为,如被教唆去偷盗、窝赃、放火、攻击别人,但由于其行动幼稚、笨拙,对外界环境变化反应迟钝,又极易被人发现。

关于智力迟滞,还有一种罕见的情况,即所谓“白痴学者”,其特点是在智力普遍低下的基础上,存在着个别突出的才能,这些才能甚至可以远远超出一般人的水平。病例L,11岁男孩,智商50,也许是文献记载的最好病历之一。他在校功课始终不及格,对课堂活动几乎毫无兴趣,他的一般常识极度贫乏,他认识很少几个字。他几乎完全缺乏逻辑推理和解决问题时的抽象能力。而另一方面,L却具有一种不同寻常的能力。他能不加思考地说出从1880年至1950年间任何一天是星期几。他还有一种很发达的、却不同寻常的音乐能力,他能够用钢琴演奏许多他所听过的曲子,例如贝多芬的“月光奏鸣曲”。另外,当给他播放几出歌剧后他可以伴随着用意大利语歌唱,他并不懂这种语言,只是在语言上模仿。

二、智力迟滞的病因及临床类型

(一) 智力迟滞的病因

智力迟滞的病因十分复杂,涉及的范围广泛,现代医学的进展虽然解决了部分病因,但迄今仍有一部分疾病的病因有待进一步探索。

1. 遗传因素

在有害因素的作用下,可引起染色体畸变或基因突变,从而影响染色体上相应基因的遗传信息的传递，引起机体遗传性状的改变。遗传性疾病不仅会给儿童的身体健康带来损害，而且往往影响到儿童智力发育。现在已知的遗传性疾病就有三千多种，其中凡是与中枢神经系统有关的遗传病都会严重损害儿童的智力发展。

2．先天性因素

胎儿从胚种、胚胎到出生前，一直在母体内生活，母体内这个物理、化学和生物的环境对胎儿的发育有着极为密切的关系。如果在妊娠期母体受到各种有害因素的影响，则往往可导致胎儿神经系统发育的障碍。例如，孕妇患有某些病毒感染、过敏性疾病、内分泌疾病、重性糖尿病、妊娠中毒症或受放射线照射等都能影响胎儿的正常发育，损害胎儿的智力。此外，孕期母体子宫内外的压迫、损伤、异位胎盘、胎盘早期剥离、胎位不正等也可能损害胎儿的中枢神经系统，引起智力发育迟滞。不仅如此，孕妇的情绪变化对胎儿的发育也有明显影响。因此，有人提倡早期教育应该包括胎教。

3．后天性因素

这包括分娩过程中的损伤(即产伤)、窒息、颅内出血，以及婴幼儿早期的脑创伤和中枢神经系统感染等，都可以直接损害神经系统，影响大脑的发育，从而造成不同程度的智力障碍。另外，由于早期文明和情感的剥夺，缺乏适当的刺激，长期被忽视、隔绝，生活在边远贫困、文化落后、交通不便地区等各种后天不良心理社会因素，也可引起智力发育迟滞。一般社会心理因素所致的智力迟滞较轻，一旦不利因素消除，有可能改善其智力水平，改善的情况与患儿的年龄、受损程度及所处环境提供的条件有关。

(二) 智力迟滞的临床类型

1．染色体畸变引起的智力迟滞

最具代表性的是唐氏综合征(又称先天愚型)。本症为常染色体畸变所致，1866 年首先由兰东·唐(Langdon Down)所描述。1959 年由雷金(Lanking)等证实本症病人的染色体共 47 个，比正常人多一个小的染色体，即在 G 组第 21 号染色体有三个。本症的发病率较高，占新生儿的 0.15%，占所有智力迟滞的 10%左右，智力低下一般为中度。

病人临床症状除智力低下外，多伴有躯体上的先天畸形，如扁平头、塌鼻梁、鼻翼宽、眼距大、两眼外角上斜及大舌头等，且口常半张开，舌头伸出口外。舌面沟裂深而多，呈所谓“阴囊舌”。手掌厚而指短粗，小指过短且不相称，末端指节向内弯。常有先天性心脏病、脐疝、生殖器发育不良等。

据统计，20 岁左右妇女生出这类病儿的可能性是 1/2000，而 35 岁妇女生出的可能性就上升为 1/300。可见与母亲妊娠的年龄有一定关系。

2．遗传性代谢缺陷引起的智力迟滞

最典型的是苯丙酮酸尿症。本病为常染色体隐性基因遗传，是一种遗传性氨基酸代谢障碍。因病人肝脏不能合成苯丙氨酸羟化酶，以至食物中的苯丙氨酸不能被氧化成酪氨酸，只能在肾脏中被转氨酶变成苯丙酮酸。苯丙酮酸和其他代谢产物对神经细胞的发育具有毒性作用，而酪氨酸的缺乏也影响了神经纤维的髓鞘形成，因此严重地阻碍了脑的正常发育，从而造成智力迟滞及其他一系列神经精神症状。

病人在新生儿阶段尚属正常，3个月以后，随着苯丙氨酸不断摄入，代谢产物蓄积，症状逐渐明显。临床表现有严重的智力低下，以言语障碍最为严重，85%的病人处在极重度智力迟滞水平。由于体内缺乏酪氨酸，色素代谢发生障碍，患儿皮肤白嫩细腻，头发发黄、眼睛碧蓝，以至被描述为“金发碧眼”。

3．内分泌障碍引起的智力迟滞

发病率最高的是地方性呆小病（又称克汀病）。发生于地方性甲状腺肿流行地区，在我国北方相当一部分地区及南方的某些山区一度是一种较常见的地方病。这些地区所食用的盐食碘量不足，以致甲状腺素不能充分合成，影响了胎儿的大脑发育，而造成永久性的损害。

临床表现智力迟滞在中度和重度者占60%以上，病人的表情淡漠或称傻笑痴呆面容。大多安静，活动少，反应迟钝，精神萎靡；几乎都有不同程度的言语障碍，而听力障碍也十分常见，严重者可达到聋哑的程度。其他临床表现为，身材矮小，四肢短小，皮肤可呈黏液水肿，不少病人合并瘫痪及运动功能不良。性发育迟缓，只有轻度病人性发育完全，可有生殖能力。实验室检查血清蛋白结合碘大多减低，甲状腺吸碘率增高。

由于本病是胎儿期发育障碍的后果，因此治疗效果不佳，应着重于控制地方性甲状腺肿的流行，以收预防之效。一岁以后出现症状的病儿，在治疗后大多智力正常。

4．感染因素引起的智力迟滞

感染可以发生由胎儿期、围产期或婴儿期。宫内感染一般以妊娠头三个月受到感染时影响最为明显。最常见的引起智力迟滞的宫内感染为风疹、巨细胞病毒、毒浆体病、梅毒等。如妊娠期母体感染风疹、单纯疱疹或巨细胞病毒均可导致胎儿畸形。临床症状智力低下、小头畸形、先天性耳聋、心脏缺损、出血性紫癜、脑室周围钙化及癫痫发作。此外还可有贫血、黄疸、肝脾肿大及前庭功能障碍。这些症状不一定出生后即有，可延至数周，数月以至数年后方出现。

5．其他生物因素引起的智力迟滞

- 物理损伤：分娩时产程过长、使用产钳、早产、先露部位异常等都引起婴儿脑部损伤。新生儿窒息对脑部损伤的发生有重要作用，如幸而不死，可后遗智力迟滞。儿童早期因交通事故或碰撞等引起颅脑外伤也可后遗智力迟滞。此外，妊娠早期如腹部接受X线照射可引起先天畸形和伴有智力低下。
- 化学损伤：苯妥英、巴比妥类和磺胺类等多种药物可引起畸形，其中部分伴智力低下。又如铅中毒之类的化学损害，也是原因之一。
- 中毒：孕期母体罹患各种严重疾病，如妊娠中毒症、重症糖尿病，一氧化碳中毒及滥用各种化学药物等，均可影响胎儿中枢神经系统的发育，导致智力发育迟滞。

6．社会因素导致的智力迟滞

儿童大脑功能的发育需要外界合适的刺激。如从小的生活环境中缺乏丰富的刺激和充分的照顾，可使儿童的智力明显低下。再如，个别极小幼儿被兽类带走，在兽类群体中成长起来的所谓狼孩、猴孩等，自幼就受到禁锢隔离的小孩被拯救出来后都有严重的智力低下，而经过长期教育培养之后，智力又可有所提高。说明在儿童智力发育的关键阶段，文化教育机会的严重剥夺可以引起智力发育迟滞，尤以语言能力所受的影响更为严重。

三、智力迟滞的诊断、治疗和预防

（一）智力迟滞的诊断

美国智力落后学会(AAMD，1973)所编的术语与分类指南中规定：智力迟滞者自童年早期就在一般智力功能和适应行为方面严重低常。因此，智力迟滞的诊断也应包括智力损害和适应性障碍两方面。智力损害的条件是由标准测验所得的智商(IQ)要低于平均值两个标准差。第二个条件，即适应性障碍，这是与同年龄组其他人的生活与社会技能的比较来评定的。

1．智力测验的方法

智力的高低与是否正常，在一个人的生活、学习和工作中占有极为重要的地位。因而，对智力迟滞的诊断是一个关系重大的事情，不可草率从事。

从上个世纪初年以来，为了鉴别智力发育是否迟滞，心理学家们创造并使用了心理测量的说法，其中主要的是智力测验量表。对于年龄较大的儿童，国内外一般采用《比内-西蒙智力量表》、《韦克斯勒学龄儿童智力量表》(WISC)以及《韦克斯勒学前儿童智力量表》(WPPSI)。

婴儿期智力情况不易检查，这一阶段的智力发育与神经系统、运动及语言的发育密切相关，因此对于婴儿的智力检查主要是观察婴儿的发育情况，目前常用的诊断工具有格塞尔发育量表、贝利量表和丹佛发育筛选量表。

《格塞尔发育量表》是美国心理学家格塞尔(A. Gesell)所编制，他根据数十年系统地对婴幼儿行为的观察编制了此量表。这个量表适用于测量4个星期的新生儿到3岁婴儿的智力，测量内容包括运动、适应行为、语言能力和个人-社会交往四大方面的情况，分别在婴儿出生后的4个星期、16个星期、28个星期、40个星期、52个星期、18个月、24个月和36个月时进行测量。格塞尔认为，婴儿在这八个月龄处于发育过程的关键转折处，因而最具测量意义。《格塞尔量表》共有63个项目，再按不同月龄分成八张分量表，测验时即以这些分量表为工具，其他月龄的测量可参照这八张分量表，从中选出与被试年龄最接近的那张表进行诊断。测量的结果可以区分婴儿的智力发育是否正常,是否存在智力发育不全或智力迟滞。

《丹佛发育筛选测验》(DDST)是美国弗兰肯伯格(W. K. Frankenburg)与多滋(J. B. Dodds)共同制定的一种筛选测验,发表于 1967 年。此测验适用于初生到 6 岁的儿童,共有 105 个项目,分别测量大运动、精细动作、语言能力和个人-社会行为等四大方面的行为。它的目的是作智力筛选,而非诊断。筛选是筛出一个智力发育的大致范围,把被试区分为正常、可疑和异常三类,然后把可疑对象再使用其他智力量表进行诊断性检查,以便最后确定其智力是否正常及智力迟滞的等级。

2. 社会适应能力的评定

标准化的智力测验用于测量儿童的智力发育水平虽获得成功,但把智力测验看成万能的尺度是不正确的,企图通过一次智力测验决定被试的命运更是要不得的。有鉴于此,多数人主张评判智力的高低,除了使用智力量表之外还要加入其他因素作为参考,如独立生活和适应社会的能力,即社会适应能力。

对于儿童的社会适应能力的测定可采用《文兰德社会成熟程度量表》,该量表由杜尔(Douall)于 1936 年所编制。它以个人独立性和社会能力为指标,共有 117 个测量项目,按年龄组排列,内容可分为 8 类:一般自理能力、饮食自理能力、穿着自理能力、移动自理能力、作业能力、沟通能力、自我指导能力、社会化。这个量表虽不是智力量表,但与《斯坦福-比内量表》有很高的相关,所以可作为社会适应行为的测量工具,这样通过兼顾智力测验结果和社会成熟性程度(社会适应行为能力高低)对被试的智力水平做出综合性的评价,其结果就会更加可靠。

(二) 智力迟滞的早期干预及教育训练

智力迟滞的病因复杂,至今尚有不少问题未探明,给治疗带来一定的困难,治疗的关键为早期诊断及早查明病因,及时治疗。某些遗传性代谢疾病,可通过严格地控制饮食,避免或限制与疾病有关的食物的摄入,可防止疾病发生或减轻症状。呆小病患者的早期可用甲状腺或三碘甲状腺原氨酸治疗。脑积水可采用手术治疗。对伴有兴奋冲动者,可用抗焦虑药或抗精神病药,对伴有癫痫发作者可给予抗痉挛药物。

1. 智力迟滞者的早期干预

早期干预的目的是最大限度地提高和发挥智力迟滞患儿的潜能,但不一定能使接受干预者的智力达到或接近正常水平。

(1) 早期干预的原则:

- 对训练要抱有信心,不可半途放弃。
- 训练内容是生活上所需要的,而不是从知识系统角度来衡量。
- 重复学习是儿童获得知识的基本训练方法,患儿更是如此,而且要比正常儿童多几十次或数百次。

● 学习的内容不可多,先易后难,对较困难的内容可分为有连贯性的小项目,顺序进行,然后再连成整个的内容;教学时尽量利用图片、实物,便于理解。

● 每天坚持定时、定量地学习,以便养成学习习惯;每次训练时间不长,以10～20分钟为宜;从一个学习项目转到另一个项目时,不可求速度,以免患儿难以适应;学习环境要安静,过多无关什物应拿开,以免分心。

● 凡学习认真,应及时予以表扬,并给一点小食品作为奖励;经过训练估计患儿已学会的事,就一定让他自己做,不可代替,以免回家后有退步。

● 鼓励儿童与同伴玩耍,训练人际交往技能;创造一个能讲话的环境,鼓励患儿开口说话。

● 参加教育训练的人员(如老师、父母和其他亲属),应保持一致,否则患儿无所适从;绝对避免体罚,亦不可用过激的言语对待患儿。

(2) 早期干预的内容。按发展顺序包括5个行为领域,即:

● 大运动,如坐、立、走、跑等。

● 精细动作,如抓握、书写、协调活动等。

● 适应性行为,如视、听、辨别颜色和形状等。

● 言语,如发音、表达、理解等。

● 个人-社会行为,如生活自理、人际交往技巧等。

除以上行为项目训练外,还应像幼儿园的正常儿童那样,学会一些普通知识,如儿歌、音乐、体育活动、生活常识、社会常识和讲故事等内容。

2. 智力迟滞者的教育

为了补救改善智力迟滞者的智力状况,教育是第一个可行的有效手段。这种教育必须从幼年期抓起,而且越早越好。到达学龄期以后,最好能进入专为这类患儿开设的特殊教育学校,或进入附属于普通学校的特殊教育班,这样做便于有针对性的因材施教。根据美国的材料,这种做法是有效的。在特殊教育班里接受特别教育的轻度智力迟滞儿童,大约在14～15岁或更大些年龄时可以达到小学六年级的文化程度,当然这也需要坚持不懈的努力才能达到。除此以外,目前许多学校还教一些社会技能,如买东西、计算时间、照顾孩子,还进行一些性教育。

目前,在国外还存在一种简单的"特殊教育法",即所谓"随大流"教育法,即把一些轻度智力迟滞儿童放在常规班里接受教育。这是因为对于一些只有轻度智力障碍的儿童,把他们视为智力迟滞儿童,送进特殊教育学校或者特殊教育班,会使他们感到特别沮丧,可能压抑他们的上进心,导致出现自卑感和"破罐破摔"现象,特殊教育对他们变得不适合甚至有害。但对进入普通小学的智力迟滞儿童,教师应给予耐心而充分的个别辅导。巴多夫(Budoff)和格提布(Gottlieb)研究了31例在特别班的轻度智力迟滞儿童,和在常规班里"随大流"的孩子。经过一年的学校生活,"随大流"的学生更有自制力,学到的东西更多,有更好的态度和判断力。因而,有人甚至认为,将来对那些较有能力的轻度智力迟滞儿童，"随大流"的方法可能取代传统的特别教育班的方法。

3．智力迟滞者的训练与指导

为了使智力迟滞者能够胜任地走上社会工作岗位，成为自食其力的劳动者，在教育的基础上应对他们进行有目的、有计划的训练，及早进行职业培训，根据患者的具体情况，教会某种职业技能，使能获得谋生的手段。只要安排得当，教导有方，绝大部分患者能够维持自己的生活，并为社会做出一定贡献。

训练轻度智力迟滞者的传统办法是建立康复机构和福利工厂。在康复机构里，他们一方面可以通过接受心理训练，有的放矢地进行就业前的心理准备，并受到一些专门的技能训练，从而培养起他们的独立工作能力。另一方面，又可以通过心理咨询，得到有关的职业和社会方面的帮助，使他们能够较顺利地就业，走上工作岗位。福利工厂则是雇用能力较差的人的工厂，工作适合每个人的智力发展水平，一般有包装、分类、缝纫、清扫和家务劳动等，能够较有效地利用和发挥智力迟滞者的能力。

4．心理治疗

对智力迟滞患者的治疗中，心理治疗也是主要的治疗方法。心理治疗的治疗对象主要是那些轻度智力迟滞的病人，目的在于减轻他们的焦虑情绪，克服不良行为，引导他们正确对待自己与他人在学习、社会交往等方面所存在的差距，鼓励他们克服自卑心理，以便能较正常地参与社会生活。

心理治疗，特别是咨询的方法，是大量依赖口语的。而智力迟滞的病人大多口语能力低，对他人的言语的理解和推理能力也低，尤其是随着能力迟滞的加重，对人们交往的理解和推理能力就越低。因此，心理治疗必须采用特殊的方式，简单易懂的语言，这样才能为智力迟滞患者所接受而奏效。除此之外，一些心理治疗的形式(如画片、游戏治疗等)很少依赖词语，因此对甚至是最严重的智力迟滞病人也是可行的。

最少依赖口语的心理治疗技术之一是行为治疗。行为治疗技术在许多医院、康复机构和特殊教育学校广泛使用，甚至对严重缺陷的病人，这种治疗对减轻焦虑、恐惧，稳定情绪，去除防御性对抗行为及其他行为问题卓有成效。

专栏

两个行为矫正案例

案例1

目的：教两个智力迟滞和退缩的女孩开始学习社会技能与口语技能。

方法：让两个女孩面对面坐在地上，相隔3英尺，给她们表演如何在两人之间传球，每天两次，每次30分钟。用糖果和表扬强化每一个正确反应。此项任务学会后，教她们传递娃娃,说“请”、“谢谢”,并增加其他反应。

结果:8周训练之后,社会和口语反应从开始时平均每30秒1次增加到每30秒5次以上。

案例2

目的:解除中度智力迟滞病人的不良行为,例如撞头、尖叫等。

方法:研究引起行为的刺激,并防止其出现(例如,长时间不活动通常导致尖叫),使病人意识到并教会他们参与消除此种行为的活动,为每个病人做图表,标明不良行为的频率及持续时间,目标要小且可以达到(例如,如果早饭前的时间内摆脱不良行为,就做下记号以鼓励)。只有在极少的情况下使用厌恶刺激作为对不良行为的惩罚,例如当不良行为发生时,坚决地说“不”。

结果:过了3周,所有5个病人的不良行为大大减少或消除。

8

人 格 障 碍

一、人格障碍的概念及其演化历程

(一) 人格障碍的概念

人格(又称个性)代表着人的整体精神面貌,是一个人与其他人相区别的特质或心理特征。它是在人与其社会生活环境相互作用过程中塑造出来的独特的认知方式、情感特征和行为风格。因此,具有怎样的人格就决定了一个人将如何去观察外界事物,如何去思考问题,抱有怎样的态度和动机,产生怎样的情绪体验,抉择怎样的行为策略和采取怎样的行为反应方式,等等。有的心理学家认为,掌握了一个人的人格特征,就可预测和控制他的行为。这话不是没有道理的。显然,人格对于现实中的个人有着极为重要的意义,对人一生的生命质量、人生旅程、事业成败以及心身健康等都密切相关。诚然,一旦发生人格障碍,无疑对人的各个方面都将会产生极其深远和不利的影响。

一般说来,人格是在一定的社会文化背景上形成的,是某种社会文化的产物。但是,人格形成也和人的生物遗传因素有关,因为人与人的个别差异从婴儿出生的第一天起就有所表现。作为区别人与人不同特征的人格,正是在这种先天生物学差异基础上,在某种社会文化环境影响下,通过不断地社会内化过程而逐渐形成起来的。所谓人格障碍则是在某种不健全的先天素质基础上,在后天不良社会文化环境影响下造成的人格发展的偏离正常和人格结构的缺损。

人格障碍是指人格特征的明显偏离正常,在人格发展的内在结构中有着严重的不协调,从而表现出特有的认知方式、情绪反应、动机和行为活动异常的特殊模式,且对环境适应不良,使其社会交往功能和职业功能蒙受严重影响,以致给他人和社会带来损害,也使自己感受痛苦。人格障碍的异常表现通常始于童年或青少年期,可持续到成年,甚至保持终生。

(二) 人格障碍概念的演化历程

人格障碍并非真正的精神病,因为它缺乏起病(即病因)、发病日期、病程和转归等作为一种疾病单元所具有的特征。而且,在现实生活中,人格障碍有时很难与正常人格划一条明确的界线,难以归属到精神病的分类中去。但是,这种人又确有不正常的表现,难以算是正常人。早在十七八世纪,有一种被称为性格障碍者,在戏剧、小说等文艺作品中就出现了许多典型的受讽刺和谴责的人物性格的刻画。如对守财奴、厌世者、伪善者、淫荡者等主人公的刻画可视为这类患者的典型描绘。引起现代医学重视则始于19世纪初,如法国精神病学家比奈尔(P. Pinal)于1806年就提出过一个“不伴有疯狂症状的躁狂症(manie sans delire)”的术语;德国学者彼利查德(Prichard)也于1835年提出“悖德症”(moral insanity)的概念,认为这种人的心理失调表现在情感、性情、习惯行为、道德观念和正义原则等方面都是严重歪曲和败坏的,自我调控能力丧失或有严重缺陷。直至20世纪初,法国人莫伊比乌斯(Moebius)和德国人施莱德(Schneider)提出了“病态人格”(pathological personality)来描述与现今的“人格障碍”类似的概念。他们认为“病态人格”是一种正常人的疯病,是正常人格的变异。美国心理学家默里(Murry)1938年把性格障碍列入非精神病问题之列。此后,现代心理学家们则代之以“非精神病性人格障碍”这个名称。

人格障碍作为单独一类病理学范畴明确分类和描述,是在20世纪50年代《美国精神病诊断和统计手册》(DSM-Ⅰ)出版以后,又经过几十年的多次修改和变化才确定下来的。目前,国际上对人格障碍比较公认的定义和描述见于DSM-Ⅳ(1994)和ICD-10(1992)。我国的CCMD-3 (2001年修订版)的分类与前二者大致相似。

在人格障碍的发展史中,关于它与精神病和神经症这一类临床综合征的关系是一个值得注意的问题。英国著名学家麦耶-格罗斯(Mayer-Gross)就认为“在理论上无法把所谓病态人格(即现在的人格障碍)与所谓的神经症性人格区分开来。”他认为从社会角度看是病态人格,而从临床出发则可视为神经症。前面提到的“非精神病性人格障碍”,实际上已经隐含了把精神病与人格障碍并列的意思。直到20世纪80年代初,将人格障碍与其他发展障碍一起,作为DSM-Ⅲ多轴诊断中单独的一轴,是人格障碍的概念和研究发展史上的巨大进展。DSM-Ⅲ的多轴诊断共分为五个轴:轴Ⅰ,临床综合征(主要包括精神病和神经症);轴Ⅱ,人格障碍、发展障碍;轴Ⅲ,应激状态;轴Ⅳ,躯体疾病;轴Ⅴ,整体的功能水平。

从这可见,诊断系统将人格障碍看做一种独立于精神病和神经症的诊断层次,它位于临床综合征和外部应激事件之间,这个位置表明其承上启下的中介作用。而且,多轴诊断系统允许研究者在精神病和神经症患者中寻找人格障碍者。据研究报告,有50%左右的神经症和精神病患者同时患有人格障碍。故多数人格障碍的研究需要用神经症和精神病患者作为研究对象。因为普通人群中,人格障碍的患病率并不高,而且确诊较难。但是,自20世纪80年代以后,特别是DSM-Ⅲ多轴诊断系统的建立,在概念上使人格障碍独立出来,并大大增加了研究对象的范围。对人格障碍的研究已引起了心理学界和精神病学界的特别关注,于1987年成立了“国际人格障碍研究会”(Intermational

Sociaty for Study of Personality Disorder, ISSPD),并出版了专门刊物“人格障碍杂志”。这标志着对人格障碍的兴趣已经从临床观察上升到全面进行研究探索的阶段,当今,对人格障碍不仅从分类学和心理特征方面进行研究,而且放弃了认为人格障碍不可改善和治疗的观念,从而扩展到病因学及治疗、干预的研究。

专栏

诊断病例

以神经症病人为例,除了轴Ⅰ的神经症诊断以外,其他四个轴上也可同时给出诊断:

轴Ⅰ:恐怖性神经症;

轴Ⅱ:回避型人格障碍;

轴Ⅲ:丧偶;

轴Ⅳ:冠心病;

轴Ⅴ:55分。

二、人格障碍的特征

人格障碍有各种不同的类型,而且表现差异甚大。不过,无论哪一类人格障碍,其表现的差异多么巨大,它们还是有许多共同的特征。国内外有许多学者都曾对人格障碍的共同特征进行探讨,并提出了相应的一些观点。这里就前人的研究结果,对各种人格障碍的共同特征作一概述如下:

- 人格障碍一般是在没有神经系统形态学的病理变化情况下,出现人格的严重缺陷,表现出人格严重偏离正常或人格发展的内在严重不协调。可以表现在认识活动、情感反应和意志行为三者发展的不相协调;也可表现在人格结构的某些方面发展过分突出或某些方面发展过分不足。

- 对环境适应不良的行为模式重复出现,由于患者往往不能从一次次失败的行为后果中吸取应有的教训做出相应的改变,而总是固执地坚持适应不良的行为模式,因此,很难做出适应性行为,并重复出现适应不良的后果。其突出表现为社会职业功能缺损和难于适应正常的社会生活,因而使自己感受痛苦。据文献报道,这类患者中无业者和独身者占很大的比例。

● 对自己的人格缺陷缺乏自知力，不能用正确的认识有效地指导自己的行动，也不能从过去的错误教训和生活经验中吸取教训，总是把自己所遇到的任何困难与遭受的挫折都归咎于外界因素或别人的过错，或怨天尤人，叹息自己的命运不济，生不逢时，而不能感觉到自身存在的缺点和过失，并经常把社会情境或外界事物看做是荒谬的，不应该是这样的。

● 行为的目的和动机不够明确，行为缺乏目的性、计划性和稳定性，容易受情绪冲动、偶然动机或本能欲望的支配，而且自控力较差，因而容易与他人发生冲突或做出违反社会伦理道德的行为。结果不仅使他人和社会蒙受损害，也使自己遭受损害，感受痛苦。但是他们对自己的破坏性行为也从无内疚感和负罪感，总是指责别人而从不检讨自己。他们的痛苦也只是由于吃了亏而怨天尤人或感到生不逢时的痛苦。

● 情感情绪发育不成熟，突出的表现是极不稳定，常变化，易冲动，易激惹，易于增强或变得低落，自我调控能力差，有的对人情感幼稚、肤浅，有的则冷酷无情。

● 人际关系失调，难以和他人相处。这类患者由于情绪反应一般都比较强烈而不稳定，行为乖僻，具有偏执多疑，心肠冷酷，被动性攻击等表现，常给他人甚至亲人造成极大的困难与麻烦，使别人难以接受和容忍而相互疏远。因而，他们的人际交往功能一般不能正常实现，也就无法与周围人保持正常的人际关系。据文献报告，人格障碍患者约有一半以上的人，由于人际关系失调和适应不良而离异或从未结婚。

● 人格障碍患者的人格偏离或人格结构的内在不协调都有相对稳定性，一旦形成不易改变。其中部分患者到中年以后，由于碰壁诸多或精力不足等原因可逐渐缓解，但是一部分患者则可能持续终生。因此，矫治起来相当困难，预后欠佳。直到目前为止，对人格障碍患者无论施以环境影响、教育措施，还是进行心理矫治和药物治疗均仍收效有限。

● 人格障碍的发展虽难以确定明确的起始时间，但它的发生一般是从早期开始，在儿童青少年期即有所表现。

三、人格障碍的成因

(一) 生物学因素

1. 遗传因素的影响

在家谱调查方面，卡尔曼(Kallmann, 1930)指出，人格障碍患者的亲属中人格异常的发生率与血缘关系成正比，即血缘关系越近，发生率越高。兰格(Lange, 1931)调查的 13 对同卵双生子中发生反社会型人格障碍的一致率有 10 对，占 77%，而异卵双生子的一致率只 12%，差异显著。斯莱特(Slight, 1956)调查了 8 对同卵双生子和 43 对异卵双生子,发生人格障碍的同病率,同卵双生子为25%,异卵双生子为20%,两者虽有差异,但不显著。他认为基本人格虽然可能与遗传因素有关,但环境影响在引起人格障碍方面也起重要作用。

在寄养子的研究方面,1972~1973年期间曾有三组关于寄养子的研究报道(Schulsinger, 1972, Growe, 1972, Hutching, 1973),人格障碍患者的子女从小寄养出去后,与正常对照组相比,前者有较高的人格障碍发生率,这也提示遗传因素起一定的作用。

2. 病理生理因素的影响

人格障碍患者虽然没有发现神经系统解剖生理上的病变,但一般认为他们在神经系统先天素质特点上有某些不够健全的地方。有人根据大脑边缘系统与情绪和行为有极其密切关系,推测人格障碍患者的大脑边缘系统可能发育不够健全或者某些缺陷。又有人根据其对人格障碍患者的观察资料发现大多数患者的行为往往由一些偶然动机或情绪冲动所左右,或受某些本能活动与特殊嗜好所支配,从而推测患者在大脑皮层与皮层下组织之间,高级神经活动的兴奋与抑制过程之间的相互作用,可能存在某种障碍。此外,据研究报道,反社会型人格患者在情绪唤起有明显不足的表现,往往难于感受正常人的恐惧、焦虑和悔恨等情绪体验,因而对自身的反社会行为也就缺乏适当的调节和控制(Lykkun, 1957);同时也难于学会从惩罚中吸取教训,以避免遭受再度的惩罚(Hare, 1970)。

(二) 儿童早期教育与家庭因素

儿童早期是人格形成的重要时期。这一时期的不良境遇则是形成人格障碍的重要根源。因为儿童正处于生长和发育阶段,大脑的发育也尚未成熟,特别容易遭受有害因素的影响。例如对儿童的不良教养方式,童年期的某些精神创伤以及恶劣的家庭环境是促成人格障碍的因素。

1. 早年精神创伤的影响

强烈的精神创伤如家庭破碎、母爱剥夺等往往给儿童人格发展带来严重的影响。研究资料表明,人格障碍患者很多人在生活早期曾遭受双亲亡故或失去双亲之一的创伤。例如格里尔(Greer, 1964)发现他所研究的反社会型人格患者中有60%在儿童期失去双亲之一,对照组的正常被试则只有27%。

2. 家庭关系不和谐及父母不良行为的影响

家庭成员之间关系不和谐及父母之间经常互相争吵打斗、勾心斗角、撒谎欺骗以及酗酒、吸毒、道德败坏和违法乱纪等不良行为,都会对儿童的人格发展造成严重危害。因为家长的不良行为往往给儿童一个模仿的恶劣榜样,使儿童的人格发展偏离常轨,导致人格障碍,特别是反社会型人格障碍的形成。

3. 不良教养方式的影响

麦科德(McCord, 1966)认为不合理的教养态度,如严厉的父母拒绝和缺乏父母关爱是造成人格障碍的主要成因之一。具体说来,一是父母对孩子的冷漠和疏远,或粗暴凶狠、过于严厉与苛求,或放纵溺爱、不加管教、放任自流等,使正常的温暖和亲密的亲子关系得不到发展;二是父母对孩子要求规范不一致,父母在提供情感、奖赏或惩罚时显得反复无常,或父母在自身角色设定上很不一致,使孩子缺乏可以仿效的楷模,而无法发展出自身明确的自我统合感。这种不良影响,通常是母亲过度娇惯和溺爱孩子,而父亲虽事业有成却对孩子过度的批评、苛求和粗暴。

(三) 社会文化因素

某种特殊的社会文化环境的潜移默化的影响,可能是形成人格障碍的关键性因素。特别是当一个社会在其社会规范濒于崩溃、道德瓦解,充满行为不良的伙伴以及对社会怀有敌意和疏远感的环境,就容易引起道德良心的发展不足,缺乏对他人的关怀以及破坏性行为。从家庭环境来说,破碎的家庭境况,父母的冷漠、疏远和拒绝则容易导致人们的互不信任、自我统合感的混乱以及自我贬抑、伤害和敌意,最后结果可能是公然的攻击性行为和无视社会权威。梅尔吉斯和鲍尔比(Melges & Bowlby, 1969)就曾形象地指出,这些人认为他人是不可信赖的,他们的未来不在自己的控制之中,他们感到无助、绝望、愤慨和敌意,对于他们已经厌恶的社会生活环境,感到束手无策,看不出可能的解决办法,于是试图把所有的人都拉入泥淖之中。史密斯(Smith, 1978)则认为,在现代社会中由于物欲横流,尔虞我诈,竞争剧烈和市场导向的价值观助长和鼓舞了人格障碍尤其是反社会型人格的行为倾向,或者说反社会型人格患者把这种盛行的行为倾向走得过于极端罢了。

有些社会团体似乎人格障碍尤其是反社会型人格障碍的发生率相当高,但另有一些社会团体的发病率却相当低。据报道,在美国的 Hutterites 地区,其成员大都居住在中西部农业地区,他们的反社会型人格障碍的发生率微乎其微,可能是因为他们有紧密的社会结构以及传统价值观的强烈氛围,使得反社会行为的显现难以获得强化。或者儿童在其早期发展中较难以碰到成年人提供的病态的角色典范,这样,反社会型人格障碍就不易形成。

总之,包括反社会型人格在内的人格障碍虽有各种类型的差别,但它们仍会有某些共同特点,起因虽仍不十分明确,但大都涉及到不同程度的生物、心理和社会文化因素的共同作用。

四、人格障碍的分类及临床表现

人格障碍的临床表现十分复杂,如何进行分类还是一个需要继续研究的问题。目

前,一般都是根据ICD-10或DSM-Ⅳ的不同分类方法进行分类,我国的CCMD-3的分类与前二者大致相仿,现简介如下:

(一) ICD-10关于人格障碍类型的分类

ICD-10把人格障碍区分8种不同的类型,每一种类型的临床表均列出7个特征,如果一个人具有了7个特征中的3个,且表现突出或严重,即可诊断为该类型的人格障碍。

1. 偏执型人格障碍

主要表现:(1) 对挫折和拒绝过分敏感;(2) 对侮辱(无礼)和伤害不依不饶或持久的怨恨;(3) 多疑,且带有弥散性,甚至把中性和友好的态度歪曲为敌意或蔑视;(4) 好争斗,为个人权利进行不屈的斗争,明显地过分且与处境不和谐;(5) 病态性的嫉妒;(6) 自视过高,过分重视自身的作用,持久的自我援引态度;(7) 认为周围有人搞阴谋的先入为主的观念。

2. 类分裂样人格障碍

主要表现:(1) 不能享乐;(2) 情感冷淡,对人无温情、无体贴,也不发怒;(3) 对赞扬或批评均无反应;(4) 对异性不感兴趣;(5) 沉湎于幻想,孤独地活动;(6) 无知心朋友,没有亲密或信任的人际交往;(7) 不遵守社会传统习俗,行为怪异。

3. 反社会型人格障碍

主要表现:(1) 对人冷酷无情,缺乏同情心;(2) 没有责任心,不顾道德准则、社会义务和社会规章;(3) 不能与人维持长久的关系;(4) 对挫折的耐受性低,受挫后易产生攻击甚至暴力行为;(5) 无内疚感,不能汲取教训,处罚无效;(6) 与社会或他人相冲突时总是为自己辩解而责怪别人;(7) 持续存在的易激怒。

4. 冲动型人格障碍

主要表现:(1) 常有突如其来,不考虑后果的行为倾向;(2) 事先无计划,也看不到可能的未来事件或境遇;(3) 心情不可预测,变化不定;(4) 容易暴怒或产生与此相反的激情;(5) 不能控制行为的暴发;(6) 易与人争吵打架,尤其是在其冲动行为受阻之时;(7) 不能坚持没有报酬或奖励的行动。

5. 戏剧型人格障碍

主要表现:(1) 自我戏剧化,情绪表达过分;(2) 易受暗示,易受他人的影响;(3) 情感肤浅;(4) 自我中心,自我放纵,不考虑别人;(5) 总是渴望得到赞赏,否则感到委屈或受了伤害;(6) 追求刺激与兴奋,把自己置于活动的中心,引人注意;(7) 为了个人需要经常玩弄手腕,操纵别人。

6. 强迫型人格障碍

主要表现:(1) 优柔寡断,过分谨慎,表现出深层的不安全感;(2) 完美主义,反复核对检查,过分注意细节;(3) 过分认真,顾虑多端,只考虑工作或学习的成效而不惜牺性愉快和人际关系;(4) 拘泥迂腐,因循守旧,不善于对人表达温情;(5) 刻板、固执,总要求别人适应其办事方式;(6) 经常有厌恶的思想或冲动闯入意识,但还不到强迫症的程度;(7) 必须老早就对其一切活动做好计划,并不厌其繁。

7. 焦虑回避型人格障碍

主要表现:(1) 持续且弥散性的紧张不安感;(2) 习惯性地注意自我体验,或不安全感,或自卑感;(3) 不断地渴望被别人所接受,所欢迎;(4) 对批评和反对意见过分敏感;(5) 避免甚至拒绝与人交往密切,除非别人表示十分欢迎并无条件地不批评他,人际关系受限;(6) 日常生活中对可能的危险估计过于严重,倾向于恐惧和回避,但还不到恐怖症的程度;(7) 由于追求确定性与安全性,生活方式拘谨。

8. 依赖型人格障碍

主要表现:(1) 怂恿和允许别人在人生重大事件上代负责任;(2) 个人需要服从于所依赖的人的需要;(3) 对所依赖的人不提任何即使是合理的需求;(4) 自认无能,并缺乏精力;(5) 总是害怕被抛弃,需要别人反复保证,孤独时感到很不自在或不舒服;(6) 在亲密关系终结时有感到被毁灭和无助的体验;(7) 遇逆境时有把责任完全推给他人的倾向。

(二) DSM-Ⅳ关于人格障碍类型的分类

DSM-Ⅳ依据临床表现的描述,将人格障碍分为三大类群,共 11 种类型。第一类群的主要特点是行为怪癖、奇异,包括偏执型、分裂样和分裂型人格障碍;第二类群的主要特点是情感强烈而不稳定,包括表演型、自恋型、反社会型和边缘型人格障碍;第三类群的主要特点是紧张、退缩,包括回避型、依赖型、强迫型和被动攻击型人格障碍。在人格障碍分类总数上 DSM-Ⅳ包括的比 ICD-10 要多一些,下面简要介绍在 ICD-10 中没有包括的几种人格障碍的临床表现。

- 分裂型人格障碍:其特征为患者的观念、外表和行为的奇特性和人际关系的缺乏,常抱有与所属文化背景不相应的奇特信念或魔幻般的想法,用语离奇,表情冷漠,在社交场合常表现焦虑不安。

- 边缘型人格障碍:其特征为自我意象、人际关系和情绪状态极度不稳定,缺乏持久的自我同一性,对自我表象,性别定向,长远目标或职业选择,价值观念,交友类型等常表现迷惑或混乱。内心常感空虚和厌烦,其情绪基调为抑郁、易激惹和焦虑;由于怨怒而可能导致自毁行为。

- 自恋型人格障碍:表现为自我价值的过分夸大,常幻想自己才干超人,成就卓越,拥有权力、聪明和美貌。内心渴望别人的赞美,但外表又以冷淡和无动于衷来掩饰;缺乏将心比心的共感性,缺乏协调的人际关系。

- 被动攻击型人格障碍:其特征为对社会或职业要求采取一种消极抵抗态度,通过间接的方式最终把事情弄乱,从而被动地表达他们潜在的攻击性。其策略包括拖延、懈怠、顽固、健忘，或在合作中不完成自己的任务造成防碍他人工作的后果。爱生闷气，好争辩，常提抗议；其社交和职业功能缺损都较严重。

（三）CCMD-3 关于人格障碍的分类

我国于 2001 年公布的 CCMD-3 中把人格障碍分为 9 个类型：

- 偏执性人格障碍
- 分裂样人格障碍
- 反社会性人格障碍
- 冲动性人格障碍(攻击性人格障碍)
- 表演性(癔症性)人格障碍
- 强迫性人格障碍
- 焦虑性人格障碍
- 依赖性人格障碍
- 其他或待分类的人格障碍

此处各类型人格障碍临床表现的描述与 ICD-10 及 DSM-Ⅳ基本相同，故不再叙述。

五、人格障碍问题在医学临床上的意义

（一）人格障碍可以成为许多疾病的发病基础

既然人格是代表着一个人的整体精神面貌，那么，有人格障碍的人也和人格健全的人一样，按照其特有的人格障碍的特征去观察外界，感知周围事物，进行分析思考，形成一定的思想观念，产生态度，体验情感，抉择对策，做出行为反应。人格障碍患者主要表现在情绪体验和行为反应上往往是不适当的，不是过头，就是不足。其突出的共同性问题是社会适应不良和人际关系欠佳，以致特别易于形成心理应激，从而不仅对心理健康造成损害，还会通过不良情绪作用加害于躯体生理健康，最后激发精神上和躯体上的各种疾病，成为许多疾病的发病基础。

1．人格障碍与神经症

临床观察研究资料表明，各种神经症多有相应的人格障碍的基础。据英国《精神病学》杂志于 1983 年 4 月发表的一篇研究人格障碍的论文报道，他们研究了 316 例神经症患者，其中被发现有 40％的患者具有相应的人格障碍；而且神经症患者的发病年龄越小，病程越长，症状越是复杂而顽固，其中人格障碍所占的百分数就越高。如表演型人格障碍往往与癔病的发病有关，强迫型人格障碍与强迫性神经症的发病有关，等等。

神经症的形成，虽然其主要原因在于心理社会因素，但人格因素也是不可忽视的。

有的人其人格比较健全，遇到恶劣的社会处境，甚至灾难，可以照样不得神经症，主要是因为这些人社会适应能力和自我调整能力都较强，对于各种社会变动都能妥善应变。但有的人因有不同程度的人格障碍，社会适应和自我调整能力都较差，就容易患神经症。有人以精神刺激和特殊人格特征这两种因素在造成神经症或其他心理障碍过程中所起作用的相互关系。用图表示，即长方形的一条对角线将其分为两个三角形，上方的三角形表示精神刺激因素，下方三角形表示特殊人格特征。如果与某种神经症相关的人格障碍特征越明显，则只要有较轻微的精神刺激因素即可致病；相反，相关的特征越不明显，则致病的精神刺激因素就要越强烈才能起作用(图 8-1)。

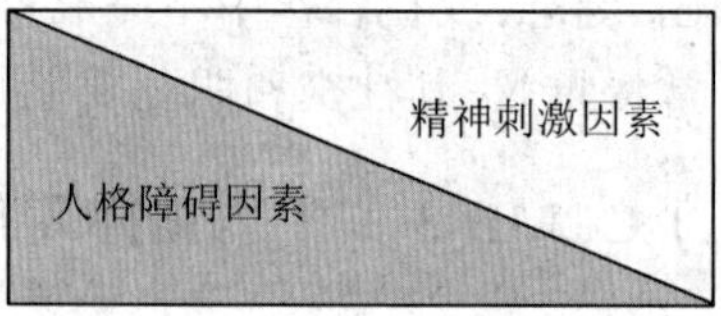

图 8-1 精神刺激因素与人格障碍因素在神经症(心理障碍)发病过程中的相互作用

2．人格障碍与精神疾病

从人格障碍特征与精神疾病的联系上看，许多精神疾病患者在发病前常有相应的人格障碍表现，这是临床精神科医生早已注意到的问题。早在近百年前瑞士著名精神科医生布鲁勒诊断精神分裂症患者时就认为大约有 1/2 的病人在发病前就有分裂人格障碍，最低估计也有 1/3 的病人在病前有分裂人格。这也是后来许多精神科医生所注意到的现象。又如常见的偏执性精神病，也有相当高百分数的病人在没有出现精神病以前就有了偏执性人格障碍。这种病人看问题明显表现出偏差，而且固执己见，一旦形成了某种观点就不易改变。再如，精神疾病中的抑郁症已成为当今人类最严重威胁人们健康和生命的精神疾病。据世界卫生组织估计，随着社会的发展，到 21 世纪 20 年代以后，抑郁症将成为人类生命的第二大杀手。临床研究资料表明，抑郁症的主要症状表现是抑郁心境(情绪)，它的发生固然与人们的生活事件和心理应激的频繁袭击直接相关，但与患者本人可能具有抑郁情绪倾向的人格特征同样也密切相关。

总之，人格障碍与精神疾患之间简直如影随形，表明人格障碍在精神医学临床上有重要意义，是一个值得探讨的问题。

3．特殊人格特征与心身疾病

人格障碍患者毕竟为数较少，但具有特殊人格特征(即某些人格特征成分有所偏离)的人，却是较多的。这些特殊的人格特征对于人体疾病，尤其是心身疾病的发生、发展和病程转归都有明显的影响。同样的致病因素作用于不同人格特征的人，就可能产生非常不同的后果。

例如“A 型行为”(或称 A 型人格)被认为是“易患冠心病的人格”；而所谓的“C 型个性”则被认为是易患癌症的人格。

(二) 精神病症状与人格障碍表现需要鉴别

对神经症或精神病患者的症状表现与人格障碍进行鉴别,区分清楚这些表现是属于疾病症状还是人格障碍,在临床上是很有意义的。这样,我们就可有相当把握来推断病人的预后,最后可能恢复到什么程度。因为到目前为止,再有效的治疗也难以改变一个人的人格特点,也就是说,作为神经症或精神病症状可通过治疗(更多的是药物治疗)去消除,但作为人格障碍的表现,治疗(包括药物)则是很难消除的。例如,精神病的妄想症状可以通过药物去抑制、改变、甚至消除;但多疑性格或偏执人格就难以用药物或其他疗法去消除,无论用多少氯丙嗪或氟哌啶醇也不能把一个人的多疑性格或偏执人格改变成不再多疑或不再偏执。如果把人格障碍与精神病症状混淆起来,不加鉴别而长期用药治疗则疗效不佳,且会带来许多麻烦和副作用。但如果把精神病症状当作人格障碍处理,则会导致对精神病治疗的延误,造成不良的后果。

六、反社会型人格障碍

反社会型人格障碍是人格障碍研究中最早被公认的重要类型之一。由于它对社会安定,对他人的正常社会生活多有扰乱,甚至置法纪于不顾,常造成社会危害,因而,对它的研究相对最多,且备受关注。反社会型人格障碍患者突出的特征是:在伦理和道德层面上的明显发育不足,无法遵循大众所认可的行为模式行事;个体社会化过程有明显的缺陷,似乎无法对他人和社会集体的社会价值保持应有的责任与忠诚,往往冷酷无情,没有责任心、内疚感和羞耻心。因而,他们在社会生活中无法维持正常的人际交往关系,并使他们不间断地与社会发生冲突。

反社会型人格患者存在于许多特别的社会人群中,诸如奸商、庸医、假药推销员、不义的律师、政客、骗子、惯偷、强奸犯、娼妓以及各种罪犯,等等。这些人很少求助于心理门诊或心理康复中心,他们之中有不少人被关在教养所或劳改营之中。当然,并不是每个背离道德者与违法犯罪者都是反社会型人格患者。实际上,有不少反社会型人格患者虽然还总是不断地与社会性权威发生冲突,但仍能置身于各种心理矫治机构或监狱之外。据美国的一项大规模流行病学调查研究报告(Robins et al., 1984),反社会型人格患者约占人口的3.9%至4.9%之间(男性)和0.7%(女性)。男性通常始于童年早期,女性则从青春期开始。

(一) 反社会型人格障碍的临床特征

反社会型人格患者的反社会行为类型多种多样,但它的主要临床特征则是缺乏道德意识,无责任心,缺乏真正的感情,无内疚感和羞耻心;行为具有冲动性、攻击性和破坏性;既不顾行为的后果,又不能从中吸取应有的经验教训;然而,研究者们发现,他们中的多数人却拥有迷人的、有魅力的外表形象,显得聪明和可爱,这样在与人交往时,起初尚能维持一种肤浅和短暂的友谊关系。但事实上这种关系很快便会遭到瓦解。

根据 CCMD-3 的规定,只有 18 岁以上的成年人才会诊断为反社会型人格障碍,在 18 岁以前的少年儿童只能诊断为品行障碍。

以下所描述的特征虽然不是每一个个案都可见到,但这是反社会型人格患者较常见的特征。

1. 缺乏做人的良心和道德感

反社会型人格患者由于表面上给人一种真诚和善良的假象,往往使人在初接触时会丧失警觉,不去怀疑他们的缺德或违法行为。事实上,他们无法理解和接受道德的价值,在口头上可以高谈什么道德标准,但这与他们的行为举动毫不关联。实际上他们常常无视道德标准,为了个人利益可以不择手段,从不被道德观念所约束,尤其热衷于撒谎和欺骗以及为某种目的而控制别人,即使其谎言和骗术被人戳穿也不会感到羞耻,只是在口头上表示歉意和改正,但事后依然我行我素,自欺欺人。他们做错了事不会感到难过,由于自己的行为已明显地给别人造成了危害,也从不会感到内疚和悔恨,毫无同情心和羞耻心。

2. 缺乏责任心和义务感

反社会型人格障碍患者不能维持长久的工作(或学习)而经常旷工(或旷课),而且经常变换工作,对工作不负责任,玩忽职守。他们通常只顾个人利益而无视他人和集体的权益和需要,对他人甚至亲人都漠不关心,毫无集体荣誉感。为人自私自利,不讲信用,不可信赖,在生活和工作中出现问题,遭到困难或挫折,总是怨天尤人或推卸责任,诿过于人,为自己开脱。他们只会去向他人和社会索取自己所要的,而很少会考虑为他人和社会作一点自己应付出的奉献,不愿承担任何经济义务和社会义务,甚至不承担扶养子女和赡养父母的责任。

3. 生活无计划,人生无目标

反社会型人格障碍患者的行为举动往往只凭一时的热情或出于偶然的动机,毫不考虑和顾忌可能产生的后果,甚至做出违法犯罪的事情也在所不顾。只要能得到即时的满足与愉悦,便毫不顾及长期的目标和未来的利益,总之是今朝有酒今朝醉。他们好像只是活在连续的现存时刻中,而毫不考虑过去与未来。在做出违法犯罪的事情以后,即使受到了惩罚,他们总会在口头上表示心情沉痛和真诚悔改而得以轻饶,但事后却绝不会吸取应有的教训,以致同样的行为举动又会重复出现。在教养所和劳改场中服役的犯人中,所谓"九进宫"、"十进宫"者,多数是这类人。

4. 人际关系失调

由于这类人多数都有一种帅气迷人和讨人喜欢的外表,初与人接触时往往容易博得他人一时的好感和信任,而能与他人维持一种浅薄和短暂的友谊关系。但事实上,这种人总是以自我为中心,自私自利,冷酷无情,对周围任何人甚至亲人都缺乏应有的爱心和同情心,也无法理解和接受他人的爱心,因而不知道做出相应的回报。即使做了大多数人都会感到可耻和罪恶的事情之后,在情感上也会无所反应,他们不尊重事实,不尊重他人,无诚信可言,而且喜欢控制别人,占了人家的便宜,还会对人家表示轻蔑。因此,他们几乎不可能和任何人维持长久的、真正的友谊。实际上由于他们固有的人格特征,使其根本无法与人建立正常的协调的人际关系,甚至夫妻关系也难以维持一年以上。

5. 无视社会权威

反社会型人格障碍患者往往无视社会权威,他们的行为显示,似乎大众所遵循的社会规范(包括伦理道德规范和法律规范)对他们都不适用。他们甚至不会根据大家都公认的游戏规则来进行社会生活。他们往往对周围社会充满敌意,并倾向于采用脱轨的和偏差的行为方式,不可避免地与社会权威相冲突。尽管他们会碰到阻碍,甚至受到痛苦的惩罚,但事后却依旧我行我素,继续表现出他们固有的反社会和无视社会权威的行为方式,仿佛他们可以豁免于自己恶劣行为造成的后果和应负的责任。

6. 行为模式倾向于冲动性、攻击性和破坏性

反社会型人格患者由于缺乏良心和道德感,不会控制自己的情绪与行为,往往出于个人好恶情绪或偶然的动机而突然地、冲动地行事,而且倾向于采用毫无悔意和冷酷无情的暴力来发泄他们的冲动。他们不仅胁迫那些偶然相识的人,也会胁迫熟悉的人、朋友或家人。尤其男性患者更是经常地对他人以暴力相向。他们的行为往往构成对社会伦理道德和法纪的冲击和破坏。虽然他们倾向于重复违法乱纪的行为活动,由于触犯刑律也不可避免会受到相应的惩罚,但是他们并不属于那些有计划的、职业性的罪犯。

专栏

反社会型人格障碍案例

患者为男性,22岁,身高1.8米,长得帅气,衣着整洁,看上去一表人才。从小在家里,父亲特别严厉,对儿子不是打就是骂;母亲则过于娇惯和庇护。从小养成蛮不讲理,动不动骂人打人的习惯。

进小学后,由于自己个子比较高大,常欺侮班上个小的同学,喜欢跟别人吵架打架。进入初中后,不仅自己常动手打人,还伙同一些爱起哄打架的同学一起跟别人打架,有时在早晨上学的路上拦劫同学,或要钱要物,或无故打人,同学都敢怒而不敢言。

到了高中以后,更是变本加厉,打架次数更为频繁,是出名的打架能手。有几次把人打伤,每次都赔偿医疗费千元以上,是他妈妈出面,拿钱平息纠纷。曾有一次打人,因致重伤,被公安机关劳动教养一年,出来后稍事收敛,但过后不久就故态复萌,仍旧打架成性。平时不爱读书,因成绩差高中不能毕业,也没有参加高考。因父亲开工厂做生意,家庭经济富裕,他被送进私立大学。

进入大学以后,打架习气不改,入学不到一个月就开始打架斗殴,经常旷课。白天睡大觉,晚上去喝酒,返宿舍后见谁不顺眼就动手打谁;别人进屋看他一眼,就说"你看我干吗?"说完追人就要打。不仅打同学,也打保安队员和宿舍监管人员。还伙同几个爱打架的同学一起经常寻衅滋事打群架。每次班主任老师发现或保卫部得知前去制止,找他谈话,总是表现得非常诚恳,沉重地说"以后不打架了,请老师放心"。但事后还是常常大打出手。他自己在背后对人说:只要三天不打架,手就痒痒。他不仅在学校里打架,还经常到校外打群架,有一次在校外把别人打伤赔了几千元医疗费。据宿舍监管老师记录,自从入学一个多学期以来,他挑起的较大的打架斗殴事件不下20余次。搞得学生宿舍区经常不得安宁。住在同一座楼或邻近宿舍楼的许多同学都十分怕他,只要提起他的名字,心里就打颤。有几个同学因怕再挨他打而被迫退学。校方为了学校安宁和严肃校纪不得不给他开除处分。他为了不被开除,照样向班主任及系领导沉痛检讨,伤心落泪,说"一定痛改前非",并在数千言的检讨书中写道:"每想起打架时的冲动,事后的悔恨,就痛苦万分,多少个夜晚,都翻来覆去,不能入睡……"云云。

(二) 反社会型人格障碍的治疗问题

俗语说,江山易改,禀性难移。由于人格障碍自身所固有的特征,使各种心理治疗方法都难以施行或收效甚微。不过,随着时间的推移和社会的长足进步,人格障碍患者人群正在越来越受到社会的关注。特别是反社会型人格障碍,由于社会冲突较明显,出于对社会安定和患者自身利益的考虑,已受到了社会及相关学者们的特别关注。由于这些人常常触犯刑律,于是就当作犯人被关进监狱或劳改所,接受教养与改造。但是通常都不会有什么效果。因为惩罚对于控制他们的反社会行为几乎都是无效的,有鉴于此,一些发达国家如德国,在20世纪90年代,就在较大的精神病医院开设了"边缘性精神病"专科病房,据笔者赴德国访问考察时发现,他们实际收治的都是年轻的反社会型人格障碍患者。他们认为对待这种人,首先不应当看做"犯人"而应当看做"病人"来对待,应当给予适当的和合理的治疗帮助。

早在20世纪70年代,著名社会行为治疗学家班杜拉(Bandura 1969)就认为,在对反社会型人格障碍矫正治疗方面最有前景的方式可能是行为治疗。他还提出可以透过学习原理的应用来矫正反社会行为。这可分三个步骤进行:一是撤除反社会行为的强化物,如可行的话,还可对行为施以惩罚;二是撤除不良行为的样本,以良好的样本取而代之,并有系统地安排奖赏或强化物,以激励其仿效良好的行为;三是随着患者能够控制自己的行为以后，则按次序地撤除物质的奖励，把强化作用从外在环境的支配逐渐转换为患者自行支配，帮助其发展自己的内在调控能力。从而让其把对外在奖赏的需要减到最少。

然而，顺利进行这种矫治措施的必备条件，是要有控制的治疗环境，也就是说，必须进行住院治疗。因为对反社会型人格障碍患者的治疗是在改变一种整体性的生活风格，而不是某个特殊的不良行为。如果没有一个有控制的环境（即住在医院中）进行治疗，实际上是难以施行的。因为在住院环境中，经过治疗后某个患者的疗效显著、行为得以改善，就可以成为其他患者的学习榜样。同时，作为一种有控制的环境，治疗师就能够有效地供给或保留强化物（不同形式的奖赏），而患者则无法躲避或逃离。

对此，美国学者怀尔兰特（Waillant，1975）曾指出：反社会人格患者只有在行为可被限制的环境中才能获得有效的治疗。不住院的治疗是注定要失败的。他还指出：一对一的治疗关系（即使一周晤谈几次），对于改变反社会行为是难以奏效的，最有效的似乎是团体成员的关系，这样既可提供学习关怀别人的机会，也可提供被同伴接纳的场合。

无论如何，对于包括反社会人格在内的人格障碍的改变和治疗问题，是一个值得深入探讨和难度甚大的问题。需要精神医学家、临床心理学家、法律专家和其他相关的社会科学家通力合作，进行多学科的研讨。

9

性行为障碍

人作为一种生命现象，其个体的存在和种族的延续都决定于其性行为，其快乐、满足、健康和发展也在极大程度上与此相关。

人类性行为如此平常，又如此神秘和重要，它既具有生殖功能，又有享乐功能；它既是自然的本能行为，又是社会行为。许多因素都可能影响和干扰人的性行为，使其发生各种畸变，导致性行为障碍。

性行为障碍是一种病态表现，若发生在一个正常男人或女人身上，会带来极大痛苦和精神压力，影响家庭的和谐、个人的幸福和健康，因此，应受到应有的重视，积极地进行探索和治疗。性行为障碍包括性心理障碍（性变态）和性功能障碍。

一、性心理障碍

（一）易性症

易性症（transsexualism）是一种性别认同障碍，属于性身份障碍。易性症患者认定自己应有的性别与现有的性别特征和性别身份相违背。他们持续地厌恶自身的性别特征和身份，为此而极为痛苦，强烈要求转换为异性。

易性症的男性为多见，男女比例是3∶1。男性易性症患者持久而强烈地为自己是男性而痛苦，渴望自己是女性或坚持认为自己就是女性。在行为上可表现为专注于女性的常规活动，从青春期开始，便着女装、蓄长发、模仿女性的神态举止，参加女性的娱乐和社会活动，拒绝参加男性的常规活动。他们固执地否定男性的解剖结构，要求用手术等方式改变生殖器官的性状，明确表示阴茎和睾丸令人厌恶，认为最好没有或使其消失，部分患者甚至在得不到医疗机构的帮助时，自己动手切除。

女性患者则认为自己应是男性，持久而强烈地因自己是女性而感痛苦，固执地表明厌恶女装，坚持穿男装，从外表打扮到内心体验、言谈举止模仿男性；固执地否定女性的解剖结构，明确表示不愿意乳房发育和月经来潮，不愿意蹲式排尿，也可能明确表示已经有或将长出阴茎；少数患者要求做性别矫治手术，切除乳房和子宫，安装假阴茎。

性别的确认(了解自己属于哪种性别),在生命的第二年开始建立,一般在3～4岁趋完成,如果这种确认发生障碍,便会出现易性症,尽管他(她)们的生殖系统的性别特征发育是完整的,仍然改变不了他(她)们的错误认定,这是性心理发展上的障碍。如果一个小男孩,他的父母从小就把他当成一个女孩来对待,或者由于周围环境的特殊影响,使他们从小就相信自己就是一个女性,于是就可能发生这种性别认定上的混乱和障碍,在他以后被告之他实际是男性时,他不但会感到惊奇,并且可能坚决否认,会更强烈地渴望自己成为女性。

与同性恋者不同,几乎所有的易性症患者都是异性恋,尽管他们继续地相信他们的肉体在性别上是错误的,他们还是会依据现有的性别体征结婚、生子。在一些易性症患者,在得到医疗机构帮助后,转换了性别,则会结束原来的婚配,而另按转换后的性别组织家庭。

在职业选择上,易性症患者最常见的可能是男性找个适于女性的工作,而女性则找个适于男性的工作。

对于易性症患者,心理治疗往往收效甚微。今天,他(她)们往往寻求医疗上的帮助:男人切除阴茎,做个人工乳房和阴道;女性则切除乳房,造一个阴茎似的附属器官。我国的某些医院曾开展此类手术,但病例较少。生殖器官转换手术后,仅能完成部分性功能而不能再有生殖能力。此外,也利用激素疗法,使得男性或女性都可以改变一些身体的体态、线条和毛发的分布,使其更趋近个人所期望的性角色。

一般说来,许多患者随着年龄的增长,特别是到了中年以后,其症状都可能会有所缓解。

(二) 易装症

易装症(transvestitism)是一种特殊形式的恋物症,表现为对异性衣着的特别喜爱,反复出现穿戴异性服饰的强烈欲望并付诸行动,他们常喜欢从头到脚穿扮得像女人一样,包括女性内衣、内裤、乳罩、长统丝袜、耳环及其他化妆品等等,然后对着镜子反复自我欣赏,并希望获得别人的赞许。当这种行为受抑制时可引起明显的不安情绪,或者当生活中压力过大、情绪焦虑和不安时也更容易出现此类行为,此种行为对易装症患者具有缓解紧张、调整情绪的作用。有研究(Gosslin & Eysenck,1980)报告指出,要求这些人们穿上原有的男装或再换上女装,在两种情况下,分别进行人格测验,结果发现:在穿上女装的情况下,"神经质"和"内向性"两种向度都有明显下降。被试者也报告说,他们穿上女装,在女性的角色中较不焦虑和羞怯。

大多数易装症者是男性,他们确信自己是男性,并不要求改变自身性别的解剖生理特征,他们坚持模样像男人而穿着像女人,这正是他们感到满足的根源。

易装症者大多数都是异性恋者,会与异性结婚,他们着异性服装只是为了获得性的兴奋,或暂时地体验异性的心理满足。有些患者会在妻子和外人面前掩饰自己的这种癖好,也有人会说服妻子与自己合作,为其提供女性服饰,或者允许其在性活动时着女性内衣等。

研究发现,异装症者的性染色体和性激素的分泌并无异常,之所以形成易装症,一般可追溯到儿童和青少年时期的体验和情况,是正常的性心理发育受阻,加上条件性学习而造成。

对易装症的治疗,可采用精神分析法、行为矫正法等。

(三) 恋物症

恋物症(fetishism)指在强烈的性欲望与性兴奋下,反复收集、玩弄异性所用物品,或异性身体的某一部分(如头发),而获得性满足的现象。恋物症患者几乎仅见于男性。所恋物品均为直接与异性身体接触的东西,如乳罩、内裤、头巾、丝袜、发夹等等;有的患者又特别对异性身体的个别部分感兴趣,如头发、阴毛、手、脚或是耳朵等;还有的人对异性的畸形处,如残手等则特别动情。

患者通过在上述物品的抚弄、嗅、咬而获得性的兴奋,同时伴以手淫,或在性交时由自己或要求性对象持有此物,而获得性的满足。此时,这类物品成了发泄性欲望达到性满足的惟一依托物,所恋物品成了性刺激的重要来源,或获得性满足的基本条件。

患者为了获得所恋之物往往会用很多时间和精力,甚至会不顾法律而进行偷窃、抢掠,对所获之物倍加珍惜,会仔细珍藏,并时常把玩。患者的行为极端执著,具强迫性,任何劝说和惩罚均告无效,自制力低下,每当有性冲动和性兴奋时,便会以上述行为方式进行发泄和满足。

造成恋物症的原因是多方面的。恋物症者的个性可能带有自制力差、意志薄弱和自卑的特点。在他们性成熟时,没有勇气去接触异性,转而以异性的物品代替对异性的爱恋和欲望的满足。在偶然触及异性物品时若缓解性紧张获得性满足,即可形成较明确倾向,若再重复满足,则将形成恋物症。此外,若社会过分限制两性的正常接触和交往,正常的性兴趣、性指向无法满足,被压抑的性兴趣和性冲动被变相的宣泄和满足,也是形成性变态、恋物症不可忽视的因素。

恋物症属于性指向性异常,所以在治疗中扭转其性的指向性是关键,对已婚患者,在其配偶的协同配合下,可将所恋之物由泛化状态逐渐集中于配偶所用之物,而后再由配偶所用之物转移到配偶(人)身上。行为治疗的厌恶疗法可对顽固性的恋物症有一定疗效,但所使用的厌恶的刺激应有一定强度,否则难抗衡性冲动的强度,效果可能不会太理想。对恋物症施以催眠疗法的语言暗示,在催眠状态(无抵抗)将所恋之物转换为人是可行的,但可能复发。

恋物症是种病态行为,虽往往触犯社会行为规范,甚至违法,但它与一般的流氓犯罪有根本的不同。他们从不对异性身体造成伤害,只是以异性的衣着等物品为对象。因此,对恋物症首先需要的是治疗,而不是制裁。惩罚也应以强制性的矫治为主。单纯的一般性惩罚几乎无效,只起到暂时的抑制作用。

（四）窥阴症

窥阴症(voyeurism)是指通过暗中偷看别人的性活动或异性裸体、阴部等来获得性兴奋的性满足。在窥视的同时伴有手淫或在事后回忆窥视的情景时进行手淫。

窥阴症者几乎只见于男性。一般说来，他们的性格比较内向、易害羞、不善交际，性活动也往往不充分，因此他们宁愿费大劲、冒风险去偷看异性洗澡、入厕或偷看他人性交的场面。窥阴症者常因其窥阴行为被人发觉受到惩处，患者为此而感到苦恼，但又不能防止此种行为的再次出现。

男性所以会发展出此种形态的行为，除上述个人性格特点之外，也与男性性心理的特点有关。男人的性欲更容易受视觉的刺激，而女性则容易受触觉和听觉(语言)的刺激，所以，观看女性的裸体或色情的画面对多数男性都是件相当刺激的事情，况且，性活动具有的隐私性和神秘性又特别增加年轻人的好奇心。当年轻人觉得神秘而好奇，又由于自己在与异性的关系上感到羞怯和自卑时，他很可能会以窥视来满足。窥视过程的紧张和危险又导致情绪的高度兴奋，进一步增强了性的刺激。于是，个别的男性成为窥阴症患者。

窥阴症者对受害人很少有危险，一般没有同受窥视者发生性关系的愿望。

对窥阴症者可采用精神分析法和厌恶疗法。精神分析理论家把窥阴看做是儿童性心理发展受阻而成的不成熟、幼稚的性满足方式，他们也把消除阉割恐惧看做是治疗成功的关键。厌恶疗法把室内的裸体画面与电惩罚刺激结合使用，对某些窥阴症者可取得满意疗效。

（五）露阴症

露阴症(exhibisionism)是指反复多次在陌生的异性面前突然暴露自己的生殖器以求得满足性欲望的性变态。

露阴症者大多数是男性，他们常常出没于昏暗的街道角落、公园僻静处或田野小径，等待女性经过时则迅速显露其生殖器，或进行手淫、说些下流话，当引起对方的强烈反应，如惊叫、昏倒、逃跑或厌恶时，会感到非常的兴奋和满足。他们一般没有进一步的性行为施加于对方。

心理学常把露阴行为看做是性心理发育的停滞，他们在幼年时受过强烈的性刺激，性心理的发展停滞在幼年的发展，即不能随年龄的增长而发展出成熟的正常性活动，反以童年幼稚的方式来满足性欲望，又不能像正常人一样对器官进行遮掩。

露阴症的矫治，除应及早发现并采用严厉的惩罚外，更应进行较系统地心理治疗。心理治疗包括领悟疗法、厌恶疗法、催眠治疗等。在我国钟友彬等采用认识领悟疗法，疗效较好，曾有过报道。

(六) 挨擦症

挨擦症指男性患者反复多次在拥挤的场合趁对方不备伺机以身体某部分(常为阴茎)挨擦和触摸女性身体,并可伴有射精或手淫来达到性满足的行为。

性伴之间的身体挨擦和抚摸,在性活动中是激起和满足性欲的重要手段,是正常行为,但若以素不相识的人为对象,又是对方不知情,且以此来求得性欲的满足,则不但有伤社会风化与道德,实也成为一种病态的性行为。此类患者通常借人多拥挤之机,如在公共汽车、商店里,用自己的生殖器去挨擦、挤压异性的身体(通常为臀部,也可为身体的任何部位),从而获得性兴奋和性满足。有的患者挨擦时不需要暴露自己的性器官,有的则需要以暴露的生殖器直接挨擦,方能获得快感和满足。

挨擦症的成因不甚明了。可能与患者的性能力低下有关,其性行为只有在特定环境的高度紧张中进行,方能补足性兴奋、达到性满足。也可能是一种性心理发育障碍,是一种没有发育完全的幼稚的性行为方式。有患者则由于性格过于内向、害羞、自卑,不善接近异性,而本能的性欲望和性冲动却在偶然的情况下,通过与异性身体的接触而获得满足,于是建立了条件反射,触及异性身体变成了满足性的条件刺激。

挨擦症的矫治,也应以使用惩罚和系统心理治疗的结合为原则。一方面对其应给予严厉的惩处,使其感到羞耻和痛苦,以利于确立患者的治疗决心。另一方面则要给予充分的心理治疗,以保证较好的疗效,心理治疗可使用精神分析、认识领悟治疗,厌恶条件反射治疗等。

(七) 性施虐症与性受虐症

性施虐症(sadism)与性受虐症(masochism)虽表现为两种相反的形态,但它们明显地相互依赖,这些性偏好的人们常常相互配合,以互相满足,又有些人其身上同时存在有两种形式,故把它们放一起叙述。

1. 性施虐症

性施虐症是指通过给性伴造成身体或精神的痛苦来满足性欲的一种性心理异常,一般多见于男性,但也有不少个案是女性。

性施虐症的临床表现十分复杂,其施虐的暴力行为多种多样,又可有不同的程度和范围。其中肉体的伤害从造成轻微的疼痛,直到严重伤害甚至死亡,具体方式有鞭打、脚踢、牙咬、手拧、针刺、刀割等等;精神的伤害常见有谩骂、污辱,令性伴爬行、乞讨,戴上锁链或各种“刑具”,使其成为“奴隶”(性奴隶)。

性施虐的伤害是为了获得性的兴奋和快感,而不是意在真的伤害对方。性施虐症的暴力行为只在从事性活动时出现,也只有以造成伤害对方作为刺激的附加条件时,他们才能引起性兴奋、获得性满足。与性生活无关的施虐与暴力不属于性施虐症。

对性施虐症的起因有多种解释。第一种认为,性施虐患者曾有过其性兴奋或性高潮的体验与给人的痛苦的行为连在一起的经验，如他们在儿童时给动物或他人施加痛苦时曾产生了强烈的情绪，并无意中产生过性的兴奋，于是，形成了一种条件反射，每当造成对方痛苦时会有性兴奋。第二种认为，性施虐症来自于那些对性持有负性的否定态度的人，即认为性是肮脏的、邪恶的和可耻的，因此压抑了自己的性兴奋。性施虐活动一方面使他们的性活动不至于有单纯的浓厚的性含义，另方面性施虐也表达了他们对性活动和性伴侣的否定和轻蔑，减轻了自己在活动时的罪恶感。第三种认为，性施虐症者多是羞怯、自卑、被动，甚至性欲不强，他们只有借助于施虐的暴力行为才能引起性伴的强烈情绪，也才终于引起自己的情绪兴奋和性高潮。还有人认为，性施虐者是一批内心充满仇恨和具有攻击性的人。由于他们在家庭和社会生活中受到过拒绝、凌辱、挫折、打击和伤害，其情绪未能得到正常的处理和宣泄，积蓄起来的仇恨和报复可能泛化，一旦在性行为中得到发泄，便受到强化而固定下来，成为巩固的行为模式，此时施虐具有象征意义，具有替代作用，还可能代表对权威的反抗和攻击。

性施虐症是一种非常危险的性变态和人格变态，他们不仅会伤害其对象的身体，甚至可能夺去其生命，而其施虐对象并非总是愿意接受虐待的性受虐症者，所以它对社会和家庭的安全稳定都构成严重威胁。

性施虐的矫治首先是性科学知识的宣传和普及，以使性施虐症能得以及早发现和治疗。性行为历来被认为是关起门来夫妻之间的隐秘之事，即便有些异常也不便说起，于是常不把性的施虐和受虐看做是病态，因而总是被忽视和掩盖，也就无从谈起诊断和治疗。一旦发现，便应及时进行心理治疗，心理治疗可使用多种心理治疗的手段和方法，从精神分析、催眠，到认知领悟及行为矫正都是可以采用的办法。

2．性受虐症

性受虐症是指通过接受性伴侣施予的痛楚和屈辱而引发性欲并得到性满足的一种性心理异常。一般多见于女性，但男性也有罹患此症者。

性受虐者所遭受的虐待程度可以从不带暴力形式的凌辱到严厉的殴打与伤害，不过一般说来受虐者对情景都有一定的控制能力，可以在受到严重伤害之前终止被伤害的行为，并且受虐待的方式常必须是按受虐者的要求实施时，才能达到满足。

当性施虐症者与受虐症者结合在一起时，则成天生一对，“珠联璧合，一个愿打，一个愿挨”。曾有一对美国夫妻，丈夫是性施虐症，妻子是性受虐症，他们结婚以后性生活中逐渐增加虐待的内容和程度，他们却都感到非常兴奋和快乐。虐待的强度不断升级，直到妻子在性交的快感高潮过去之后，发现自己的肋骨或腿骨折断了，或者胳臂脱臼了，或是其他的严重伤害而不得不去住院治疗，但她仍宣称自己愿意“享受”这种痛苦，双方都从中体验到极大快乐和满足。但现实很少有这种巧合。

性受虐症虽然也是一种性变态和人格异常，但其形成的心理机制却与性施虐症是截然不同的。性受虐症的形成似乎是对受压抑、挫折和失败的反应，是失望、内疚和罪恶感的表现，而性行为中的受虐和遭受的痛苦往往可以减轻和抵消他们内心的有罪感，受虐带有赎罪性质。这与长期以来社会上(包括家庭、学校和老师)一直在灌输性行为是肮脏、邪恶和下流的观念有关。

由此可见,在性受虐症的预防和治疗中,获得正确的性知识和性观念是至关重要的,应进行适当的性教育和解除性的罪恶感,治疗中使用精神分析、认知治疗等疗法都会有一定疗效。

二、同性恋

(一) 同性恋的界定

同性恋(homosexuality)是指对同性产生性兴趣并以同性为满足性欲的对象。如仅对同性有性欲望或性动机可谓之同性恋倾向,兼有性行为者则为同性恋。

男、女都会有同性恋,但男性多于女性,这可能与研究调查时女性不愿意暴露其身份有关。同性恋的发生率远远大于人们的估计,据有关资料称,同性恋者可能占人群的3%～10%左右,这要看是指仅有同性恋行为,还是确诊的同性恋者。

专栏

金塞的研究

美国性学研究著名学者金塞(1948,1953)曾把成人的性恋模式分为七级,结合后来一些人的研究,各种模式在人群中的分布比例:

- 单一的异性恋:35%;
- 主导异性恋,偶尔的同性恋:35%;
- 主导异性恋,几次同性恋接触:20%;
- 异性恋和同性恋几乎相等:2%;
- 主导同性恋,几次的异性恋:2%;
- 主导同性恋,偶尔异性恋:2%;
- 单一的同性恋:4%。

临床上常把同性恋分为三大类:真性同性恋、双性恋和假性同性恋。

真性同性恋也称素质性同性恋,它同时具有生理和心理的特别异化倾向,他(她)们只对同性有性兴趣并有性满足,而对异性毫无兴趣,甚至厌恶。一般在有同性恋关系的双方中，常有一方是真性同性恋者，即男性被动型和女性主动型。男性被动型同性恋者在同性恋中扮演“女性”角色，他们在身体发育和心理特别上都接近女性。女性主动型同性恋者则扮演男性角色，她们在生理和心理上接近男性。

真性同性恋的形成原因可能有先天的生理因素，矫治困难，也缺乏求治欲望要求。

双性恋者可以在两种性别的对象中获得性满足，在特别的自我认同上也倾向双性别，常伴有生理性别和缺陷，矫治也较困难。

假性同性恋基本上是由于环境和教育造成的性心理异常，当环境改变或经过矫治，便很快可以转变。

同性恋关系的男性主动型和女性被动型身心方面比较正常，他(她)们参与同性恋活动只是暂时的、情境性的，他(她)们更常是假性同性恋或双性恋者。

男性同性恋的双方关系较为混杂，更多地是一次性接触，真正保持稳定单伴侣关系者属少数。他们中的性行为有口-阴茎接触，互相手淫及肛交等，双方也互相更换角色。

女性同性恋行为感情投入很深，也易形成较持久而稳定的恋爱关系，当恋爱关系破裂分手时，也易造成心理伤害，或可因此而引发犯罪，特别是两者中的主动型(扮演男性角色)的一方，因此而造成的情杀事件是男性同性恋的 3～4 倍之多。女性同性恋的性行为有互相手淫、口-生殖器接触、爱抚或者使用人造工具等。

(二) 同性恋行为的原因解释

到目前，同性恋产生的原因还不为人尽知，有许多不同的病因理论，包括从体质的染色体、激素，到心理和环境的影响等等。也许对不同的个体其形成原因是各不相同的，因此不会有一种简化的理论能解释所有同性恋的形成。有影响的理论有：

1. 遗传假说

早期的性理论专家大多认为同性恋主要是由体质的因素造成的，因此同性恋是先天遗传的，难以改变与治疗。典型的研究是卡尔曼(Kallmann)，他认为同卵双生子其中一人如为同性恋者，另一人 100% 也是同性恋者。但后继的许多研究者又得出了相反的结论，不支持遗传假说。直到目前还没有可信的数据能够证实同性恋是遗传的或先天的。

2. 病态家庭说

比伯(Bieber，1976)的研究表明，大多数同性恋男子都来自于母亲占统治地位的家庭，她们过分跋扈，而父亲多懦弱无能，且冷漠疏远，于是形成幼儿在态度上可能向女性认同，轻视男性，或在感情上又恐惧女性。长大后，有逃避女性的倾向。父亲的懦弱不利于儿童向父亲的男性行为认同。有证据表明，那些后来成为同性恋者的男孩们至少有一段时间生活在死板的环境里，而很少喜欢玩那些粗暴或捣乱的游戏，也很少有其他进攻性的活动。

有的家庭，把男孩当女孩养，或把女孩当男孩养，都可以混淆他们的性别意识，结果不但使他们失去对异性的吸引力，也影响到他们自己对异性的兴趣与态度。

（三）同性恋的矫治

同性恋行为从古至今一直持续地存在，社会对于同性恋行为的排斥虽在逐渐宽容，但从未间断过。文明社会的早期曾把它看做一种罪恶，会因此受到严厉惩处，后又把它作为一种疾病，虽在惩罚上减轻了，但仍认为需要矫治（同性恋的治疗效果很差，几乎无效）。现代社会由于对多样性和个人异端权力的尊重，逐渐认可了同性恋的事实，虽然它在人群中是少数、弱势群体，却是一种客观的存在，很难改变和消除。

对同性恋态度的转变也许与对同性恋客观研究的增多有关，研究结果认为，同性恋行为只是性指向偏离常态（区别于社会大多数），而在精神活动的其他方面却是正常的，甚至是超常的，历史上曾有过许多对人类文化做了突出贡献的光辉人物是同性恋者。他们就是在对性对象的爱恋以及性快感、性满足的感受上，也都无异于异性恋者，因此，似乎无理由再把他们归入需要干预的疾病之类，充其量只是一种较特殊的生活和行为方式，对性对象的不同选择罢了。我们国家也在2001年公布的CCID-3中做了修改，只把那些因同性恋行为而伴有焦虑、抑郁、内心痛苦者纳入精神障碍，需给予治疗和改变，而无上述症状者自然不再属病态，因而也无需治疗。

三、性功能障碍

性功能障碍指缺乏满意的性生活能力，不能进行正常的性行为或在性行为中不能获得性满足的一类障碍。性功能障碍可由多种原因引起，大体上可分为器质性和功能性两大类。器质性功能障碍可由于机体存在内分泌腺活动异常，性机能发育异常，性器官结构异常以及其他驱体疾病直接或间接地影响到性功能。功能性性功能障碍又称心因性性功能障碍，根据人类性反应的阶段性特点，心因性性功能障碍大致可分为性欲障碍、性兴奋障碍、性高潮障碍、其他性功能障碍等四种。性功能障碍多数属于功能性，本书也只讨论功能性性功能障碍。

（一）性功能障碍的类型

1. 性欲障碍

性欲障碍表现为性欲低下或性冷淡，指性欲望、性爱好及有关的性思考或性幻想的缺乏。患者会抱怨说自己对性生活无兴趣，只是为了满足配偶的需要不得已而勉强应付，体会不到一点性快感。

一般说来，正常的机体真正没有性欲和性感的人应是极少数，但是因为性欲抑制而表现为性欲低下和性冷淡的人，在临床上却远比人们心中的估计要多得多。患性欲障碍的女性又远多于男性，她们没有任何性欲，在性生活中也完全处于被动状态，日常生活中也常是刻苦、拘谨而古板。有资料表明,在已婚妇女中患性冷淡者约占 15%;也还有资料报告,大约 25%～30%的妇女具有性冷淡现象;男性中仅有 16%。

造成性冷淡的原因是复杂多样的,主要有:

● 早年的生活环境和长期不当教育的束缚,使得正常性心理发育受到影响,特别是对性活动的否定态度和认识,抑制了性欲望。

● 性心理的创伤。由婚姻不幸、不满,或其他情况的被迫性交,或性行为中过于粗暴、性交疼痛,使患者产生对性生活厌恶与排斥。

● 性知识缺乏。常由于新婚之夜,缺乏必要的性知识而使性交失败,进而担心自己性功能先天不足,或因其他不科学的想像和推测,而产生焦虑、忧郁和绝望,也可抑制性欲。

● 不适当的居住环境和外界条件的影响和干扰。

● 神经质症及性恐惧等神经失调也会导致性冷淡。

性冷淡可在认知、情感、经验、环境和文化等诸因素的影响下而形成。

2. 性兴奋障碍

性兴奋障碍指虽有性欲,但性兴奋不足,性交时不足以使生殖器官充血、膨胀与勃起,从而难于完成性交活动。男性为阳痿,女性为冷阴。

(1) 阳痿:指男性虽有性欲,但在性交时难以产生和维持满意的阴茎勃起。性交时阴茎不断勃起或勃起不充分,或勃起的历时短暂,都完不成性交活动。阳痿患者在手淫时或睡梦中、早晨醒来时常可勃起。

阳痿是男性最常见的性功能障碍,据国外资料介绍,阳痿患者约占全部男性性功能障碍的 37%～42%。国内有调查表明,成年男性中约有 10%以上的人患有程度不同的阳痿症状。阳痿是一种令人十分苦恼的障碍,它不但影响夫妻关系和家庭幸福,也严重影响身心健康,对人的精神压力远超过疾病本身,因此阳痿患者一定要想办法进行治疗,绝不能讳疾忌医,贻误病情。

造成阳痿的因素很多,临床上根据病因把阳痿分为器质性和精神性两大类,约 10%～15%的阳痿是器质性的,85%～90%属精神性。分析造成阳痿的精神因素有:

● 成长发育过程中所受的不良影响。

● 认识上的性无知和愚昧。轻信某些神秘的谣传或不科学的性教育,对性生活产生的恐惧或忧虑;认为自己性功能差等。

● 夫妻间关系不协调。夫妻间没有爱情;对女方的不信任或怀有敌意;女方缺乏吸引力或有性冷淡等。

● 情绪情感因素。对性的恐惧,害怕失败而遭妻子埋怨,怕怀孕,怕染性病,或由其他原因引起的过分紧张、焦虑、内疚、抑郁、挫折或愤怒,都可诱发阳痿,特别是"操作焦虑"。操作焦虑指活动的操作进行中急于求成、担心失败的心理状态。它会抑制性兴奋和勃起反射,常导致阳痿。

● 深层的内心冲突和抑制。弗洛伊德曾分析“恋母情结”对成年性生活和影响，童年的恋母情结若延续到成年，不但会选择类似母亲的人做伴侣，并在内心深处把妻子当母亲般爱恋，且崇敬有加。于是在做爱时潜意识内会与性的禁忌、犯罪意识相冲突，会导致性的抑制。

(2) 冷阴：指成年女性有性欲，但性交时难以产生或维持性交所需要的生殖器的适当反应(如阴道的润滑和阴唇的膨胀等)，以致阴茎不能舒适地插入。

冷阴也是性兴奋的不足，在女性中是较常见和较严重的性抑制障碍，也称性感缺乏或性唤起障碍。冷阴与性冷淡、性高潮缺乏应属不同的障碍，因为冷阴者并不缺乏性欲望，这与性冷淡不同；也可以在没有明显润滑的情况下通过刺激阴蒂，或使用振荡器的机械刺激而引发性高潮，它与男子的勃起障碍同属性兴奋障碍。

女性的性兴奋与性唤起是一种内脏反应，是性器官在植物神经系统控制下的充血、肿胀和腺体分泌反应。植物神经系统又受中枢神经系统的影响和控制，因此，能够影响人的大脑皮层中枢神经系统工作的许多因素都会间接地干扰和损害性的反应和性的唤起，能导致男人的阳痿的因素也当然能引起女性的冷阴。

弗洛伊德曾说过：“也许我们只有硬起心肠来宣称：想使性本能和文化的要求相妥协，根本是痴人梦话；文化发展的结果是人类永远难逃脱某一程度的苦难、分离以及在遥远未来的灭种威胁。”这段无比精辟深刻的分析论断可作为我们分析理解所有性行为障碍的基础和钥匙，文化越发展，越会干扰和冲击性本能的反应，因为性行为的完成越要求更多的条件，而所需条件越多，影响的因素就越多，完成性行为就越困难，因此，随文化、文明的发展如何平衡与调整其与性本能的关系就成为人类心理生活的一大难题，稍微处理不好就会出现各式各样的性行为问题。

3. 性高潮障碍

(1) 早泄：指持续地发生性交时射精过早，导致性交不满意，如阴茎未插入阴道或刚插入时就射精，它在男性性功能障碍中发病率占第二位，约占 22%。

严重的早泄易于诊断，因为射精发生在阴茎插入阴道之前，或刚刚进入不久即发生。但对于射精并非如此快者，则很难由时间的早晚来诊断是否为早泄。据美国学者金赛等人的调查统计，在所有的男性中大约有四分之三的人在性交开始两分钟内达到性高潮，不少男性在不到 1 分钟甚至 10 秒或 20 秒钟内达到性高潮而射精。

因此，对于射精并非特快者，早泄的界定应改为：性交时男方不能控制足够长时间后射精，以致使性功能正常的女性至少在 50% 的性交机会中得不到满足；或不能随意地控制射精反射。

男人在新婚之夜、久别重逢或其他类似的性兴奋极高的情况下，都会出现射精过快又不能控制的现象，此时均不能诊断为早泄。

过去曾把前列腺和泌尿生殖系统的炎症作为早泄的主要原因，但近来的大量调查研究结果并不支持这种解释，看来早泄绝大多数是心理性的，应把早泄看做是一种精神生理方面的疾病。主要的原因有：

• 匆忙的性习惯。有些青少年在手淫时害怕被家人发现，急于求得性高潮的发泄，兴奋性极高，都是在极短时间内射精，多次重复便形成了快速射精的习惯。婚后，即使在放松从容的性生活中，也改不掉已建立起来的射精习惯。

• 性交时的焦虑和恐惧。由于性生活时的过分紧张、提心吊胆，唯恐射精太早使妻子不满；或出于对性生活的误解，担心会体虚和肾亏等。性交时的高度紧张和焦虑也会促成早泄。

• 内在的情感因素。如对妻子的潜在不满、猜疑、敌视、怨恨；或相反，对妻子的过分敬重也都导致早泄。

(2) 不射精：指阴茎插入阴道持续很长时间的性交，仍达不到性兴奋高潮、不能射精，也无性高潮体验，其表现正好与早泄相反。

不射精的原因基本与阳痿原因类同。

(3) 女性性欲高潮缺乏：指女性在性活动中没有或很难有性兴奋和性感高潮的体验。

女性性高潮缺乏有多种临床表现：原发性性高潮缺乏指妇女在任何条件下从未出现过性欲高潮；境遇性性高潮缺乏是妇女仅在一定条件下出现过少数几次性欲高潮，如在手淫或用其他刺激法可达到性高潮，性交时却没有，此时又可称之为性交性欲高潮缺乏症；随意性性欲高潮缺乏指在多种性活动中都可出现性高潮，但不经常；继发性性高潮缺乏指既往一段时间曾规律地出现过性高潮，而现在消失了。

性高潮缺乏是妇女常见的抱怨。据一般研究表明，新婚一年之内只有19%的妇女能经历性高潮体验，到结婚5年后才能达到60%。据金赛20世纪50年代的研究报告称，美国妇女有30%一生中从未达到过性高潮。到70年代由于性知识的普及与性观念的更新，这一比率已下降到10%左右。目前我国的调查显示，女性性高潮的缺乏发生率在50%左右，说明我们的性教育和性观念还很落后。

一般说来，女性获得性高潮远比男性困难，她们既要求具有融洽的感情，又要求性交当时有愉快的心情和安心、卫生的环境条件，有时任何上述条件的欠缺都会导致性兴奋的抑制，缺乏性高潮。许多性欲高潮障碍是夫妻关系不和睦引起的，如缺乏感情交流、相互不信任、丈夫不体贴、有外遇或对性爱的看法有分歧等。有时甚至仅简单地觉得丈夫粗俗、性行为粗暴即可抑制其性高潮。

在不少病例中，对性的一无所知可能产生对性生活的抑制与厌恶，成为性高潮障碍的主要原因。

更深层的文化、心理因素可能是根深蒂固的，多数妇女在整个童年、青年和成年都可能受到抑制性行为的教育和束缚，她们很害怕放松和“放纵”自己，总在极力地约束自己，甚至害怕性高潮，害怕不能自我控制，对性行为怀有某种负罪感。每当她们的性快感变得强烈时便要有意识地压抑自己的感觉，只有如此才符合自己女人的身份和角色。

当她们成功地控制了自己时，增强了自身的道德感和成就感，这又强化了对性快感和性高潮的控制。这种有意识的控制机制重复多次之后可能成为自动的过程，并且不再能随意地被解除，因此，偶尔的激动和放松也不再能达到性高潮的状态。

性高潮抑制还可能来自于童年经历的性心理创伤和挫折，如父母的不和，对两性关系缺乏好感，本人上当受骗，遭遇强暴，视性生活为畏途，如此等等，当然都会严重影响性高潮的形成。

4. 其他性功能障碍

(1) 阴道痉挛：是一种影响妇女性反应能力的心理生理综合征，又称性交恐惧症，即在试图性交时，围绕阴道口的肌肉群发生不随意的痉挛反射，于是肌肉强烈地收缩成一个环状肌肉团块，结果把阴道口关闭得紧紧的，使性交无法进行，甚至连妇科医生的常规检查都无法进行。此时的肌肉收缩是不由自主、无法控制的，通常会由实际的性交，或由想像或预感到将要发生性交而引发。

临床上常见的阴道痉挛多为原发性，指从开始建立性关系起就发生阴道痉挛，所以患者从来没有成功地性交过。如果先前有过成功的性交，后来由于某种原因而出现了阴道痉挛，则称之为继发性阴道痉挛。再如从发生的机遇上看，又可分为完全性与境遇性两类：完全性阴道痉挛指在任何情境下都不能完成阴茎或手指的插入；境遇性指有时能插入，有时又不能，常因精神因素或躯体因素的诱发而发作。

引起阴道痉挛的精神因素多种多样，如对性交和性交疼痛的恐惧；对阴茎的畏惧和焦虑，对阴道容纳能力的误解；对性生活的厌恶和否定态度；幼年时期的性创伤，性虐待；对性行为的强烈羞耻感和罪恶感；或由于性交技巧不当、准备不充分而引起疼痛，等等。

(2) 性交疼痛：指性交引起女性或男性的生殖器疼痛。女性的性交疼痛有时仅在外阴部，有时又可在阴道内，甚至会经常伴有下腹部疼痛，疼痛剧烈，且反复发作，疼痛的时间长短不等，有时在性交数小时后才消退，常不得不拒绝性交。男性的疼痛多限于阴茎。

原发性性交疼痛指婚后性生活第一次开始时症状即存在，意味着某种解剖缺陷或根深蒂固心理因素的存在；继发性者指过去曾有过美满的性生活，后因某种因素的出现而引发。完全性性交疼痛指在任何情况下性交疼痛均持续存在，往往有器质性因素的影响；境遇性性交疼痛系指在某些境遇下出现，而在另外情境下又不出现，一切正常，显然与心理因素有关。表浅性疼痛只发生在阴道入口处；深部疼痛则在插入很深或抽动过于激烈时发生。

引起性交疼痛的原因很多，除了器质性病变以外，更多是心理因素造成的。

特别一提的是要注意夫妻关系因素，性交疼痛常是潜藏的心理问题的外在表现，只有良好的夫妻关系才能有舒适的性和谐与性相容，而性的不和谐与性功能的障碍便可能是夫妻关系不和谐的信号，这种不和谐首先在最敏感的方面表现出来。

（二）性功能障碍的治疗

性活动是人类生存和发展的重要活动，性生活的和谐美满是人类生活幸福的重要内容。然而性生活的正常进行必须以性功能的正常存在为必要的先决条件，于是治疗性功能的各种障碍成为当然和必需的事情，一切讳疾忌医的观念和行为都应该改变和根绝。临床实践证明，几乎所有的性功能障碍都是可通过合理的治疗得以改善或痊愈的。一旦发现有性功能障碍的症状，即应及早求得医生和专家的诊治，切勿贻误病情。治疗的具体方法很多，但在所有性功能障碍的治疗中又有一些基本的规律和原则必须共同遵守。原则如下：

(1) 全面掌握夫妻双方相关的性解剖、性生理、性心理和性行为的资料。特别要区别性功能障碍是器质性还是心理性；是原发还是继发，这都直接关系到治疗方案的制定和实施。

(2) 强调性活动是一种自然本能活动的观点，消除对性行为的恐惧。对性行为的恐惧和忧虑是引起性功能障碍的重要因素，对性行为的恐惧减少对性生活的兴趣、丧失自信心、引起紧张和压力。因此对性行为的自然过程起干扰和抑制作用。性治疗的中心任务之一就是减少畏惧，使病人放松，主动积极地参与性生活。

(3) 夫妻双方共同参与治疗。性功能正常与否是夫妻双方共同的事情，且会互相影响，某一方的态度和行为常会导致另一方的性的功能和对性的满足程度。治疗的改变应是双方配合的，如果只单独改变某一方，常使治疗无法进行。性治疗的任务之一就是通过沟通，改善夫妻间的相互关系，共同参与有利于获得更客观准确的资料，补充和纠正单方面提供的信息。

(4) 注意其他方面的性和非性的问题。除对病人性功能障碍的准确把握之外，也还应了解和关注有关性问题的其他方面情况，比如对性问题的错误态度，以及对性知识的缺乏和错误等都会导致性功能障碍。

(5) 保密。保密是任何心理治疗的原则，这里所要强调的是夫妻间的保密问题。虽然性治疗更注重夫妻间的交流和沟通，但并不排除一方有不想让配偶知道的隐私，此时治疗师必须为患者保密，即使在治疗结束后也不该泄露，一定要让患者放心有安全感才行。

1. 阳痿的治疗

排除器质性原因外，心因性阳痿经过适当的心理治疗都可以收到较满意的效果。心理治疗时，除遵循基本的原则，可能涉及解除各式各样来自内、外因素的干扰，性恐惧，性厌恶，性的罪恶感和内疚感，特别重要的是克服性焦虑。

多数阳痿患者会担心阴茎勃起不能，于是强迫自己去改善无能的状态，而阴茎的勃起是一种自动的自然反射，过多的意识控制和意志的努力反而会加剧阳痿的症状，妻子若有意无意地施加些压力，将进一步干扰和抑制反射的过程，加重病情。治疗的早期就应仔细分析性焦虑(操作性焦虑)的存在和使之复杂化的各种原因,使夫妻双方把焦虑公开化,减轻压力,减少人为的抑制,随后制定计划按步骤恢复勃起能力。

减轻性交焦虑首先是停止一段时间的性交活动,解除焦虑的来源。同时进行系统的"性感集中训练"。性感集中训练是许多性功能障碍治疗的有效方法,它在治疗阳痿中的特殊意义就在于使性交焦虑的阳痿患者能把注意力从过分集中注意于自己生殖器的勃起状态和妻子的情绪反应上移开,转移到性接触的其他感觉方面,从而解除意识对勃起反射的干扰和抑制,使之恢复反射的自动、自然过程。

2. 早泄的治疗

暂时性的早泄常因性兴奋性较高引起,新婚或久别重逢的夫妻,过早射精属正常现象,随着性兴奋的降低,早泄不治而愈。如果持续早泄,除去器质性原因,绝大多数系由于性生活的早期形成的性行为习惯而引起,患者射精所需要的刺激阈太低,习惯于接受一点阴茎的快感刺激很快射精,无法使性交时间延长。因此,早泄治疗的重点必须针对改变性行为习惯(快射精习惯),使患者能耐受较大量的刺激而不易射精,重建射精反射反应。

3. 女性性高潮缺乏的治疗

前面性治疗的基本原则也适用于性欲高潮缺乏的妇女,但重要的是要让妇女知道,明确地认识到自己是该有性欲高潮的人;也要让她们知道,女性的性欲比男性强,因为妇女在性欲高潮之后无不应期,可以连续多次达到高潮,而男人不行;治疗中还要纠正所谓女方的性欲应由男人诱发的陈旧观念,女人完全有权追求性欲的满足,与男人是平等的。只有在认识上有了上述改变,她们才能主动大方地想办法摆脱无性高潮的状态,尝试各种办法去体验性高潮。

除上述增加性知识、纠正性观念、减少性忧虑的一般治疗之外,可采用下述办法协助,如性感集中训练、手淫、辅助工具等。

10

心身疾病

一、心身疾病的概念

现在，人们已开始知道许多躯体疾病都有其心理根源，那种认为在心理(精神)和躯体之间存在着截然分界的观点，已经过时了。人是一个生理和心理紧密结合的有机整体，精神和躯体在同一个生命系统中共同起着作用，因而，生理和心理两方面的因素对人体的疾病问题都有密切的关系。心理因素在疾病起因占较大成分的那些疾病，称为心身疾病。有时，一些疾病的起因仍可能主要是心理上的，但在更多的情况下是由于生理的和精神的(心理的)因素相互作用的结果。比如，高血压症可能有明显的家族史，即遗传相关因素，也可能就是由于生理上动脉病变而造成的，但是人们的生活状况，特别是紧张刺激和饮食习惯也会对高血压症有明显的影响。因此心身疾病与纯粹躯体的器质性疾病有所不同；然而同时，心身疾病又有明确而具体的躯体变化，因而它和癔病、疑病症或焦虑性神经症等疾病又有所区别。这些病的躯体症状是模糊不清的，通常也不伴有持久性的躯体损害，它们之间的不同之处可见表 10-1，当然它们之间的不同也并非绝对的。溃疡病患者在胃壁上确有病变；而神经性厌食症患者也会造成体重明显的减轻，有时还会由于营养不良而造成死亡。至于哮喘、溃疡病、高血压、冠心病、偏头痛以及某些皮肤病如斑秃和荨麻疹等已经早就被认为是心身疾病了。

表 10-1　心身疾病与器质性疾病、转换性疾病及疑病症的比较

	心身疾病	器质性疾病	转换性反应	疑病症
一般定义	与应激有关的障碍，有时是由组织损伤造成	由于微观结构或身体创伤造成的组织损伤	神经症的一种类型，在病人身上无结构损伤而只是丧失机能	无理由的或神经性恐怖促成的躯体障碍
举　例	溃疡病 高血压	阑尾炎 骨　折 梅　毒	癔病性耳聋 癔病性瘫痪	无根据地认为自己得了病、对细菌或感染的非现实的恐惧
组织损伤	常有	有	无	无

续表

	心身疾病	器质性疾病	转换性反应	疑病症
发生的部位及有关的结构	常包含受自主神经系统激奋的器官系统	器官的任何部分	感觉和运动系统	没有一定系统，可在各系统发生
病人对病的态度	关　心	关　心	不关心	极端关心
躯体疗法的效果	有　效	有　效	无　效	无　效
暗示的结果	对某些人有效	无　效	有　效	有　效

所谓心身疾病，是指那些主要或完全地由心理社会因素引起，与情绪有关而主要呈现为身体症状的躯体疾病。这些疾病通常都有形态上的基础，即在生理机能或组织结构上有具体而明确的损害，因此，后来有人把心身疾病又称为心理生理障碍。

二、心身疾病的范围

一般来说，人体的各个器官系统都能罹患心身疾病，但是那些与情绪的联系特别密切，由植物神经系统支配的器官系统如心血管、胃肠和泌尿生殖等几个器官系统更易于罹患这种疾病。下面按器官系统对常见的心身疾病作简单的介绍。然后对某些典型的心身疾病，如冠心病、原发性高血压、消化性溃疡、支气管哮喘等，作较为详细的描述。

(一) 心血管系统

- 原发性高血压：最终可能导致心脏、肾脏或脑血管损害。
- 偏头痛：剧烈的一侧性头痛，并伴有呕吐。
- 心绞痛(冠心病)：由于冠状动脉血管暂时不能充分地供应心肌以含氧的血液，引起突然的胸部剧烈疼痛。
- 雷诺氏病：由于上肢端手掌与手指等部位小血管痉挛收缩，造成发凉或麻木。
- 心动过速：心率骤然地加快且无节律(每分钟100次以上)。

(二) 胃肠系统

- 消化性溃疡：在十二指肠或胃壁上产生溃疡病灶，严重时造成出血。
- 溃疡性结肠炎：结肠或大肠上出现炎症，造成腹泻、便秘、疼痛，严重时造成出血，贫血。
- 神经性厌食症：进食不足，消瘦，严重时可导致死亡。

(三) 泌尿生殖系统

- 排尿障碍：遗尿、尿频、尿痛或尿失禁。
- 阳痿：男性阴茎不能勃起或勃起时间过短。
- 阴冷：女性缺乏性欲或不能达到性高潮。
- 月经失调或痛经：月经来潮的周期紊乱或失去规律性，以及行经时疼痛。

(四) 内分泌系统

- 甲状腺机能障碍：甲状腺激素分泌过多(即甲亢)，引起易激动、烦躁和消瘦、眼球外突等症状；甲状腺激素分泌不足则引起呆滞、肥胖和疲乏无力等。
- 糖尿病：糖代谢障碍，血糖和尿糖含量均增高，引起过分口渴、虚弱无力和体重减轻等症状。

(五) 呼吸系统

- 支气管哮喘：发作性呼吸过深和喘息，严重时造成眩晕和昏厥。
- 过度换气综合征：呼吸过分地加快、加深，胸部憋闷；头痛、恶心和心悸。
- 慢性呃逆：横膈肌痉挛发作，可造成呕吐或失眠、疲惫。

(六) 皮肤

- 荨麻疹：发红、发痒、隆起的和条状的皮肤病变，通常成批地出现。
- 斑秃(俗称鬼剃头)：头发部分地(一撮一撮地)或全部地脱落，通常是突然发生。
- 神经性皮炎：身体某些部位的皮肤发生炎症，出现发红、发痒的斑块。

(七) 肌肉和骨骼系统

- 周身疼痛症：背、腰、肩、颈、四肢及头部肌肉的紧张和疼痛。
- 类风湿性关节炎：关节疼痛和肿胀。

三、致病因素分析

心身疾病的致病因素是一个十分复杂的问题，既有躯体的生物学因素的作用，如遗传素质，常常构成对某种心身疾病的“易罹患性”(vulnerability)；又有社会-文化方面的因素作用，如特殊的社会文化背景，紧张生活事件等，对心身疾病所起的激发作用，或称“扳机作用”(trigger)；还有心理学方面的因素的作用，如人格特征，过去的(特别是早期的)生活经验和当前的心理状态，既可构成心身疾病的发病基础，又可参与对心身疾病的激发作用。总之,这三方面的因素交织在一起,共同起着作用。

(一) 情绪的作用

社会文化因素对于人的心身健康所以能产生影响,主要是因为它作为一种信号刺激,能激发人们的某种情绪体验。当人们在社会生活中,与周围环境发生相互作用的时候,每时每刻都会从外界接受大量的信息,经过大脑的加工过程,对信息所代表的事物做出主观评价并采取相应的态度,这时就必然要产生相应的情绪体验和反应。我们已经知道,在情绪活动的同时将会伴随一系列复杂的体内生理、生化的变化,特别是植物神经系统功能改变。如果是良好的、积极的情绪状态,对个体的身心健康可有促进作用,能为人的神经系统机能增添新的力量,能充分发挥机体的潜能;但如果是不良的、消极的情绪活动,虽然这种情绪活动在短暂的时间内可以动员机体内部的潜能,激发机体对恶劣环境刺激的适应性反应,但总的来说则会对机体产生有害的作用;例如在威胁性的危险情境下,会产生焦虑和愤怒的情绪;造成肾上腺素和肾上腺皮质激素分泌的增加,因而使心率加快,血管收缩,血压升高,呼吸加深,胃肠蠕动减慢等。如果这种情绪反应是短暂的,情绪状态能很快恢复正常,体内的生理、生化变化也会随之复原,身体不会受到影响。反之,如果这种情绪反应受到压抑,得不到必要的疏泄,或持续时间过长,就会使人的整个心理状态失去平衡,受到影响的体内生理、生化变化不能恢复正常,结果就会造成神经系统活动尤其是植物神经功能的失调;持续下去还会导致身体器官的组织或机能的病变。各种心身疾病正是在这种情况下发生的。

以心血管系统为例,心理社会因素影响着人们的情绪,情绪变化又促使心血管疾病的发生。有人对一位60岁的患者进行投射心搏技术的研究发现,这位病人心脏收缩速率的剧增是伴随着他与其孩子们的冲突出现的。另一些实验观察也发现,甚至在并无真实事件出现的情况下,凡是能引起患者情绪波动的有关心理社会因素的谈话,如涉及工作中、婚姻上、家庭以及经济上的困难问题时,也都会引起患者心电图不同程度的改变。对一个心脏病病人来说,特别忌讳情绪活动的大起大落,因为情绪的应激可能引起突然的心律失常,进而导致纤颤发生,甚至突然死亡。心脏病病人由于严重的情绪的打击而突然死亡的病例是屡见不鲜的。恩格尔(Engel)对170例猝死资料的分析研究发现,猝死的诱因与情绪活动有关,其中不仅有由于悲伤或失败,也有由于得胜、亲友重聚、高兴过度而致死的。

关于心身疾病的心理生理学理论正是从以上的事实为基础确立起来的。沃尔夫等人经过三十多年的研究,认为有一类躯体疾病,情绪因素在其中起着主要的作用。这些疾病的主要症状往往局限在由植物神经系统的某一器官或系统内。他们采用精细的科学实验的设计,用数量来表示研究变量,强调有意识的心理因素对躯体生理过程的影响;并注意到中介机制的研究。沃尔夫曾对胃造瘘伴有胃黏膜疝的病人进行观察。发现情绪愉快时,黏膜分泌和充血增加,胃壁蠕动增强;悲伤、自责和沮丧时,黏膜苍白,分泌减少;焦虑时,黏膜充血,分泌增加,运动增强;攻击性情绪(怨恨、敌意等)时,黏膜分泌和血管充盈都大为增加,运动亦有增强。因此,他们认为,心身症状(又称心理生理障碍)正是伴随情绪状态的生理功能混乱的表现。在愤怒情绪状态下,血压升高本来是正常的生理过程,但如果这种愤怒受到压抑。长期不能发作出来,变成了慢性的愤怒,患者情绪上的紧张不能平息,血压也降不下来,从而就可导致高血压症;而如果这种慢性的情绪紧张通过植物神经系统而刺激胃肠的平滑肌活动和胃液分泌活动,则这个系统也会出现相应的生理障碍。沃尔夫还认为情绪对器官的影响不仅取决于心理社会因素,而且也取决于遗传倾向,即所谓易感性素质和人格特征等。在心理生理学理论确立之前,早在20世纪二三十年代,美国著名生理学家坎农(Cannon)就提出过情绪生理学说;巴甫洛夫学派也提出过皮层内脏相关学说,作为其高级神经活动生理学说的组成部分。30年代末,又有学者提出应激学说,即躯体的非特异性反应学说。心理生理学理论正是在前人的这些学说的基础上建立起来的。

(二) 心理动力的作用

人作为社会成员,他的各种心理和行为活动都必然要受到社会生活环境的制约。激励人们去行动的各种各样的动机,包括原始的生物性动机,如饥、渴和性的动机等;高级的社会性动机,如求知的动机、道德的动机和创造的动机等;以及与动机不可分割地联系着的行动所要达到的目标(即目的),都不可能无条件地得以实现和获得满足,相反,却要严格地受到当时社会历史条件的制约。人的任何欲望和动机,本身固然也是特定社会历史条件的产物,而任何欲望或动机的实现又只能在特定的社会文化规范(包括伦理道德规范和法律规范等)的约束下有限制地得以实现和满足。在人的一生中都要经历许许多多动机的矛盾冲突,由于动机的冲突常常牵动着巨大的也可能是持久的情绪体验。因此,它对人的身心健康也有着非常密切的关系。我们平常所说的思想斗争也是动机冲突的一种表现。在日常生活中动机的冲突或思想斗争是经常发生的,旧的矛盾斗争解决了,新的矛盾斗争又会出现。人的主观心理状态和精神生活,正是在这样不断的有意识和无意识的矛盾冲突和斗争中发展和复杂起来的。但是如果动机的冲突或思想斗争非常严重或不能得到解决,那就会形成严重的紧张状态,并产生大量的消极的不良的情绪体验。这时就会严重地损害人的心身健康,许多心身疾病确实就是在这种情绪状态下造成的。而且幼儿时期的动机冲突,还能影响到往后成年时期的精神生活或身心健康,这是所谓的早期生活经验的作用。

心理动力学者(即精神分析学家)大多从这个角度来解释心身疾病发生的机理。在研究心身疾病方面最早、最著名的是阿力克山大,她主张心身疾病的发生是由于心理矛盾冲突在幼儿期被压抑而在成年时被某些环境刺激因素再次激活起来的结果。阿力克山大认为个体在早年时期的攻击行为方式总是伴有某些可能变为心理症状的生理反应。例如她力图解释胃溃疡的发生就是由于个体把幼儿时对喂养的渴望和儿童期希望得到爱及依赖感情两者象征性地等同起来造成的结果。当人从幼童成长为成年人的时候,原已存在的儿童期的爱和依赖性的需要(动机)就同成年人对独立性和自信的需要(动机)发生冲突。当这些冲突在成年期重新唤起,它们就激活了原先与某种情感相联系的胃肠系统的分泌活动,结果造成胃酸过多,这就是消化性溃疡。这种假设有时称为阿力克山大"特殊情绪假说"。自从这种假说问世以后,人们就用它来解释许多的心身疾病。但是要从回顾性临床报告中找出可以同精神分析假说相一致的证据却并不容易;而且,这一假说尤其缺少对照的实验证据的支持。彼德斯等曾对一些具有高度暗示性、处于催眠状态的被试者做了一项研究,即让被试者模仿某种躯体症状,同时让被试者体验仇视、怨恨和孤立无援的心情。本来预计会出现某几种较典型的作为心身疾病的皮肤病。尽管被试者都训练得很好,并且重复了许多次,所预想的心身疾病却没有发生。因此心理动力学解释仍存在很多问题。

(三)学习因素的作用

人的行为是对一定的外界刺激情境的反应。这种反应往往是通过学习得来的。根据行为(学习)理论,认为人的行为包括外显的,即由随意神经系统支配的躯体的外部反应活动;也包括内隐的,即由不随意(即自主)神经系统支配的躯体内部反应,即各种内脏器官和腺体的反应活动。他们认为不仅是外显的行为可以通过学习得来,而且内隐的行为也能通过学习得来;同理,不仅是正常的行为能够通过学习获得,就是异常的行为(包括外显的和内隐的)也可以通过学习而获得。这里起关键作用的因素是强化或奖励。许多行为(学习)理论家也就试图用这种见解对心身疾病的发生和发展进行解释。这种观点的最积极的支持者是拉茨曼。他主张心身障碍是从对紧张刺激的生理反应(即内隐行为)中学习得来的。各种特殊的自主神经的反应都可以在不同强化的基础上习得,而当心身障碍一旦在强化的基础上发生以后,即使个体已经脱离了紧张刺激情境,但只要在类似的刺激情境下,这种障碍仍可发生或者持续下去。这种现象,拉茨曼称为自主反应学习。例如,由于出现了胃肠不适就被允许留在家里而不必去上学或上班,这样个体就受到了奖励(强化);而且在家庭环境里,个体可以受到特别的照顾、关怀和爱护,从而就增强了胃肠的反应(例如胃酸迅速分泌),并进一步导致胃肠疼痛,出现胃或十二指肠溃疡。这是自主神经反应(也即内隐行为)可以在学习过程中由于强化作用而被选择性地习得的例证。

还有一种现象称为恶性循环效应。拉茨曼认为,一种心身症状可以产生导致加强心身疾病本身的严重程度的内隐反应。例如对胃溃疡的焦虑情绪反应作为有害刺激可以造成包括胃酸分泌增多在内的一种内隐反应;这种反应强化了溃疡的条件,从而进一步使溃疡病情加重;病情加重又进一步使焦虑情绪反应加强起来;如此循环反复就使溃疡病情不断恶化。

(四) 行为类型与人格特征的作用

每一个人都有自己独特的行为类型和人格特点,这在人与人之间是千差万别的。但是其中又有共同的方面。它们对于人体疾病,尤其是心身疾病的发生、发展和病程的转归都有明显的影响。同样的致病因素作用于不同行为类型或人格特征的人,就可能出现非常不同的结果。国外有人把某些心身疾病和某种特殊的行为类型(或人格特征)联系起来。如表 10-2 所列。

表 10-2 人格特征与心身疾病

疾　病	人格特征
哮　喘	过分依赖,幼稚,希望被人照顾,对别人、对自己在情感上都是模棱两可的
结肠炎	听话,带有强迫性,抑郁,心情矛盾,吝啬
心脏病	忙碌,好胜,好争,急躁,善于把握环境
荨麻疹	渴望得到情感,有罪恶感,自我惩罚
高血压	好高骛远,愤怒被压抑,听话
偏头痛	追求尽善尽美,死板,好争,嫉妒
溃疡病	依赖,敌意被压抑,感情受挫,雄心勃勃,有魄力

美国医学家弗里德曼和罗森曼等人在研究心脏病时,把人的行为类型(人格特征)分为两种,即 A 型和 B 型:A 型的人急躁,没耐性,争强好胜,易激动,行动快,做事效率高,整天忙忙碌碌,常感时间不够。B 型的人刚好相反,悠闲自得,不好争强。结果,在食物、年龄、吸烟等因素相仿的情况下,A 型组的冠心病发病率明显高于 B 型组,而且容易复发;死亡率也大大高于 B 型组。

人的行为类型或人格特征,之所以能对人体疾病,尤其是心身疾病有明显的影响,是因为病人的人格特征既可作为许多疾病的发病基础,又能改变许多疾病的过程;甚至往往比引起该病的病源学性质更能决定疾病的表现。这也是因为病人常常是依其人格来体验疾病并建立对紧张应激的反应形式。所以,同样的疾病发生在不同行为类型或人格特征的人身上,病情表现,病程长短和转归的结果都可能非常不同。我们在研究各种心身疾病的病因,病程转归以及治疗、预防的时候,都不应忽视人格因素的作用。

四、常见的心身疾病举例

(一) 原发性高血压症

原发性高血压症是一种公认的心身疾病。它约占所有高血压症病人的 90%左右。

高血压病和冠心病一样是心血管疾病中的多发病。据流行病学调查,高血压症作为一种常见病,估计全世界成年人中约有 10%的人患有此症;美国为 17.5%,日本为

15.22%,新加坡为14.1%,在我国成年人中约为10%或多一些。一般情况是:发达国家高于发展中国家;城市高于农村;男性高于女性;脑力劳动者高于体力劳动者(但汽车司机也相当高);还有随年龄增长而增高的趋势。

由于高血压症发展到晚期常常并发脑溢血、脑栓塞、冠心病和肾功能衰竭等严重威胁生命的并发症,被认为是脑猝中和冠心病的危险因素,因此,高血压问题受到全世界的普遍重视。

造成血压升高的因素是多种多样的。据研究认为人的血压可以随着摄盐量、体位、姿势、运动、噪声、疼痛、情绪、吸烟、饮食、冷热、环境改变、谈话内容等因素的变化而变化。有人用携带式自动血压记录仪测试表明,无论是常人还是高血压患者,也无论是否服用降压药,夜间入睡以后,都可下降20%的血压。由此可见,引起高血压的原因是很复杂的,特别是原发性高血压症,究竟是什么原因造成?与哪些因素有关?目前还未搞清楚。现在一般认为,原发性高血压症的发生与下列的一些因素有较密切的关系。

1. 生物学因素

首先是遗传,已有不少的调查研究证明,原发性高血压症病人往往有家族史。有人调查认为:父母一方为高血压的患者,子女的发病率为25%左右;父母双方均为高血压的患者,子女发病率可高达40%。这是先天遗传因素带来的高血压素质的影响。其次是摄盐量,据我国心血管病流行病学调查发现,食盐摄入量过多的地区,高血压症的发病率也高。我国高血压病所以北方高于南方,而北京地区又特别地高,据认为都与此有关。但也有人提出不同的看法。第三是肥胖,有人研究认为,肥胖者的高血压症发生率是正常人的2~6倍。据观察体重每增加9 kg,舒张压就增加4 mmHg。但肥胖也并非必然的原因,因为许多的肥胖者并不罹患高血压症。

2. 心理社会因素

调查研究表明,人们在生活过程中所遭遇到的生活事件,以及不同的社会结构,不同的经济条件,不同的职业分工等对人的血压都会有明显的影响。例如,发达国家比发展中国家的发病率高,这是由于不同的社会结构造成;城市比农村高,是由于经济条件的差别造成;脑力劳动者比体力劳动者高,以及在工作上要求紧张度比较高的职业如汽车司机、飞机场调度员、消防队员等发病率也高,这是职业分工不同造成的;在失业和待业人员中高血压发病率特别地高。在美国黑人比白人发病率高;同样是黑人,生活在西方比生活在非洲本土的发病率明显地高,这些差别是由于社会经济地位不同造成的。

动物实验也表明,把一群棕鼠放在一个处于持续相互争斗和争夺食物的笼子里,即制造所谓紧张心理社群环境,这样使大多数棕鼠发生高血压病。还有这样的实验,把一只猫放在一个特别的笼子里,里面有一个压杆,每当猫压一下杆就可得到喜爱的食物,但同时又受一次电击。猫每一次都只好提心吊胆地压杆,又想得到食物,但又怕电击,始终处在矛盾紧张的心理状态下,常常是干瞪眼不敢压杆,时间一长,就发生高血压症。

情绪变化对于血压的影响是特别明显的,长时间的紧张情绪往往是造成血压持续升高的直接原因。例如焦虑、紧张、恐惧、愤怒、抑郁等都能导致血压升高;而与高血压症关系最密切的是焦虑、愤怒和敌意等情绪状态。据研究,焦虑、恐惧时由于心输出量增加,血压升高以收缩压为主;愤怒和敌意时由于外周动脉阻力增加,以舒张压升高为主。进一步的研究发现焦虑和愤怒情绪如果能发泄出来,血内去甲肾上腺素的浓度升高;焦虑和愤怒情绪如果被压抑,则血内肾上腺素浓度增高;如果愤怒和敌意情绪被压抑,则血内肾上腺素和去甲肾上腺素水平都要升高。故被压抑的愤怒和敌意情绪被认为可能是引起原发性高血压症的重要心理因素。

除了情绪的影响以外,原发性高血压症与性格特征也有很大的关系。20 世纪 60 年代初期,心理学家对高血压症的发生、发展进行了研究,提出高血压症病人大多有容易焦虑,易于激动,行为带有冲动性,求全责备,刻板主观等性格特点。现在西方医学心理学的研究则认为原发性高血压症病人具有与冠心病病人类似的性格特点,如有雄心,好高骛远,好活动,有竞争心,为取得工作成就而常常感到压力等。还有人认为这种病人容易暴露自己的思想和情绪,过分地耿直而又较为固执保守,多疑敏感、自卑胆小,常有不安全感,等等。

从以上的各种因素来看,原发性高血压症的形成原因是很复杂的。因此,应从综合的角度,即遵循生物-心理-社会模式来进行分析。概括起来,可以说原发性高血压症是在遗传上具有高血压素质的人身上,由于独特的人格特征,使他在生活过程中容易受社会紧张刺激的影响而引起较大的情绪变化,并通过交感神经系统为中介引发了反复的血压升高反应,从而导致了高血压症。总之,心理-社会因素在原发性高血压症的发生、发展上有着重要的作用。

(二) 糖尿病

糖尿病是一种常见的内分泌-代谢疾病。基本病理生理改变是由于胰岛素绝对或相对不足,引起糖、脂肪、蛋白质和继发维生素、水、电解质代谢紊乱。早期无症状,发展到症状期,在临床上可出现多尿、多饮、多食、疲乏、消瘦等症状群。严重时可发生酮体中毒。

糖尿病的病因尚未阐明,一般被看作是一组多因性疾病,胰岛素分泌绝对或相对不足以及胰升血糖素不适当地分沁过多是本病的基本发病原理。

糖尿病作为一种多因性疾病,其发病原因相当复杂,既有非常明显的生物学原因,同时又有十分突出的心理社会原因。在生物学原因方面,例如与遗传因素就有密切的关系,这已为许多家族史和双生子的调查研究资料所证实。弗洛斯(Froesch, 1971)发现,同卵双生子糖尿病的同病率可达 70%;在 40 岁以下的糖尿病人双亲,其子女的发病率可达 50%。但也有认为这样的人为数并不多,据布鲁姆(Bloom, 1976)报道,在 10 名糖尿病儿童中,只有一人与糖尿病患者有亲属关系。看来,遗传因素对糖尿病发病中的作用还有待进一步研究。

然而，除了遗传、肥胖、胰腺损伤和衰老等生物因素以外，心理社会因素是不容忽视的。心理应激、情绪紧张能否使一个正常人发生糖尿病，还不能确定；但心理社会因素，如生活与工作中的重大变化，心理冲突和挫折情境能使已患糖尿病的人病情加重。1974年就有人调查，生活的变动和糖尿病的加重之间存在一定关系，而令人不愉快的事件是主要原因。有糖尿病易感素质的人，应激因素可促使其发病。轻型糖尿病患者，可因心理应激状态，而引起血糖大幅度波动、升高，并促使体内酮体的出现和增高。

心理应激状态能使正常人出现和糖尿病人相类似的某些表现。如多尿、血糖升高、尿中含糖增高；出现类似糖尿病样的葡萄糖耐量曲线，甚至能使血中和尿中的酮体增加。但与糖尿病患者不同，正常人在消除心理应激以后，很快就恢复正常，而糖尿病人却很难做到。研究表明，有少数人（原为正常人）不能恢复到的正常，后来证明是属于糖尿病早期。他们已有易患糖尿病的趋向，心理应激状态起到了诱发作用，使症状明显起来。也就是说，对于有糖尿病易感素质的人，对心理应激的反应，就导致已经脆弱的胰腺细胞衰竭，造成持久性的胰岛素缺乏，从而发生糖尿病。有人推测，在心理应激和情境激动状态下出现的高血糖是有目的的代谢警戒反应，是要对大脑和末稍神经保持充分的燃料供应。但正是这种情况下，具有糖尿病易感素质的人或糖尿病早期的人就会诱发糖尿病。

由于糖尿病的发病原因相当复杂，病情变化多端，病程十分持久，多数病人一经出现则持续终生，而且有较多的并发病。因此，糖尿病的治疗也是一个复杂的过程。除了必要的药物治疗和饮食治疗外，心理治疗也是一种重要的治疗手段。

对糖尿病人的心理治疗，首先要考虑如何改善病人的情绪状态，消除由于疾病所造成的消极情绪反应。糖尿病人由于病程的长期迁延，病情的反复波动，时刻担心有可能出现的比糖尿病本身还要严重的其他并发病，这使糖尿病人十分焦虑、恐惧、沮丧、忧郁和痛苦，忍受着沉重的心理压力。疾病使病人经常陷入这种难以自拔的消极情绪状态中。而反过来，这种消极情绪状态，又往往成为病情反复和持续恶化的根源。这是一个可怕的恶性循环。因此，医生可通过解释、说理、疏导、安慰和心理支持等帮助病人消除各种消极的情绪反应，确立积极的情绪状态，以便打破这个恶性循环，增强战胜疾病的信心。其次，要通过心理治疗措施，增进病人对糖尿病基本知识的深入了解；帮助病人建立密切与医生配合和遵从医嘱的良好行为；确立“持久战”的心理态势，提高病人对糖尿病的复杂治疗措施的认识和技能的掌握，做到有规律地服药、饮食科学化，合理安排生活和体力活动，学会注射胰岛素和糖尿测定技术，必要时可配合代币制疗法（一种行为疗法），对病人的每一个进步或有恒心的行为表现都给予奖励。有人认为，让病人每天记病情和治疗日记，包括每日饮食、用药、尿糖测定、活动、生活事件和心情变化等详细情况，一方面通过对行为的自我监测，有助于提高病人的遵从医嘱的行为；另一方面，还可以让病人自己掌握自己病情变化的规律，增强其治病的主动性和积极性，成为战胜疾病的主人。

此外，由于糖尿病的病情容易反复，并可产生较多比糖尿病本身更严重的并发症，如眼睛失明、心功能障碍、严重感染、肾脏病变、神经病变等。病人很容易产生严重的思想负担，甚至产生精神障碍。这时对病人的心理治疗十分重要。一方面要在并发症发生之前就采用适当医疗措施，以防止其发生。另一方面，通过心理治疗，使病人有充分的心理准备，一旦发生并发症，也不会受不良心理和情绪的影响，使病情加重。

（三）消化性溃疡

消化性溃疡是胃壁或十二指肠呈现局部性的溃烂性病灶，这些病灶的出现由于消化液（盐酸，胃蛋白酶等）造成的。消化液的正常功能是对食物起分解作用，但在病人身上却起了侵蚀和损害胃及十二指肠内壁的作用。大多数消化性溃疡都是消化液分泌过多的结果；当然胃组织缺乏保护性的化学过程，也起一定的作用。溃疡病的重要症状表现是进食后几个小时或空腹时胃部持续疼痛。

紧张情绪刺激被认为是造成消化性溃疡的重要原因。有人用动物进行研究，把一群大白鼠或猴子放进一个笼子里，制造一个互相倾轧的环境，同时让它们忍受无法逃避的电击，或者让它们不能停下来休息，结果动物往往都发生溃疡病。

在日常生活中，人们都会体验到，当情绪愉快、心情舒畅时，即使是清茶淡饭，也吃得香甜；但在沮丧、悲痛或愤慨情绪状态下，即使佳肴美酒，也会感到食而乏味。这是情绪对胃肠消化功能的影响。因此有人认为，溃疡病的发生，是由于人在长期的不良的情绪激动状态下，通过内分泌的中介作用，使胃液分泌持续升高，造成充血的胃黏膜脆性增加，从而发生胃及十二指肠内壁的糜烂病灶。中医很早就注意到情绪因素对胃部疾病有很大的影响，《医学正传》中说："胃脘当心而痛……由痰涎食积郁于中，七情九气触于内之所致。"名医张景岳也说："心脾者，最多心腹痛症，然必积劳积损及忧思不遂者，乃有此痛。"

此外，还有人发现，消化性溃疡病病人的人格特征一般表现为不好交往，行为上总是因循守旧，被动，顺从，依赖性强，缺乏创造性，情绪不稳定，而且过分关注自己。

消化性溃疡与遗传因素也很有关系。塞伦（Sellon, 1970）发现，十二指肠溃疡病病人的父母及同胞兄弟姐妹中，溃疡的发病率比一般人高2～4倍。还有人研究发现，新生儿的胃蛋白酶水平在量上有明显的差别，分泌量多的婴儿，成年后往往患有溃疡病。这个发现说明，某些人由于先天性的消化液分泌过多，造成了比别人更易罹患消化性溃疡病的后果。

大量的研究结果表明，导致溃疡病的原因是多方面的。刺激性的饮食，遗传素质，焦虑情绪以及其他因素的综合作用，造成了消化性溃疡。在治疗方面，通常是以医学治疗为主。也就是说，医生需要劝告病人在饮食规律上应少量多餐；不要喝酒，不要吃油腻的和对胃有刺激性的食物等；还要给病人服药以纠正胃的酸度。此外，还应加上一些心理治疗措施，如解释开导性治疗或生物反馈疗法等。

(四) 哮喘

支气管哮喘是一种呼吸系统的疾病,主要表现为肺呼吸道黏膜肿胀、痉挛变窄而引起的呼吸困难。在不发作时,多数病人呼吸正常。发作时通常比较急,先是感到胸部发憋,随后出现咳嗽和喘息,持续时间短则几分钟,长则可达数天。症状可轻可重,严重时,病人可以表现为呼吸困难,以致需要急诊治疗。支气管哮喘有两种主要类型:一种是外源性的,可以找到某些使人过敏(即引起变态反应)的物质,称为过敏源,如花粉、灰尘、动物的气味、食物的化学成分等,既由于这些物质可以诱发哮喘发作。另一种是内因性的,可能是由于呼吸系统感染,如感冒或气管炎造成,也可能是由于情绪因素所致。

引起哮喘发作的因素有时是很复杂的,到底是过敏源的作用还是情绪因素的作用或是其他心理因素的作用,并不容易分辨清楚。例如有一位病人由玫瑰花粉引起了哮喘发作,后来只要一靠近与玫瑰一样颜色的假玫瑰花就可诱发哮喘发作。有的具有明显过敏性或感染性基础的哮喘病人,在强烈的情绪波动或其他心理刺激时都能引起发作。还有的病人,引起哮喘发作的刺激因素还可以扩大或发生改变,原来的那些诱发因素已经不起作用了,却又出现新的诱发因素。

支气管哮喘常发病于童年时期,因此,有人认为这可能与家庭关系特别是母子关系有关。妈妈对孩子过分关心和溺爱,或者过于约束,造成了孩子过分依赖的性格特征,并可能由于操作条件反射作用使孩子对于某种过敏源产生变态反应,从而导致了哮喘病。有人观察发现,患有哮喘的孩子,只要离开家庭,脱离了母亲,哮喘症状几乎都有所好转。当然这也可能是和脱离了家庭里所存在的过敏源或其他刺激因素有关。但可以肯定心理因素在其中起着重要的作用。

关于哮喘病与人格特征的关系,有人研究认为这种病人的人格一般表现为具有较大的依赖性,总是希望得到别人的关照,容易产生焦虑情绪,具有较强的受暗示性等。但也有人研究认为并没有发现哮喘病人有什么特殊的人格特征。因为各种各样的人格和家庭背景的人,都有可能患哮喘病。

对支气管哮喘的治疗,在发作时可用肾上腺素或其他药物进行治疗;以便改善其呼吸和预防发作。在平时则要避免与过敏源接触,防止呼吸道的感染。由于心理因素特别是情绪刺激对哮喘发作有较明显的作用。对哮喘病人进行心理治疗有一定效果。有人用行为疗法,如系统脱敏法,可以有助于病人减轻发作。还有人用放松训练治疗,让病人想像诱发哮喘发作的因素,同时学会做出松弛而平稳的反应,结果也可以减轻发作或减少用药。

11

神 经 症

神经症(neurosis)是对一组精神障碍的总称,主要表现为焦虑、烦恼、抑郁、恐怖、强迫、疑病症状或各种躯体不适感,患者深感痛苦且妨碍心理功能或社会功能,但没有任何可证实的器质性病理基础。病程大多持续迁延或呈发作性。病程不足3个月或仅有一次短暂发作者称为神经症性反应(neurotic reaction)。神经症具有以下几个特征:

- 神经症的发病通常与不良的社会心理因素有关,不健康的素质和人格特性常构成发病的基础。
- 症状复杂多样,其典型体验是患者感到不能控制他自认为应该加以控制的心理活动,如焦虑、持续的紧张心情、恐惧、缠人的烦恼、自认毫无意义的胡思乱想、强迫观念等。患者虽有多种躯体的自觉不适感,但临床检查未能发现器质性病变。
- 患者一般能适应社会,其行为一般保持在社会规范容许的范围内,可以为他人理解和接受,但其症状妨碍了患者的心理功能或社会功能。
- 患者对存在的症状感到痛苦和无能为力,常迫切要求治疗,自知力完整或基本完整。

神经症的概念经历了一个较长的演变过程。1769年苏格兰医生库尔兰(Cullen)在其出版的《疾病分类系统》一书首次提出这一术语,泛指神经系统病变,包括各种器质性疾病和精神障碍。随后,法国精神病医生比奈尔(Pinel)把神经症分为功能性和躯体性两类,或两者兼而有之。在19世纪,随着显微镜、切片和染色等技术的发展以及临床神经病学的进步,凡是发现有神经病理形态学改变的疾病都陆续从神经症中分离了出去。到19世纪后期,弗洛伊德提出了神经症源于内部心理冲突的观点。神经症被公认为没有神经病理形态学改变的一类神经功能性疾病。至20世纪初,神经症的概念已在西方世界广为流传,并传入我国。由于受苏联医学思想的影响,20世纪50年代至80年代初我国一直把neurosis误译为神经官能症,1984年中华医学会神经精神科分会制定的分类系统正式定名为神经症。1980年DSM-Ⅲ中则取消了神经症这一类型,代之以焦虑障碍、躯体形式障碍、分离性障碍三组。在ICD-10中,将神经症改为神经症性障碍,并与应激相关的及躯体形式的障碍放在同一个大类。2001年出版的CCMD-3,对神经症的分类也作了不少改动,"抑郁性神经症"归入情感性精神障碍类型,"癔症"被单独列了出来与神经症并列(归入癔症、应激相关障碍、神经症一大类),增加了“躯体形式障碍”类型(疑病症归入此类型)。

根据CCMD-3,神经症包括了以下几种类型:恐怖症、焦虑症、强迫症、躯体形式障碍、神经衰弱和其他神经症。

一、恐 怖 症

恐怖症(phobia)是指接触到特定事物或处境时具有的强烈的恐惧情绪,患者采取回避行为,并有焦虑症状和植物性神经功能障碍的一类心理障碍。患者所害怕的物体或处境是外在的(患者身体以外的),尽管当时并无真正危险,但患者仍然极力回避所害怕的物体或处境。患者知道自己的害怕是过分的或不应该或不合理的,但这种认知并不能阻止恐怖发作。

恐惧作为一种情绪体验,即对某种事物或情境产生焦虑和害怕,从种系发展来看,对于保存个体有重要意义。因为这能使有机体避免接触某些对个体有危害的事物或情境。一个完全没有恐惧情绪和无所畏惧的人,可能要比别人更多地处于危险的境地。所以,有恐惧情绪并不都是不好的。但如果这种恐惧情绪影响到一个人的行为和社会适应能力,那就成为一种病态了。

可以引起恐惧的物体或情境非常多,多年来人们对恐惧的对象一一给予命名,近来多数专家建议将形形色色的恐怖症简化为最近诊断标准(ICD-10、DSM-Ⅳ、CCMD-3)里的三种类型——广场恐怖症、社交恐怖症和特殊恐怖症。恐怖症在人群中非常常见,是仅次于抑郁症、酒精依赖,位于第三位的精神障碍。

1978年以前,我国未将恐怖症列为独立的类别,故调查所得患病率极低。全国12个地区流行学调查其患病率为0.059%。近年由于本症的概念逐渐被接受,诊断为本症者越来越多。在心理咨询服务中,本症患者的比例相当高。

(一) 致病因素

1. 生物学因素

在生物学方面,目前研究较多的是5-HT系统和去甲肾上腺素系统。有人推论,恐怖症患者可能存在突触后5-HT受体超敏现象。另有研究发现,社交恐怖症患者脑脊液中去甲肾上腺素水平高于惊恐障碍患者及正常对照组。但目前尚无肯定的结论。

遗传因素在恐怖症中的作用日益受到重视。研究发现恐怖症患者往往有家族史。

2. 心理社会因素

(1) 心理分析理论:认为恐惧是对抗焦虑的一种防御反应,而焦虑的产生根源在于无意识的本我冲动。由于人们害怕为这种无意识的本能冲动所支配,焦虑就为某些外在对象替代。替代的好处是明显的,因为他因此而感到能够更好地保护自己。

弗洛伊德在1909年曾报告一个例子,即小汉斯对马的过分恐惧表现,认为其恐怖症始于过去的经历。当时汉斯和他的母亲同乘马车,拉车的马中有一匹跌倒并受了伤。按照弗洛伊德的说法,这个例子的恐怖症涉及两个因素。一是,存在大量堆积起来的与恋母幻想有关的焦虑,他唯恐自己的父亲会发现他对母亲的乱伦想法而惩罚他,甚至阉割他;第二,必须发生一个意外事件,这个事件会成为一个象征,使这些恐惧固定下来。在这个病例中,促使发病的是那个受伤的动物,为了使它再起来拉车而打它、刺它。汉斯马上变得害怕了,并产生了对马的恐怖症。弗洛伊德认为汉斯无意识选择马的原因是由于他把马与父亲联系在了一起。虽然心理动力学理论可以解释一部分病例,但无法对所有的恐怖症做出合理的解释。

(2) 行为理论:有一个基本假设,即所有的行为都可以通过学习而获得。恐惧反应可以通过条件反射而建立,这可以追溯到美国心理学家华生和赖恩的一个著名的条件反射实验,即一个本来喜欢动物的11个月男孩小阿尔伯特对白鼠产生恐惧的反应。其做法是每当这个男孩伸手要去玩弄白鼠时,实验者就在他背后猛击铁棒弄出响声,响声引起小孩的恐惧反应。多次重复以后,小孩看到小白鼠就哭闹、恐惧不安,甚至没有响声时也是这样。而且他的恐惧还泛化到有毛的动物,如兔子、狗以及有毛的玩具等。这样一种不适当的恐惧反应终于在人身上形成了。临床上一些例子也支持了有关的解释,如某次交通事故后患上开车恐怖症,爬梯子摔了下来以后患上了登梯恐怖症,"一朝被蛇咬,十年怕井绳"说的也是同样的道理。

(3) 认知理论:认为恐怖症的患者总是高估所害怕情境和事物的危险性,过分担心某一消极事物将会发生。这一原理能对社交恐怖症做出很好的解释。

社交恐怖患者的社交行为在客观上完全可以是恰当的,但他们往往做出不恰当的评价,如"别人会讨厌我说的话"、"我总是说不好",等等。在社交过程中,患者的自我贬低起着重要作用。不少患者本来就是缺乏自信和倾向于自卑的人。还有一些患者对自己要求过高,希望以自己超群的口才和举止得到所有人的称赞和喜欢,这就不可避免反复造成自我挫败,终于见人就紧张害怕。另一些作者,如麦克福尔和菲迪切蒂(Mcfall, 1975)(Fidchetti et al., 1977),则认为缺乏社交技巧或不合适的行为是社交恐怖的原因。缺乏社交技巧给别人造成不好的印象,引起别人不好的反应,导致尴尬的处境,同时,本人觉察到了自己的社交笨拙也容易造成紧张害怕。为更多的人所能接受的观点,是把社交技巧和自我评价结合起来,强调认知和行为的相互作用(许又新,1993)。

人格特性也决定一个人的动机。如果一个人倾向于控制别人对他的印象,或者特别爱面子,有完美主义倾向,那么这种人就容易患社交恐怖症。

(二) 临床表现

1. 广场恐怖症

广场恐怖症(agoraphobia)又称场所恐怖症,它最初用来描述对聚会的场所感到恐惧的综合征，目前已不限于广场。它不仅包括害怕开放的空间或害怕离家(或独自在家)，也包括害怕置身于人群拥挤场合以及难以逃回安全处所(多为家)的其他地方如商店、剧院、车厢或机舱等。其临床表现有三个特点：

- 恐惧症状。患者担心在公共场所中昏倒而无亲友救助，或失去自控又无法迅速离开。这种恐惧是对即将发生危险的一种预期，预感到自己或所爱的人将发生可怕的后果，且伴有植物性神经功能激活的表现，很多病人在焦虑程度严重时出现惊恐发作。
- 恐惧均在特定情境中发生。多数场合是拥挤人群、封闭场所、难以立即逃到安全地方等情境。
- 回避行为。即立即从恐怖情境中逃走或回避恐怖情境是广场恐怖症的一个重要特征。

2. 社交恐怖症

社交恐怖症(social phobia)主要表现为对一种或多种人际处境持久的强烈恐惧和回避行为。恐惧的对象可以是某个人或某些人，也可以相当泛化，包括除了某些特别熟悉的亲友之外所有的人。具体可表现为：恐惧被别人注视，恐惧自己会做出丢脸的言谈举止或表情尴尬；或者怕自己在别人面前张口结舌，怕吃饭时由于有人注视而丑态百出，在公共厕所里怕因恐惧而解不出小便；或者，由于旁边有人而恐惧得手发抖以致无法写字；害怕在公共场所呕吐，等等。由于害怕，他们拒绝参加各类聚会，也可能回避所有公众场合如餐厅、剧场和公共车辆等。在极端的情况下，可引起完全的社会隔离。除焦虑外，还有面红、心慌、震颤、出汗、恶心、尿急等症状。

患者多数有自卑感和害怕别人评论自己。虽然也可见到抑郁、强迫症状，但不如广场恐怖症时多见。本症与广场恐怖症的不同在于，患者的先占观念是害怕别人给予不好的评价和自己感到发窘，从而行为上表现出避开与他人的接触和交谈，而不是害怕无法离开。

3. 特殊恐怖症

特殊恐怖症(specific phobia)又称简单恐怖症，是指对存在或预期的某种特殊物体或情境而出现的不合理恐惧。最常见的恐惧对象有：某些动物(如狗、猫、蛇、老鼠)、昆虫(如蜜蜂、蜘蛛)、登高、雷电、黑暗、坐飞机、外伤或出血、锐器以及特定的疾病(如放射性疾病、性病、艾滋病)，等等。

特殊恐怖症以儿童常见。成人特殊恐怖症中动物恐怖通常起于儿童期，登高、幽暗、雷雨等恐怖则起于青年或中年。病人在接触特殊的恐怖对象和场合时感到焦虑，甚至出现惊恐发作，可伴有某些植物性神经症状如心跳加快、出汗、头晕等。病人通常有回避恐怖情境的习惯，导致功能残缺的程度取决于患者回避恐怖情境的难易程度。如狗在人们的生活比较常见，对狗恐惧者的社会功能影响就较大；而对一位患有蛇恐怖症的城市居民来说，其所受的影响就很小，只要避免去动物园就可以了。

(三) 恐怖症的治疗

对恐怖症的治疗,一般采取以心理治疗为主,以适当药物治疗为辅的治疗方法。

1. 心理治疗

在恐怖症的治疗中,被研究得最彻底、同时又是最有效的治疗方法要数行为治疗。目前最常用的为系统脱敏法或暴露疗法(exposure therapy),该技术对治疗具体的恐怖症十分有效,但是对复杂的恐怖症,如广场恐怖,效果并不理想。此法让患者循序渐进地暴露于引起焦虑、恐惧的刺激,使患者对恐怖性刺激的敏感性逐渐降低。用系统脱敏法成功治疗恐怖症的关键是对恐怖症全面而精确的评定,确定害怕的等级系统。为了使治疗更好地发挥作用,也为了使患者看清楚自己的进步,要求患者对每次暴露做记录。常见的问题是患者一次跨的步子太大,反而造成挫败感。记录有利于治疗者及时发现问题,并帮助解决问题。行为治疗的另一技术是满灌疗法(flooding therapy)。研究表明,该技术不仅对治疗具体的恐怖症有效,而且对诸如广场恐怖症之类复杂的恐怖症也有明显的疗效(张雨新,1989)。

在国内,"认识领悟疗法"也常用于恐怖症的治疗。其方法是引导患者对过去经历中已经被遗忘了的精神创伤体验引入到意识或理智中来加以领悟,即以成人的态度重新认识这些体验,从而使恐怖症状得以减轻或消除。

对于社交恐怖症而言,目前最常用的是认知-行为治疗,如暴露技术、社交技巧训练、满灌法、松弛训练、认知重构(cognitive restructuring)。研究认为,认知-行为治疗的联合使用,不仅是近期疗效还是远期疗效都要优于单独的行为疗法(曹中昌等,1995)。

2. 药物治疗

对恐怖症而言,药物治疗从整体上说是辅助治疗。其作用往往是缓解患者的焦虑情绪或伴随的抑郁情绪。

对于社交恐怖症而言,目前疗效肯定的是苯乙肼、反苯环丙胺和吗氯贝胺。β受体阻断剂如心得安能有效地减轻"怯场"患者(考试、讲演和演员登台时的紧张)在害怕的处境下的躯体反应,从而改善患者的操作和减轻患者的焦虑体验。此外,选择性5-HT再摄取抑制剂(如帕罗西丁、百忧解、舍曲林等),也常用于社交恐怖症患者。对其他恐怖症而言,使用较多的是抗焦虑药和抗抑郁药。抗焦虑药能减轻患者的境遇性焦虑状态,使行为治疗容易进行,但其本身不能淡化恐惧的条件联系。

二、惊恐障碍

惊恐障碍(panic disorder)简称惊恐症,是以反复出现的惊恐发作为原发的和主要临床特征,并伴有持续地担心再次发作或发生严重后果的一种急性焦虑障碍。作为继发症状的惊恐发作可见于多种不同的精神障碍,如恐怖性神经症、抑郁症、酒精中毒、人格障碍等。

1895年弗洛伊德首次将以焦虑症状为主要表现的病症从神经衰弱中独立出来，并命名为焦虑性神经症。20世纪60年代以后人们逐渐观察到自发的惊恐障碍和慢性焦虑状态在发病机制和治疗等方面都有显著不同。于是焦虑性神经症被分为惊恐障碍和广泛性焦虑障碍两种类型。在DSM-Ⅲ（1980）及以后的分类版本中，惊恐障碍和广泛性焦虑障碍正式作为两类独立疾病，并列归入焦虑障碍一大类别。

据估计，惊恐障碍的终生患病率大约为2%～4%。美国20世纪80年代对成人的一项大规模的流行病学调查表明，惊恐障碍的终生患病率大约为1.5%，惊恐发作的终生患病率为3.6%，而有9%～10%的人经历过一次惊恐发作。90年代的另一项调查表明美国人群中的终生患病率为3.5%，其中男女比率为2∶5(Kessler, et al., 1994)。在我国缺乏相应的调查资料。惊恐障碍大多在成年早期发病，年龄范围为15～40岁，平均发病年龄是25岁。不过，此病在各个年龄段均可发生。其发生与社会经济状况无关。

（一）致病因素

1. 生物学因素

20世纪60年代克雷恩（D. Klein）用一种三环类抗抑郁剂——丙咪嗪——治疗本症患者能有效地控制惊恐发作，并提出生物化学物质紊乱导致惊恐发作的假说（Klein, 1981）。自此，惊恐障碍的病因学中生物学的因素越来越受到重视。研究发现，向惊恐障碍患者灌注乳酸钠可使70%的患者发作，而给正常人灌注仅可使5%的人产生惊恐发作。有研究认为与过度换气有关，换气过度可激活自主神经系统，导致出现类似惊恐发作的表现，例如眩晕、胸闷等。在实验室研究发现，空气中CO_2的浓度升高可导致惊恐发作（Gorman, et al., 1988; Klein, 1993）。

在神经生物学方面，雷蒙德（Redmond, 1985）电刺激猴子的蓝斑区导致惊恐发作，惊恐障碍患者服用一种称育亨宾（Yohimbine）的药物（有激活蓝斑活性的作用）发生惊恐发作的比例大大高于正常人群（Charney, et al., 1987），以及三环类抗抑郁剂和单胺氧化酶抑制剂可用于治疗惊恐障碍，提示脑干蓝斑区神经递质去甲肾上腺素活性的异常可能与惊恐发作有关。戈尔芒（Gormand, et al., 1989）研究发现，边缘系统与惊恐障碍患者的期待性焦虑的产生有关，而额叶前部可能与恐怖性回避反应有关。

在遗传方面，有强烈的证据显示，此症具有遗传学基础。据调查资料显示患者的一级亲属中有约15%～17%受累。同卵双生子的同病率为80%～90%，而异卵双生子的同病率仅有10%～15%。然而，一些研究提示遗传因素的作用是有限的。

2. 心理社会因素

心理分析理论认为，个体都有一些容易引起焦虑的冲动，同时也有对抗这些冲动的防御机制，当防御不成功时，就会出现惊恐发作。此时，以往轻微的焦虑情绪就有可能转化为突发而强烈的惊恐感，而且伴发丰富的躯体症状。此外，患者在童年期有较高水平的分离焦虑，或者经历过惊吓、虐待和创伤，也可能与成年后发生惊恐障碍有关。

行为学派中较早对惊恐障碍的发生做出解释的是“对恐惧的恐惧”(fear of fear)的观点(Goldstein & Chambless, 1978)。这一学说认为，当人们接近发生过惊恐发作的情境或与之相似的情境时，就会担心焦虑再次出现，而害怕接近可能发生惊恐发作的情境，就将发展成广场恐怖症的回避症状。与之相关的观点，豪特(Hout, 1988)则认为惊恐障碍与内感恐惧(interoceptive fears)有关，他认为与惊恐发作相关联的各种躯体内部感受经过内感条件作用，可以获得激发惊恐发作的能力。如在一次完全的惊恐发作开始之时出现的心悸，可以成为以后惊恐发作的预警，这样“心悸”就获得了激发惊恐发作的能力。即“心悸”与惊恐发作之间建立了条件反射。

在以上行为主义观点的基础上，贝克等学者提出了惊恐发作的认知模型。这一模型的要点是惊恐障碍的患者对自己的躯体感受过度敏感，并易于对这些感受做出灾难化的解释和评价。例如，患者出现心跳加快时，就可能草率地下出结论——“我得了心脏病”。这种灾难化的想法，可导致更多的焦虑性躯体症状，而这些躯体症状又可激发更可怕的想法，从而形成一种恶性循环，并最终出现惊恐发作(如图 11-1 所示)。

(二) 临床表现

惊恐发作，指的是极度焦虑状态的突然出现，并通常伴有一些躯体症状和灾难临头的想法。它往往是在兴奋、体力劳累、性活动或者中度情感创伤之后发生，但第一次发作却常常是自发产生，没有明显诱因。临床问诊时要弄清与患者的发作有关的习惯或特殊情境。与惊恐发作有关的活动包括饮用咖啡、抽烟、饮酒、反常的进食或睡眠方式，一些特殊的环境刺激(如工作场所的闪光灯等刺激)。

惊恐发作常突然产生，在 10 分钟左右症状达到高峰。其最主要的精神症状是极度的恐惧，好像即将死去或失去理智，且患者不知道自己恐惧的来由。同时伴有许多急性发作的躯体症状，如突然感到心悸，好像心脏要从口腔里跳出来；胸闷、呼吸困难，好像透不过气来，即将窒息；面部潮红或苍白、步态不稳、震颤、出汗、恶心等植物神经过度兴奋症状。由于发作时过度换气，有可能引起呼吸性碱中毒，从而出现其他与之相关的症状如头晕、眩晕、刺痛等。发作通常持续 20～30 分钟，极少有超过 1 小时者。如在发作时进行精神检查发现，患者往往注意力不能集中、说话唠叨、言语困难或记忆力受损。发作时还会有抑郁以及人格解体症状。

患者的惊恐发作的频度和严重程度会有所波动。通常的频度是每周 1～2 次，但也有每日数次或每年 1～2 次者。摄入咖啡因过多会加重症状。长期随访发现，大约 50%患者完全缓解，约 20%基本无变化。病前功能状况良好，症状持续时间短暂者，大多预后较好。

专栏

惊恐发作过程

任何危险被知觉，都可能导致一种害怕和担忧，并伴随着各种躯体感受。根据惊恐障碍的认知模型，如果一个人对自己的躯体感受做出灾难化的解释和评价时，将提高被知觉的危险水平，促使更强烈的担忧和害怕，以及相应的躯体症状，从而激发更可怕的想法。这一恶性循环过程就将最终导致惊恐发作。（图 11-1）

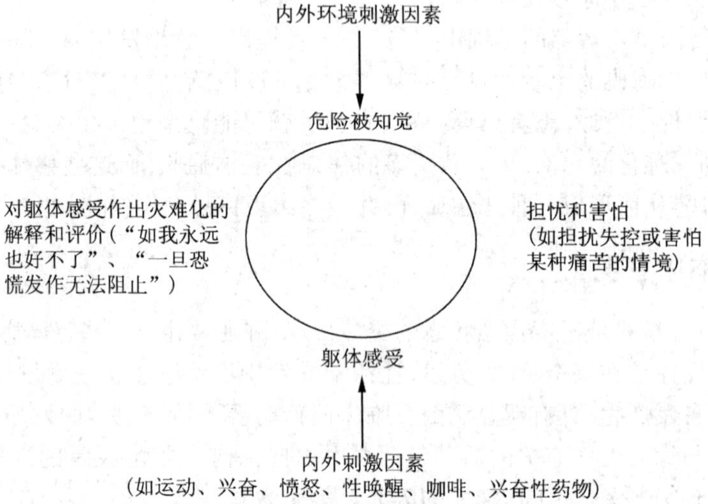

图 11-1　惊恐发作的循环过程

专栏

一个惊恐发作案例

我永远忘不了第一次惊恐发作——一种快要死的感觉！那天，我正忙于一个繁重的任务。为了使自己兴奋些，喝了不少咖啡，而顾不上吃晚饭，一直干到很晚。那天晚上，我还必须准时赶到朋友家。然而，在去她家的路上，不时地出现塞车，坐在出租车上的我逐渐紧张起来，遂感到有些发热和头晕，呼吸也感到困难。下车付费时，基本还能挺住。可是在她家里时，我几乎失去了控制。当时我全身冒汗，胸闷不适，心慌。我想肯定是心脏病发作了,就赶快去了医院。到医院的时候,我的感觉好了许多,但感到浑身无力,医生检查没有发现问题,心电图也正常。医生说我可能是白天工作太紧张引起的。医生的话消除了我的顾虑。可这仅维持了一二天,以后又反复多次发作。尽管我告诉自己这不是心脏病发作,也不会造成伤害,可仍然对所经历的情景感到恐惧,变得不敢坐车了。

(三)惊恐障碍的治疗

1. 心理治疗

由于人们缺乏对本病的认识,大多数患者往往把自己的症状当作躯体疾病来看待。因此向患者解释本病就显得尤为重要,这一方面的工作主要有下面几点:

- 指出惊恐障碍是一种心理疾病,不是器质性的病变,也不是性格上的弱点;
- 向患者保证他的疾病可以得到有效的治疗;
- 告诉患者惊恐障碍症状表现形式的特点;
- 指出药物是用以纠正生物学方面异常的一个手段,仅需暂时服用;
- 应让配偶、家属及其他对患者有重大影响的人一同参与治疗,避免他人对患者采取过度保护措施(如不让出家门)。

心理治疗可以帮助患者克服痛苦的症状,恢复社会功能。常用的技术有认识治疗和行为治疗,且这两种方法常联合使用(被称之为认知行为治疗)。在行为治疗方面,最常用的是逐级暴露法或系统脱敏法,具体做法是让患者逐渐暴露于现实的或想像的恐怖情境,并反复进行,直至对所害怕的情境不再感到恐惧或焦虑。认知疗法有"三部曲":第一,找出消极或适应不良的思维模式;第二,挑战这种消极的思维模式;第三,用积极的或者更有益的想法代替消极想法。认知治疗中,布置家庭作业,让患者记录症状反应和当时的想法,并做上述的"三部曲",有助于治疗的进程和效果。

巴洛(Barlow)和他的同事们,以放松训练、基于艾利斯(Ellis)和贝克的认知行为治疗技术和暴露于能激发惊恐的内在刺激的三个部分组成一个治疗模型,取得了良好的效果。其具体做法是:首先,让由于过度换气而引起惊恐发作的患者快速呼吸三分钟,或者有眩晕症状的患者在椅子上旋转几分钟。当患者感受到类似惊恐发作的症状时,如头晕目眩、口干、心跳加快等,要求患者:(1)体会这些症状是安全的;(2)应用已经学会的认知和放松技术缓解症状。通过实践和专家的鼓励,患者认识到"失去控制"的躯体感受是无害的,并能通过有效的手段加以控制。这种有目的的制造某些躯体反应,同时予以有效的应付方法,不仅减轻了患者对不可控制性的担忧,而且改变了其认知(Barlow,1989)。

2．药物治疗

治疗惊恐障碍的药物主要有三环类抗抑郁剂（TCA）和单胺氧化酶抑制剂（MAOI）。近来选择性5-羟色胺再摄取抑制剂也被推荐使用，尤其是通科医生喜欢选用。对于预期焦虑或恐怖性回避突出者可选用高效苯二氮䓬类，常用药物有：阿普唑仑和氯硝西泮。

三、广泛性焦虑障碍

广泛性焦虑障碍（generalized anxiety disorder, GAD）是以持续性的紧张不安，伴有显著的植物神经功能兴奋和过分警觉为特征的一种慢性焦虑障碍。

焦虑是一种内心紧张不安、预感到似乎将要发生某种不利情况而又难于应付的不愉快情绪。焦虑与恐惧情绪相近，不过恐惧是面临危险时发生，而焦虑发生在危险或不利情况来临之前。心理学研究表明，焦虑虽然是一种痛苦的体验，但它具有重要的适应功能。第一是信号功能，它向个体发出危险信号，提醒人们警觉已经存在的内部或外部危险，在人们的生活中起着保护性的作用。第二是动员机体处于战斗准备状态。为采取行动对付危险做出适当准备。第三是学习和经验积累的过程。焦虑帮助人们提高预见危险的能力，帮助人们不断调整自己的行为，学习应对不良情绪的方法和策略。适度焦虑时行为的效能可能更好。因此，焦虑并不都是有害的，只有焦虑过度，才能视为病理性的。

多数研究调查认为本病患病率为2%～5%，如维特切恩（Wittchen et al., 1994）报告，在15～45岁的美国人口中年患病率为3.1%，终身患病率为5%。在我国，由于患者对本病缺乏认识，常常到神经内科或其他内科就诊，常以神经衰弱或失眠症来治疗，只有约1/3患者到精神科就诊，其余大多到综合医院就诊。

（一）致病因素

1．生物学因素

遗传研究显示，此症的某些方面具有遗传特性。患者的一级亲属中大约25%患有此症，其中女性多于男性。患者的男性亲属中较多出现酗酒相关障碍。一些研究称，患者的同卵双生子的同病率为50%，而双卵双生子的同病率15%。许多GAD患者具有明显的焦虑特质，也说明其具有遗传特性。

神经生物学的研究认为GAD与大脑边缘系统的GABA能系统的功能低下有关。有的学者推测GABA这一神经递质，在人们处于应激情境时控制焦虑反应起到了重要作用的。尽管是GABA能系统功能低下导致了焦虑还是焦虑时出现了这一功能低下，到目前为止尚不明确，但是可以明确的是GABA功能的低下可导致焦虑症状的持续存在。

2．心理社会因素

心理分析学派认为自我与本能冲动之间无意识的矛盾冲突是GAD的根源。本我中性或攻击的欲望,力求在自我中表现出来,而自我因为无意识地害怕被惩罚,不允许这些冲动表现出来,而导致了一种漂浮焦虑(free-floating anxiety)或无名焦虑。由于焦虑的根源是无意识的,因而患者意识不到焦虑的真正原因。GAD与恐怖症的不同在于,恐怖症患者成功地运用了防御机制,以某些外在对象替代了焦虑;GAD患者没有形成合适的防御机制,无法成功地压抑自己的焦虑,未能使之被某些外在的对象所替代,从而使得焦虑几乎持续存在。心理分析理论特别强调童年期的心理体验被压抑在无意识中,一旦因特殊境遇或压力的激发,便成为意识层面的焦虑。

行为理论则认为,GAD的形成与恐怖症类似,也是经过条件反射而形成的,只是条件刺激的范围更加广泛而已。然而,纯粹的行为观点难以全面解释GAD的演化过程。因为目前人们认为GAD的本质是对各种可能发生不测事件的一种担忧,而不是行为主义观点所认为的对已存在的内外刺激的忧虑。

随着认知心理学的发展,焦虑的认知模式逐渐受到了重视,这一模式的观点主要体现在以下三个方面。第一,GAD患者易于对应激事件感到不可控性或不可预测性,不可控的知觉是焦虑的核心特征,而这种思维倾向的形成与患者在过去生活中经历了若干不可控的重要事件有关。第二,如果人们对危险做出过度评价,焦虑反应与客观情境不相称,则将形成病理性的焦虑反应。人们之所以产生对"危险"的过度评价,有其深层的原因,主要在于早年经验形成的功能失调性假设或图式,使人们倾向于以功能失调的方式过度消极地评价内外信息,形成以"不好"为主题的负性自动化想法,如"别人会嘲笑我"、"我是一个笨蛋"、"我没有机会获得好工作"等,从而激活"焦虑程序"。第三,研究发现,GAD患者在加工混合有危险的外界信息过程中,倾向于把注意力自动化地投向于环境中具有危险含义的信息,并且要比正常人更容易对模糊的信息以一种危险的方式做出评价。这一认知模式必然加重患者当时的情绪反应,若患者已经处于焦虑状态,那么他的焦虑就会更加严重。

(二) 临床表现

主要表现为经常和持续的无明确对象或具体内容的紧张不安,或对现实生活中的某些问题过分担心或烦恼。患者总担心未来有什么不测的事情将要降临在自己或亲人的头上,终日心烦意乱,这称为期待性焦虑,它是本病的核心症状。患者的症状与现实生活似乎有些联系,然而其担忧的内容及严重程度跟日常生活中的琐碎是很不相称的。焦虑的内容完全取决于日常生活环境中的变动,没有中心主题,也没有明确的社会倾向性。追问患者,他自己也想不通整天害怕到底在怕什么。与恐怖症不同,患者对担心的内容并没有明显的回避行为,但也会表现出轻微的回避性行为如延迟做事、多次检查,然而GAD患者的这种行为并不能有效地减轻他们的焦虑。

焦虑的同时常伴有易激惹、注意力集中困难、难以作决定以及害怕犯错误。病人常诉记忆力减退,实际上是因注意力不能集中导致的识记困难。由于焦虑妨害了效率和生活，反过来加重了患者的焦虑，甚至害怕自己会完全失控而发疯。

焦虑症患者表情紧张，双眉紧锁，姿势僵硬而不自然，可见眼睑、面肌或手指震颤，或患者自感震颤，同时有程度不等的运动性不安，包括小动作增加、不能静坐等。躯体症状主要是交感神经功能亢进的表现，可涉及许多系统，如心血管、消化、呼吸、泌尿系统。其中的许多症状如心悸、胸闷、恶心、口干、尿频、皮肤苍白多汗等，可能成为患者就诊的主诉，焦虑情绪容易使患者集中注意于他们的躯体症状，而躯体症状又可成为病人担忧的内容，加重了他们的焦虑，形成恶性循环。

（三）广泛性焦虑症的治疗

1. 心理治疗

心理治疗既可单独使用，也可与药物合并使用。采用何种方式的心理治疗，则需视具体情况而定。心理分析理论认为 GAD 的产生是由于被压抑的心理矛盾冲突，因此心理分析的治疗主要是帮助患者认识到这种冲突的真正根源，其治疗过程与恐怖症的治疗相似。

在行为疗法中有多种形式的技术可用于治疗 GAD。若患者有相对明确的焦虑情境，可采用系统脱敏法；若难以明确焦虑的对象和情境，则可采用放松训练的方法，帮助患者在出现焦虑时，通过躯体放松降低躯体和心理上的不适感，阻止焦虑反应的恶性循环。最近的研究证实，放松训练的方法可有效地减轻 GAD 患者的症状（Borkovec et al.，1994，1996）。

认知疗法也常被采用。在治疗的开始阶段，可以使用各种想像技术来帮助患者，让其想像最好和最坏的结果，并分析各自的可能性及对自己的影响。这种想像技术有助于在较有威胁的情境下检验所习得的新认知。同时，结合家庭作业技术在日常生活中不断监测和矫正自动性想法。总而言之，其治疗要点是改变患者对外界刺激的“危险”评价和教会患者应对的技巧。目前，人们倾向于把认识和行为疗法结合起来使用，这既可提高疗效，同时可缩短疗程。

2. 药物治疗

广泛地用于治疗焦虑障碍的药物是苯二氮䓬类，常用的药物有阿普唑仑、罗拉、氯硝西泮。临床证实它能有效地降低 GAD 的焦虑水平，但它的作用在短期内（4～8 周）效果较佳，长期使用效果明显下降。应用时最好由低剂量起步，然后逐渐增加至治疗量。对大多数患者而言，治疗最好持续 2～6 周，然后用 1～2 周时间逐渐减量直至停药。临床医生最常出现的错误就是无限期地使用此药。

四、强迫症

强迫症，又称强迫-冲动性障碍（obsessive-compulsive disorder，OCD）是以不能为主

观意志所克制，反复出现的观念、意向和行为为临床特征，患者认识到这些观念和行为是毫无意义的、不合理的，以致引起显著的焦虑或痛苦的一种心理障碍。

在20世纪80年代初期，人们还认为OCD是一种罕见的疾病，但在1984年，美国运用DSM-Ⅲ诊断标准和定式精神检查方法在5大城市进行了一次大规模流调，结果表明OCD在普通人群中的终生患病率为2.5%，6个月的时点患病率为1.6%。我国12个地区调查的患病率是0.03%，明显低于国外的数字。近年许多研究表明，OCD的病患率也比以前估计的要高得多，其终生患病率大约为2%～2.4%。

此病大多于青春期前后或成年早期起病，也有些病例起病年龄更早，在儿童中也不少见。

(一) 致病因素

1. 生物学因素

近年来，人们一直在探索生物学在强迫症发病中的作用，随着遗传、脑影像、生化研究等方面的进展，表明本病有着比其他焦虑症更明显的生物学基础。

(1) 遗传因素。OCD的遗传学研究虽然较少，但已有的研究提示，起码是某些病例具有一定的遗传基础。在一项双生子研究中，发现同卵双生子的同病率达65%(Rasmussen & Tsuang, 1986)。据劳尔斯(Rauls)的报道患者的一级亲属中OCD的患病率为15%～20%，远远高于一般人群。

(2) 脑组织结构因素。赫恩(Hoehn)发现额叶脑血流量增加与OCD有关，许多研究表明，OCT患者额叶眶区、尾状核和基底节的局部脑皮质代谢增强，有效的治疗减轻了强迫症状后，局部脑代谢水平相应降低。总之，脑影像的研究结果为强迫症患者的脑功能异常提供了新的认识，这种脑功能异常可能是强迫症产生的中介机制，主要涉及前额叶、扣带回、尾状核和基底节。

2. 心理社会因素

在心理社会因素中，较受关注的有人格因素、心理动力因素、认知行为因素等。

在目前的精神疾病诊断分类中，有一种人格障碍为强迫性人格障碍。有人认为OCD与强迫性人格障碍有内在联系，后者是前者的发病基础，但也有人认为二者并无内在联系。

心理动力学派认为，强迫行为来源于被压抑的攻击性冲动或性欲望。OCD患者没有处理好生殖器期的本能冲突，他们的性驱力要么退行至肛欲期，要么这一时期无法顺利地发展。回顾患者的个人史，可以发现他们的自幼年起就受到了过于严厉的管教，攻击冲动及性欲往往受到了压抑。根据这一理论，来自本我和自我之间的强烈冲突形成了一系列防御机制，从而最终产生强迫症状。与OCD相关的防御机制主要是：隔离、反向形成和抵消。一种亵渎的念头出现和与此相关的情感反应毫无关联，患者出现暴力的念头时并没有愤怒的体验，这是由于隔离的作用。出现要杀死自己孩子的念头同时出现“我是一个好母亲”的念头,这是一种反向形成的作用。出现某些想像中“越轨”的想法时,试图以某些不可思议的强迫行为获得原谅,这是抵消的机制。如亵渎的想法时伴随过分的祈祷或洗涤的仪式。

行为主义理论则以两阶段学习理论解释症状发生和持续的机制。强迫观念是焦虑刺激和该观念间建立了条件联系的结果,这是第一阶段。如果患者发现某一行为能缓解焦虑,则在第二阶段通过操作性条件反射,使该行为被强化,从而反复出现,形成了强迫行为或仪式性动作。但是,临床发现并不是所有的强迫行为都能减轻焦虑,因此,这一解释也仅适用于一部分患者。

近年来,强迫症的认知观点受到了重视。有观点认为 OCD 患者认知加工机制存在偏差,即患者易对危险事件作过度的负性认知或错误的推理,这会妨碍他们对信息的正常加工,如果情境缺乏安全的信息,即便是这个情境并不具有危险性,也会导致患者感到危性。其结果是,重复那些安全的仪式化行为来减少焦虑。另一项研究表明,当一些正常被试让其压制不必要的想法时,反而在随后的思维更加关注这些想法(Wener, et al., 1987)。更进一步的研究表明,在消极的情绪状态下压制某些想法,可导致想法与消极的情绪之间产生联系,即当消极情绪出现时,就会出现某种想法,而当这种想法出现时,就会伴随着消极情绪的出现。当试图压制一种强烈的情绪时可导致某种想法出现,并伴随负性情绪的加强,其最终结果必然导致焦虑的加重。他们还认为,正常人与强迫症患者的区别在于,强迫症患者有更强烈的对抗念头或不能接受某些想法。

(二) 临床表现

临床上根据其表现,强迫症状分为强迫观念(obsessions)和强迫行为(compulsion)两类。其共同点是:(1) 症状反复、持续出现,患者完全能够觉察;(2) 症状具有“属我”性,即非外力所致,但又“非我所愿”;(3) 症状往往令自己内心焦虑、痛苦;(4) 患者明知症状表现是不应该、不合理、不必要或无意义,但难以摆脱;(5) 患者往往采取相应的对抗性行动。

1. 强迫观念

强迫观念是本症的核心症状,最为常见。表现为反复而持久的观念、思想、印象或冲动念头。

(1) 强迫思维:一些字句、话语、观念或信念,反复进入患者意识领域,干扰了正常思维过程,但又无法摆脱。可有以下几种表现形式:

- 强迫性穷思竭虑:患者对日常生活中的一些事情或自然现象寻根究底、反复思考,明知缺乏现实意义,没有必要,但又不能自我控制。如“到底是先有鸡还是先有蛋?”、“秋天的叶子为什么会变黄?”等。
- 强迫怀疑:患者对自己言行的正确性反复产生怀疑,明知毫无必要,但又不能摆脱。如出门时怀疑煤气是否关紧,门和抽屉是否锁好等。

- 强迫联想：患者脑子里出现一个观念或看到一句话，便不由自主地联想起另一个观念或语句。如果联想的观念或语句与原来相反，如别人说“好人”，他总是想到“坏蛋”，人家说“神圣”，他总是想到“肮脏”等，称为强迫性对立性思维。
- 强迫性回忆：患者对过去的经历、往事等反复回忆，虽知毫无意义，但总是反复萦绕于脑中，无法摆脱。

(2) 强迫情绪：强迫症状也可以表现为情绪方面，表现为对某些事物的担心或厌恶，明知不必要或不合理，自己却无法摆脱。例如，担心自己会伤害别人，担心自己会说错话，担心自己会发疯、会做出什么违反社会规范，甚至是伤天害理的事。若看到棺材、出丧、某个人，立即产生强烈的厌恶感或恐惧，明知不合理，却无法克制，于是极力回避，称强迫性恐怖。与恐怖症不同，它并非对特殊环境和物体的害怕，而是对自己情绪的恐惧。

(3) 强迫意向：又称强迫冲动，这是一种强有力的内在驱使，一种即将要行动起来的冲动感，但患者从来不会有真正的行动。这类冲动常常是伤害性意味的，如走到高处有一种想往下跳的内心冲动、见到汽车想跳过飞驶的汽车，或是非常不合时宜的，如想在大庭广众之下脱衣服等。尽管这些想法不会付诸实施，但却一直折磨着病人。

2. 强迫行为

强迫行为又名强迫动作，指反复出现的、刻板的行为。它继发于强迫观念或某个欲望，它可能是意在消灭灾祸，或防患于未然。但这种动作既不与现实联系，又明显是过分的，可患者却非做不可。做后能片刻消灭紧张，但一会儿又感不舒服，非再做不可。

(1) 强迫洗涤：常见有强迫洗手、洗衣等。如有位患者外出时若接触到他物，回家后就要反复多次洗手；上了厕所后，要反复地洗手 10 多次，甚至睡前关窗门、脱袜子后也是如此。睡前的这一重复行为往往要耗费患者一个小时的时间，家里人制止也无济于事。

(2) 强迫检查：大都继发于强迫性怀疑之后。有位患者强迫怀疑电视机是否关好，每次走出家门后，必再走回家中检查电视机是否关好。这样每次外出必要反复走出走进不计其数，并为此顾不上上班或约会。他对此深感痛苦，但无法摆脱。

(3) 对抗性或控制性强迫行为：疾病初期，患者的强迫行为总是简单的，只不过是采用某些动作以缓解焦虑和不安。以后，原先的动作不足以缓解焦虑，于是增添了新的内容，逐渐形成了复杂的有固定格式的行为组合，称为强迫仪式行为。如患者就座前，必先用手指触一下座位，才能坐下。强迫计数也属仪式动作，如患者每次上班总要点数街上电杆数目，如中间发现漏计，则回头重新计数。还有患者要计数台阶级数或大楼层数或路边树木数等。这种计数是意在控制某些焦虑情绪。

强迫症状常常迁延发展，随着时间推移常常影响与其他人员尤其是与患者的家属之间的人际关系，妨害正常的工作和生活。焦虑症状几乎在每一强迫症患者中均存在，只是程度不同而已。仪式行为有时可能缓解焦虑，有时却相反加重了焦虑，这取决于若干不同的情况和因素。继发性抑郁也不少见，大约 1/2 的患者有抑郁症状。

专栏

强迫症案例

我有两种症状：一是担心被细菌污染，因此必须反复多次洗手；二是担心家中某个人死亡，故不能看可能引起这种担忧的文章和电视。出现担忧时，我的脑子里充满了有关死的最最可怕的念头，接着想到每一个我所喜欢的人，同时说："您好！"。如果不这样做，或其顺序搞错了，我就无法摆脱忧虑。这些观念充满了我的大脑，真是痛苦极了，简直无法忍受。

我知道这听起来有些荒唐可笑，连我自己也认为确实如此。可是我不知道为何会出现担忧，而这种担忧只能通过洗手或完成一个"您好"的仪式才能清除。尽管，在过去的日子里，我没有这样的问题，可是我却不能清楚地记得是从什么时候才开始有这种担忧的心理，是从什么时候开始出现这种强迫性的行为。现在，我惟一能够做的是，尽量避免接触可能被污染的地方，避免观看或阅读可能造成对死亡担忧的东西。我为什么不看关于死亡问题的电视节目，为什么不阅读报纸上有关死亡问题的文章？原因就在于此。如果遇到有人谈论疾病的话题，我会说声对不起就走开；若无法走开的话，怎么办呢？我只好反复洗手，或完成"您好"的仪式，有时，我不能离开去洗手，就会在几个小时里都感到难受和痛苦。

（三）强迫症的治疗

强迫症是比较难以对付的一种心理障碍，一般认为，采用心理治疗和药物治疗相结合的治疗方法，可收到良好的效果。

1．心理治疗

治疗时要仔细了解强迫症的类型和程度、外界诱因和使症状固定的强化因素。要帮助患者树立治疗的信心，尽力克服对疾病的心理负担，以消除焦虑情绪；同时要鼓励患者多参加集体性活动，从事有兴趣的工作。此外，在治疗过程中要重视家庭在疾病的发生、发展以及治疗中的作用。

心理分析疗法最早用于治疗强迫症，弗洛伊德对它进行了详细的阐述。治疗的目的是揭示被压抑的欲望和冲动，并让患者面对所真正害怕的东西——某种给他带来满足的冲动。由于强迫观念和强迫行为保护了自我免遭被压抑冲突的困扰，使得治疗的进程容易受阻，治疗难以达到有效的目标。这一缺陷促使了一些心理分析治疗者采用更为积极的行为治疗方法。心理分析和行为治疗联合使用可提高患者的依从性。

就行为治疗而言,已有多种行为治疗技术被应用于以强迫症的治疗,其中包括脱敏疗法、反应预防、冲击疗法和厌恶条件化疗法等。这些方法据称对 60%～75%患者有效。其中反应预防要求患者推迟、减少甚至放弃能减轻焦虑的行为,尽可能抑制强迫行为,如缩短洗手时间,减少洗手频度,甚至放弃洗手。

根据认知理论对强迫症的解释,认知治疗的基本目标应是重新分配注意力、恢复认知过程的平衡,建立一个更合理、更灵活的思维世界。常用的技术有三种:挑战强迫性的思维、思维阻断技术、挑战消极的自动式思维。前两种方法直接针对强迫思维,而第三种则针对伴随强迫思维出现的消极的自动式联想。研究证实认知技术是有效的,与暴露疗法的疗效相近,理性情绪疗法与暴露疗法结合的疗效也相当有效(吴桂英等,1997)。

森田疗法治疗强迫症也有较好的效果,可通过住院或门诊形式进行。治疗原则的核心是对症状"顺应自然",即对强迫观念不去对抗、不去排斥,并发挥患者原有的生活欲望,带着强迫观念该做什么就做什么。治疗时要求患者任凭强迫观念出现,用积极、有益的活动取代强迫行为。

2. 药物治疗

很多医生将药物治疗作为强迫症的一线治疗,而另一些心理社会取向的治疗师则将药物治疗作为辅助手段。在治疗强迫症的药物中,氯丙咪嗪目前已经成为治疗强迫症的标准药物。最近研究发现,选择性 5-羟色胺再摄取抑制剂对治疗强迫症也同样有效,但其治疗日剂量较用于治疗抑郁症为高。焦虑情绪严重,有失眠及惊恐发作者,可加用氯硝西泮或阿普唑仑;有失眠和情绪低落者,可加用曲唑酮(trazodone)等。

五、躯体形式障碍

躯体形式障碍(somatoform disorders)是一类以各种躯体症状为其主要临床表现,不能证实有器质性损害或明确的病理生理机制存在,但有证据表明或者至少有理由怀疑与心理因素密切相关的精神障碍。这类患者常反复陈述躯体不适,四处求医不断要求给予医学检查,但检查结果阴性和医生的解释却难以打消其顾虑。本障碍通常女性居多,为慢性波动性病程。

1980 年美国 DSM-Ⅲ首次把它作为一类精神障碍,并与焦虑障碍等类别并列。我国的 CCMD-3 采用这一名称,但把它归入神经症的类别里。它包括:躯体化障碍、未分化躯体化障碍、疑病症、躯体形式自主神经紊乱、持续性躯体形式疼痛障碍等类型。

(一) 致病因素

精神分析理论认为躯体症状是对他人的攻击或敌意(通过压抑和移置)被转换成自己的内在主诉。患者的愤怒多起源于以往的失望、拒绝、失落感等,但是它们在目前疾病中的表现是获取他人的关注与帮助,使得他人的拒绝变得无效。精神分析观点还进一步提到,躯体症状可以在无意识中为患者提供两种获益:患者通过躯体障碍症状的表现,使被压抑的本能意愿得到了一定的满足,减少了焦虑,这是初级获益;而通过患病角色可以得到所爱的人的关注、同情和照顾,并且可以逃避或躲开某些困难的情境或任务,则是二级获益。

认知观点认为,此类患者是一种伴有强烈情感因素的认知或知觉障碍。个体焦虑不安地将注意力过分集中在身体方面,机体功能就会失去它的自然性而出现偏差,如果个体将这种现象解释为生理疾患的表现,会使焦虑增强,增强的焦虑会进一步引发植物神经系统功能的紊乱,就产生了更严重的生理症状。这样,就形成了一个恶性循环。研究认为疑病症患者倾向于将微不足道的生理现象加以夸大或曲解,当作患严重躯体疾病的证据。

纳米亚(Nemiah)则用"述情障碍"(alexithymia)的概念来解释这类问题。正常人能把自己的情绪"读"出来,也就是用语言来表达情绪。患者缺乏这种能力,他们感受到了情绪的各种身体变化,却"读"不出它们的象征意义。因此,一旦发生持久的或强烈的情绪困扰,他们便只能用患病的措辞表达。也就是说,患者述说他们的不适,实际说的是委屈、不满或愤恨等。

此外,还有两个因素对起病过程有明显影响。第一,应激性事件往往是一个促发因素,可由家庭矛盾、环境的变迁、生理状态的改变如躯体疾病后衰弱等而引发。第二,此类患者在成长过程中经常在家庭中目睹疾病或伤痛,他们看到一个"病号"的后果——得到其他人更多的关照,少履行责任。

(二) 临床表现

1. 躯体化障碍

躯体化障碍(somatization disorder)是一种以多种多样、经常变化的躯体症状为主的心理障碍。症状可涉及身体的任何系统或器官,最常见的是胃肠道不适(如疼痛、打嗝、反酸、呕吐、恶心等),异常的皮肤感觉(如瘙痒、烧灼感、刺痛、麻木感等),疼痛不适、性及月经方面的主诉也很常见。患者反复求医,但各种医学检查不能证实任何器质性病变足以解释其躯体症状。诊断为此症,病程须在两年以上,长期的病程往往导致社会、人际及家庭方面的严重障碍。

2. 未分化躯体形式障碍

它表现为一种或多种躯体症状,患者为此感到痛苦,但医学检查不能发现躯体疾病和任何器质性病变证据的障碍。常见的症状有疲乏无力、食欲不振、胃肠道不适或疼痛等。与躯体化障碍相比,其症状涉及的部位不如躯体化障碍广泛,典型性不够,且病程短于 2 年。

3. 疑病症

疑病症是一种对自己身体健康状况过分关注,担心或相信患有一种或多种严重躯体疾病，经常述说躯体不适，反复就医，经各种医疗检查均不能证实疾病存在的心理障碍。它的核心表现是焦虑或恐惧，对自己有一种严重疾病可能性的焦虑或恐惧，但其担忧的严重程度与患者实际健康状况很不相称。这类患者对自己身体的变化十分敏感，身体功能任何微小变动如心跳、腹胀等都会引起患者注意。由于对身体状况的担忧，他们会频繁出入医院，要求医生给予各种身体检查，即使各种临床及辅助检查均正常，医生的反复解释、保证，以及时间的考验等都不支持他的观点，均不能打消其疑虑。对身体畸形的疑虑或优势观念也属本症。

需要强调的是，疑病症患者并不是在假装。他们确确实实感觉到了自己所报告的痛苦，或者真真切切地害怕自己就要遭受可怕疾病的侵袭。他们觉得自己的恐惧或焦虑既合情又合理，对于别人的质疑，他们非常困惑不解。

4．持续性躯体形式疼痛障碍

又称心因性疼痛，主要表现为各种部位的持久性疼痛，患者感到痛苦或影响社会功能，但对其不能用生理过程或躯体疾病做出合理解释，经检查也未发现与主诉相应的躯体病变。主诉疼痛常见的部位是头痛、腰背痛、慢性盆腔痛，但其他任何部位均可发生。临床上有证据表明，心理因素或情绪冲突直接导致了疼痛的发生。患者常以慢性疼痛作为其突出症状反复求医，往往使用过多种药物治疗或其他治疗，未能有确切疗效。患者发病高峰年龄在30～50岁之间，女性是男性的2倍，病程迁延常持续6个月以上。

5．躯体形式自主神经紊乱

它是一种主要受自主神经支配的器官系统如心血管、胃肠道、呼吸、泌尿生殖系统，发生躯体障碍所致的神经症样综合征。患者在自主神经兴奋症状（如心悸、出汗、口干、脸部潮红）基础上，又发生了非特异的，但更有个体特征和主观性的症状，如部位不定的疼痛、心前区不适、呼吸困难、上腹部不适或烧灼感、尿频或排尿困难、沉重感等，经检查这些症状都不能证明有关器官和系统发生了躯体障碍。因此本障碍的特征在于明显的自主神经受累，非特异性的症状附加了主观的主诉，以及坚持将症状归咎于某一特定的器官或系统。根据受累的器官或系统，可分为：心血管系统功能紊乱、高位胃肠道功能紊乱、低位胃肠道功能紊乱、呼吸系统功能紊乱、泌尿生殖系统功能紊乱。

（三）躯体形式障碍的治疗

以心理治疗为主，药物治疗为辅，药物治疗仅仅适用于那些伴有焦虑和抑郁症状的患者。心理治疗的目的在于让患者了解所患疾病的性质，解除或减轻精神因素的影响，建立对生活事件及躯体病痛的正确态度。建立良好的治疗关系是心理治疗成败的关键。对患者作进一步检查的要求不能太迁就，在理解患者的基础上，巧妙地婉拒不必要的检查；对疾病和症状不要急于否认，医生如果太性急，即使以隐蔽的方式向患者表示：你没病或你的疑病观念是不对的，这样治疗关系可能就会破裂。治疗中治疗师耐心而充分的解释及保证，对治疗的进程有很大的促进作用。

森田疗法对此症有很好的治疗效果,"顺应自然,为所当为"的治疗原理,不但可消除对病症的过分关注,学会与症状共存,从而减轻或消除症状,同时能帮助重建社会功能。运用心理分析疗法在于揭示患者无意识中的心理冲突。而认知行为疗法着眼于纠正对病症的不合理认知,改变对病症过分关注和担忧的心理。

六、神经衰弱

神经衰弱(neurasthenia)是指一种以精神易兴奋又易疲劳为特征的神经症,常伴有紧张、烦恼、易激惹等情感症状,以及各种躯体不适感和睡眠障碍。这些症状不是继发于躯体疾病、脑器质性病变或其他心理障碍,但病前可存在长期的情绪紧张和疲劳的应激因素。

"神经衰弱"一词,是美国医生比尔德(Beard)于1869年首先创用,他认为这是一种神经系统功能障碍,没有可证实的病变存在。弗洛伊德把它归入神经症一类。在19世纪末叶,神经衰弱成为当时社会十分流行的诊断名词。然而,它又是一个富有争议的概念,DSM-Ⅲ取消了神经衰弱这一诊断名称,ICD-10把本症归入其他神经症性障碍之下。我国的CCMD-3诊断标准里仍保留了这一名称,但随着认识上的变化和各种特殊综合征的分出,对它的诊断也明显减少。

(一)致病因素

巴甫洛夫的高级神经活动学说认为,本病的主要病理生理基础是大脑内抑制过程的弱化。表现为大脑的兴奋与抑制过程产生不协调和不稳定,在临床上则表现为易兴奋又易衰竭的状态。另一方面,大脑皮层功能弱化,其调节和控制皮层下植物神经系统的功能也减弱,从而出现各种植物神经功能亢进的症状。

我国在20世纪50年代末60年代初,对神经衰弱的病因曾进行大量调查研究,认为神经系统功能过度紧张是本病的主要原因,且多见于脑力劳动者。凡是能引起持续的紧张心情和长期的内心冲突的一些因素,如学习和工作不适应、人际关系紧张、事业挫折、婚恋问题和长期思想矛盾等,可使神经活动过程强烈而持久地处于紧张状态,超过了神经系统功能所能承受的限度,即可发生神经衰弱。

在疾病的发展过程中,由于患者对本病缺乏正确认识,而对疾病所引起的各种身心反应存在过分担忧和紧张情绪。沉重的心理负担可进一步加重原有的神经活动过度紧张,而形成恶性循环,使症状持续下去,或反复波动而迁延不愈。

(二)临床表现

神经衰弱起病缓慢,病程迁延,其症状表现繁多,几乎涉及所有的器官和系统,主要有如下三方面:

1. 与精神易兴奋相联系的精神易疲劳

精神易兴奋的主要表现是联想和回忆增多而且杂乱。这是一种主观体验，患者感到分心而且控制不住，联想和回忆的内容多是过去不愉快的经历、现在使人苦恼的事以及将来可能发生的风险、失败或意外。

注意涣散也相当常见，一方面是患者容易因外界环境无关的刺激而被动转移注意，另一方面是思考不能专注于某一主题，联想和回忆不断把思想引入歧途。精神易兴奋的另一表现是感觉过敏。许多人表现畏光、喜暗。有的人则对声音过敏，怕吵闹、喜安静、讨厌人多。皮肤感觉过敏也相当常见，一些正常人根本不在意的刺激，患者却觉得难以忍受。

疲劳是神经衰弱患者另一常见症状，患者经常感觉精力不足、肢体无力、困倦思睡、脑子变得迟钝、记忆力差等，经过休息或娱乐难以恢复。

2. 情绪症状

患者的情绪症状主要有烦恼、易激惹和心情紧张，它们常与现实生活中的各种矛盾有关。神经衰弱的烦恼往往比较持续，而且缺乏有效的摆脱烦恼的手段。心情紧张和不能放松是患者非常难受的症状，因为心情紧张的患者往往伴有头痛、全身酸痛、疲劳感、失眠和脑力活动下降等痛苦的症状。

3. 心理生理障碍

神经衰弱患者常见的心理生理症状很多，归纳起来有：(1)睡眠障碍，主要形式为入睡困难、多梦、睡眠浅易惊醒。患者为失眠而担心和苦恼，往往超过了睡眠障碍本身带来的痛苦，反映了患者对睡眠的焦虑心境。(2) 肌肉紧张性疼痛，以紧张性头痛多见，患者的主诉是持续的头痛和头昏，头顶有重压感，头部紧束感，脑袋发胀等。(3) 其他心理生理障碍，常见的有头晕眼花、耳鸣、心慌、胸闷、腹胀、消化不良、尿频、多汗、阳痿、早泄或月经紊乱等。

(三) 神经衰弱的治疗

神经衰弱的治疗一般应以心理治疗为主，辅以药物、物理以及一般的精神卫生措施。在心理治疗方面，应重视支持性心理治疗，以高度关心和同情的态度与患者建立良好的医患关系，根据不同的情况进行治疗。与此同时，引导患者认识疾病的性质，指出这是一种大脑功能轻微失调的表现，是完全可以治好的，消除患者的紧张情绪和顾虑心理，打破由此而发生的“恶性循环”。20 世纪 50 年代末，我国提出的“综合快速疗法”，便是以心理治疗为主结合药物和理疗的综合治疗方法，对治疗神经衰弱有较好的效果。在具体实施过程中，可采取集体、个别或两者相结合的形式。

此外，近年来生物反馈治疗、音乐治疗、森田疗法的疗效也得到肯定，并已在一些医院开展。药物治疗对神经衰弱仅具有对症的作用，目前应用得最多的是各种抗焦虑剂或镇静催眠药物。

12

癔　症

癔症是临床及日常生活中常见的精神障碍之一,也称为歇斯底里(hysteria)。本病可因精神因素的影响而急剧发作,也可因适当地治疗和处理而迅速的缓解或治愈,但易复发。歇斯底里是最古老的医学名词之一,也是最引人兴趣且令人困惑的病症之一。早在两千多年前的古埃及和古希腊的医书中对癔症即有记载。当时的医学家希波克拉底等人认为,此病只限于女性,是由于性的困扰所致。女病人由于性的欲望或渴望婴儿,使得子宫(hystera)在身体的各部位游走,一旦停在喉咙,就会有窒息的感觉;如果停在脾脏,就会情感爆发、脾气暴躁,因此而称之为"子宫脱位症"(hysteria)。

癔症的临床症状可表现为精神、神经和躯体多方面功能的异常。此病多发于青壮年,年龄以16~35岁为多见,女性远多于男性。病人的个性多具有爱社交、喜夸张、感情用事和自我中心等特点,常在精神因素的刺激后应激状态下发病。起病急,病程较短,无器质性损害,一般预后良好,亦不留后遗症,但会反复发作,也会因治疗不当而拖延较长时间,影响工作或学习,并对周围人有一定干扰。

长期以来,癔症总是归入神经症范畴,但从临床表现和描述的角度看,癔症与所有其他神经症都不大相同,癔症患者常没有自知力,又常生活于幻想之中,不能区分主观体验与外在现实,也常有不同于其他神经症的各种精神病性症状,如意识改变等,因此把癔症归入神经症会损害神经症概念的使用。CCMD-3已将癔症从神经症一类中分离出来,逐渐向世界的疾病分类学靠拢。有人指出,在疾病分类中,神经症这一概念模糊的名词已经没有重要意义。ICD-10尽量避免使用,DSM-Ⅳ已不再使用这一名称。我国基于现场测试结果和这一名词便于叙述和归纳,CCMD-3仍作了保留,但把癔症从神经症中分离出来,使得神经症的概念与涵盖的内容更趋准确与完整,也能充分体现癔症本身的特点。本书采用了CCMD-3的分类,保留了神经症概念,也保留了癔症概念。癔症是以解离(dissociation)症状和转换(conversion)症状为主的一类精神障碍。解离症状临床上主要表现为精神活动方面的异常,意为把引起心理痛苦的一些意识活动从整体的意识活动中分离出去;转换症状则以躯体的运动、感觉等功能障碍为主,常为心理的痛苦和焦虑转换为躯体症状的结果。临床上以解离症状为主的病患称为"癔症性精神障碍",以转换症状为主的称为"癔症性躯体障碍"。

一、癔症性精神障碍

(一) 情感爆发

是本病的常见发作形式，病人在精神因素作用下，精神突然失常，哭笑、喊叫、狂怒、吵骂、打人、打自己、毁物等。有时表现委屈、悲伤、痛哭流涕、或又突然兴高采烈，破涕为笑，又唱又舞，且常伴有幼稚做作、撒娇或演戏样的动作表情。其说唱谩骂的言语内容多与精神刺激有关，反映内心的不愉快体验。发作呈阵发性，一般发作时间较短，人多时，发作更为频繁。发作过程常伴有轻度意识障碍，发作后部分遗忘，轻者心里大致明白，但无法控制自己。也称之为歇斯底里发作。

(二) 意识蒙胧状态

在癔症各种形式的发作中，均可有不同程度的意识障碍，其中以意识的朦胧状态最为常见。意识蒙眬状态的临床特点是意识范围狭窄和缩小，同时伴有意识清晰度水平的降低。这时病人的整个意识活动，常集中于引起发病的精神紧张因素和不愉快的体验以及与此有关的内容上。对周围环境的感知变得迟钝，甚至没有感知，定向力不完整。临床上较多见的有两种类型：

1．梦游症(或睡行症，somnambulism)

病人多在入睡后 1～2 小时突然起床，可刻板地完成某些简单的无目的的动作，如到室外徘徊或做些劳动等，但此时并未觉醒。发作可持续数分钟至十数分钟，然后上床入睡。次晨醒来，对夜间发生的情况茫然无知。

在精神病学史上，被让内(Janet P.)所诊治过的艾琳是一个梦游症的著名例子。她是一个极穷的孤女，母亲患肺病，她一边看护，一边做苦工维持生活。一直坚持两个多月，母亲去世。母亲死后，她不相信，曾把尸体用力抱在床上，好像让母亲安睡一样。此后，她便经常发作梦游。每次梦游时，都是重演母亲死时的经过。母亲好像仍然活着，和她有趣地聊天，最后与母亲商量自杀，决定卧轨。她趴在地板上，好像地板即是车轨，瞪着大眼睛，在战战兢兢地等着死亡。过一会她突然大叫一声，好像真的被火车碾死一样，接着像僵尸一样躺着入睡。每次梦游发作都是重复这一套动作。醒后，所有经过全部遗忘，行为与正常人一样。

2．癔症性漫游(神游症，fugue)

多发生在白天，晨起后突然发作，在意识蒙眬状态中离家出走，无目的外出漫游或到外地旅行，可进入陌生人的住所或闯入禁区。病人虽在觉醒状态，能保持基本的自我照顾，以及与陌生人的简单交往(如搭车、问路)，与其不深入的接触看不出有精神的异常。但他会有身份识别障碍和遗忘，不知道自己的真实身份及过去历史。经过几天、几周，甚至几年以后，他们会突然清醒，发现自己在一个完全陌生的地方，不知道自己怎么会来到此地，漫游经过中的事情毫无记忆。在此漫游下的活动包括：仅是在周围转转，看场电影，或直到全国、外国旅游，找到一份新的工作，改变身份，开始一种全新的生活等等。

专栏

一个极端癔症性漫游案例

法国著名精神病学家让内曾报告过一病例，Rou，男，家贫，长大后在一家小店当徒工。母亲患过精神病，他本人也不很健全。在他做工的小店附近有一个水手们常去的酒吧，他也常跟水手们一起喝喝酒。水手们讲起非洲的风土人情，他听了很感兴趣，但他没有想过自己能去非洲旅行。一天，患者在精神恍惚中突然离家出走，逃到海边，想乘船去非洲。因为没有旅费，只好请求在船上做苦工。生活很艰苦，又受虐待，但是心里想到不久即可到达非洲，还是怡然自得。可惜，他所乘的船因故需在中途停航。于是，他改由陆路前往。为了混饭吃，他跟一个补碗匠当学徒。东奔西走几个月之久。有一天，8月15日，他师父提议喝酒，他猛然吃了一惊，想起这一天是他母亲的生日。这一惊把他惊醒了。醒来以后，朝夕看守的杂货店和熟悉的人都不见了，补碗师父又不认识，心里一片茫然，对几个月来的经历一概不知。

（三）癔症性遗忘

也称心因性遗忘，指对曾经是或仍然是创伤性或应激性事件有部分或完全遗忘。病人在精神因素作用下，突然表现出对自己的姓名、年龄以及亲人的名字全部遗忘，不认得自己的父母、亲戚或朋友。但他们的一些基本生活习惯和技能，如阅读、说话能力或其他方面的技巧能力等仍保持完好，除了遗忘症之外，其他方面似乎相当正常。

心因性遗忘通常只限于回忆不起来，突然被“遗忘”的资料仍然存在，只不过存储于意识的层面以下，可经由催眠或浅麻醉状态下的谈话而提取出来，或可自然回复，所以与器质性的真正遗忘症可以鉴别。

心因性遗忘可有四种类型：(1) 局部性遗忘或称“定点遗忘”，指个体对某一段时间内的事情完全不能回忆，通常是某一创伤事件之后的几个小时；(2) 选择性遗忘，指个体对某一段时间内的某些事情有选择的不能回忆，而不是所有事情；(3) 全部遗忘，或称泛化遗忘，指忘记了整个的生活历史；(4) 间断性遗忘，指对过去的某一时刻之后的事情的遗忘。后面两种遗忘通常较少出现。

(四) 疏离综合征

疏离综合征(entfremdungssyndrome)在临床上可表现为对自我和对周围现实的两个方面。表现对自我的疏离感时称"人格解体"(depersonalization),表现在对周围环境的疏离感时称为现实解体(derealization),或称之为"非真实感"。

人格解体有时被描述为自我感丧失,患者觉得自己并不是自己了,仿佛变成了另外一个人,或者是由另外一个人顶替了原来的自己,或者自己的身体已有了彻底的变化,一切以前心爱的东西都变得那么陌生,当与亲近的人相处时也不再感到愉快。开始常有头部的异常感觉:不是头痛,而是头部的沉闷感,昏昏沉沉。病人觉得,他的思想似乎不属于自己,感觉也不是本人的,他的行为像机器一样。尽管如此,病人还能意识到他确实还是原来的自己,他的想像、期望和行为方式仍是他本人的,只是这种理性的认识已经与对整体的感受相分离了。这种疏离体验也可以是针对身体或身体的某一部分,病人会失去对身体的信任,感到身体的运动不由自主,感到一条腿变得陌生了,不属于自己的身体了。虽然他确实知道,腿是自己的,能感觉并活动它们,但自我的体验丧失了。

现实解体(非真实感)指病人对周围现实环境的一种不真实的疏离感觉。病人描述说,他本人与周围世界之间似乎存在着某种空隙,好像放置了一个玻璃板或有一块面纱,或眼前像漂浮着的雾,透过它们看到的世界似乎是虚无缥缈的,外界也变得陌生了。

人格解体与现实解体属于非特异性的精神反应方式,它们可以单独出现,也可以出现在不同的精神疾病中。较常见于癔症、抑郁症、精神分裂症或仅以综合征的方式存在。健康的青年人或成年人在劳累时,在惊恐状态下,如在灾难降临时,都可出现疏离体验,情况改善之后,症状可自行消失。如果症状持续时间较长,则表明对体验的神经症性的心理加工,可演变成较为顽固的疏离综合征。

(五) 多重人格

多重人格是重大创伤后的极端解离反应,病人表现出两种或多种完整系统的不同人格,每个人格系统都具有不同的成型的情绪和思维过程,各自代表一个独特的、相当稳定的人格。病人以一种人格可转变为另一种人格,持续时间从几分钟到几年不等,但大部分个案的时间较短。各种人格之间有显著的差异:一种人格可能温文尔雅,另一种人格却很粗俗;一种人格可能孩子气,好游戏运动,恶作剧,另一个都是文弱安静,爱学习。主要的基本的人格所压抑的行为和需要通常会在另一个人格中完全表现出来。

不同的人格之间可能存在各种关系。通常情况下,一种人格对另一种人格一无所知,然而在某种情况下,当一种人格占优势成为主导人格,变更的人格知道主导人格的存在,各种变更人格之间也彼此知道对方的存在。但主导人格则不被容许知道这些其他的人格正占据他的时间、空间和身体。有趣的是，其中有个变更的人格知道所有的事情，如果这个人格愿意合作，治疗人员便可获取大量有价值资料。

在多重人格中，人格变更的数目因人而异。根据罗斯(Ross, 1989)的研究，平均数目是15个。一本根据真实个案写成的小说《人格裂变的姑娘》，其主人公西碧尔常会失去记忆。每当失去对过去的记忆时，就变为另一个化身，前后多达17种化身。每种化身都有自己不同的姓名、年龄、性格、爱好和处世态度。她们都在特定的心理需要中随时现身，西碧尔干不出来的事就由不同的化身替她来干，其中还有2个是男性化身。这一切都源于她童年时的精神创伤，当她的精神痛苦无法摆脱时，就由人格的转换——变为另一个不同的人——来解脱自己。最近出版的一本小说《24重人格》，是作者根据亲身的经历写成的，其人格转换数目像书名所记已多达24重。

（六）刚塞尔综合征

本症由刚塞尔(S. Ganser)于1898年报告，典型症状有下述四个特点：(1) 不能回答最简单的问题；(2) 处于意识蒙胧状态，常有幻觉、情绪障碍和转换症状等；(3) 起病有明显的精神创伤诱因；(4) 突然出现，突然恢复；恢复后对发病经过不能回忆。

刚塞尔综合征突出特点是对问题的"近似回答"：如问3+2是多少，回答说"7"；问马有几条腿，答"三条"……回答是错的，但近似给人以作伪的感觉，也称之为"假性痴呆"，这表明是由心理性原因引发的。一般常见于监狱囚犯身上，也可见于癔病的发作，属歇斯底里症候群。

与假性痴呆类似，癔症病人有时表现为与年龄极不相称的幼稚行为，奶声奶气地说话，见了女士称"阿姨"，见了男人叫"叔叔"；问她年龄，答"3岁"，问她父亲年龄，答"18岁"，给人以装傻的印象，实际是癔症解离性的精神异常，也称之为"童样痴呆"。

（七）癔症性附体障碍

这是一种在浓重的宗教、迷信的背景下，由明显的心理、社会因素诱发的与文化有关的癔症，临床表现为神鬼、灵魂(死去的人等)附体为主，伴有情感爆发、哭笑无常，以及癔症性的双重或多重人格的癔病症状。多见于文化落后、宗教迷信思想浓重的癔症病人。

专栏

解离性障碍的案例

唐某：女，29岁，初小文化，工人，已婚。已反复发作阵发性暴怒、捶胸、撕衣、毁物、狂奔,伴哭闹等9年余。

病人病前系某缝纫厂临时工,平素热心能干、能说会道、乐于助人,尤其热衷于帮助他人料理红白喜事,且往往在其中扮演主角;但又因爱管闲事、喜说三道四而惹人厌恶。因此,周围熟人虽受其益却贬其人,故人际关系较差。

首次发病前病人刚刚生育,有感于生育后无人前来探视,先是委屈伤心,继而愤恨不满,心情极差。就在此产褥期中,恰逢工厂通知,解雇了她的临时工作,病人闻讯后初时沉默不语,双眼凝视前方,表情茫然,片刻之后开始抽泣,但不久就骤然停止,掀开被子,扔下新生儿,从床上一跃而起,狂呼乱叫,向门外冲去。病人一反弱不禁风的常态,披头散发,拳脚并用,连撕带咬,横冲直撞。后经众人七手八脚将其制住,锁于房中。病人在房内捶胸顿足、撕扯衣服、哭天喊地、打门砸窗,又以头撞墙。后经反复劝慰,才痛哭一场后昏昏入睡。

次日醒后如常,洗漱梳妆,让家人去厂里询问解雇她的原因。此时能大致回忆发病过程,但否认曾甩开孩子、咬伤丈夫。此后,病人常感头痛、头昏、心烦、失眠。后进入另一工厂,仍喜抛头露面、说长道短,但不像以前那样乐于助人。

在首次发病后的半年,因告发某同事偷拿厂里碎布而发生争吵。在众人围观时,病人怒不可遏、顿足叉腰、唾沫四溅,继而出现与首次发病类似的表现,历时数小时后缓解。此后,发作渐渐频繁,每次发作均有一定原因,但又多属皮毛小事。

病人一向性格急躁,好说好动,爱唱爱跳。17岁学缝纫,19岁经人介绍与其夫结婚。婚后丈夫对其体恤不够,生气时常常拳脚相加,自首次发病后,丈夫对其态度较有改善,时有退让。

体检及精神检查均未见其他异常。

本例的临床症状以精神改变为主,突出表现为情感爆发和意识状态的改变,诊断为癔症,解离性心理障碍。

二、癔症性躯体障碍

躯体性(somali)或转换性心理障碍(conuersion sion disorder)是一种以躯体的运动或感觉等功能障碍为主要表现的障碍;通常是心理的痛苦和焦虑转换为躯体症状的结果。这类症状多发生于癔症患者身上,所以又称之为癔症性躯体障碍。

躯体性障碍包括躯体的运动障碍、感觉障碍和植物神经系统的功能障碍。但不管这些躯体功能障碍表现得如何严重,却都没有器质性病变,完全可以恢复,且都是由生活事件等心理因素引发的,躯体的症状是心理、情绪转换的结果。转换症状有四个特点:(1) 某一明显的生活事件引起病人的强烈情绪反应,紧接着出现某种躯体症状,或说躯体症状是由生活事件和情绪诱发。(2) 躯体症状没有任何器质性病变作基础。(3) 躯体症状出现后,病人往往回忆不起引发的生活事件和他的情绪,似乎已完全转换为躯体症状。(4) 病人对躯体症状抱泰然处之和漠不关心的态度。

这类转换性反应有时会与真正的器质性病变极相似,很难鉴别。临床上,为确诊躯体症状的转换性,除采用专业化的医务检查排除器质病变外,可参考以下标准协助鉴别诊断:

- 病人对疾病表现的漠不关心,似乎对疾病带来的不良后果并不在意,很少表现焦虑不安。
- 功能障碍有选择性的特点,如转换性耳聋,听不见别人说话,却对身背后传来的大声响眨眼睛;“瘫痪”的肌肉群不能从事特定的活动,却可以从事另外的某些活动。
- 功能障碍往往无法明确地找到特定疾病的其他症状。如瘫痪没有肢体的残废和肌肉萎缩。
- 症状可在催眠暗示下转移或消失。

一旦能确定躯体功能障碍的转换性,且成为病人的主要临床相,也就等于诊断该病例是歇斯底里症。

(一) 运动障碍

转换性的运动障碍包括很多种,其中常见的有以下几种:

1. 痉挛发作(抽搐)

这是癔症发作最常见的形式之一。发作过程中可有扯衣服、揪头发、捶胸或发出怪声等强烈情感激动的表现,继而慢慢倒地,四肢抽动或挺直,两眼球上翻。发作时间可由十几分钟至数十分钟,发作的形式和经历时间都可受周围人言语和态度的影响。发作中,无咬破舌头或其他外伤,也无大小便失禁,可与癫痫发作相鉴别。发作前有头痛、胸闷、心烦、委屈等症状。发作后往往哭泣或不语,会感觉全身酸痛,疲乏无力。

2. 肢体的震颤和肌阵挛

肢体震颤可累及一肢或数肢、或全身,振幅粗大,不规则,时快时慢,注意力集中或做随意运动时更为明显。肌阵挛是一群有协调功能的肌肉的快速抽动,可表现为眨眼、摇头、面肌的抽动、肢体的抽搐或舞蹈样动作及咀嚼运动等。有时还表现为某一部位的肌肉的挛缩或僵直状态。如病人的手部肌肉的挛缩、长期保持握拳样姿势,或颈部肌肉挛缩,致使头部向一侧歪斜,呈斜颈。肢体的震颤和肌挛缩在病人意识放松和入睡时能停止和伸展,也不会有肌肉的营养障碍体肌肉萎缩,可与器质性病变相鉴别。

3. 瘫痪

瘫痪可出现偏瘫、截瘫或单瘫等各种形式。癔症性瘫痪与器质性病变所致者不同:其肌张力正常或时高时低;肢体被动活动时多有抵抗;腱反射正常或亢进;无病理反射;

不出现肌肉萎缩和残废；截瘫时无膀胱括约肌障碍；偏瘫时无面瘫和舌偏斜；无论偏瘫和截瘫，其提睾反射等生理反射保持正常。转换性瘫痪的产生与好转均与暗示作用关系密切，而且常伴随有癔症发作的其他症状，借此可与器质性麻痹相鉴别。

4．言语运动抑制

言语运动抑制表现为"缄默症"和"失音症"。缄默症的病人完全无法说话，不回答别人的问题，经常保持沉默。但阅读和书写能力保持良好，能用书写与人交谈，或用手势表达自己的意见。失音症者只能发出极微弱的声音，以一种嘶哑的耳语般的声音与人对话。但检查证明，其构音器官和声带完全正常，且咳嗽时可以发出与别人相同的声音。失音是常见的转换反应，通常发生于受到强烈的情绪震撼之后。缄默症较少见。

（二）感觉障碍

人的任何一种感觉都可能涉入感觉器官的转换反应之中。最常见的形态有：

- 麻痹（麻木）：感觉缺失，如失明、耳聋。
- 感觉迟钝：感觉减弱。
- 感觉过敏：常见皮肤过敏症。
- 痛感缺失：丧失痛觉。
- 感觉异常：如"癔病球"、"蚁行感"、"管窥"等。

癔症性失明会突然出现看不见物体，但视觉器官检查正常，保持对光的正常反应，且步行时可以绕过障碍物。癔症性耳聋听不见声音，但外科检查正常，有时可在睡眠中被唤醒。对皮肤感觉缺失的病人，如把他双眼蒙上，然后用针刺其麻木部位，虽无感觉，但在刺完后立刻让病人说出心里想到的第一个数字，则与针刺的数目相同。皮肤感觉的缺失、过敏区域，常呈手套样、袜套样或半身型，这都与神经组织的分布不相一致，可确定其与神经组织的器质性损伤无关，而是心因性的。麦独孤曾用暗示心理治疗一个双腿麻木的士兵。先告之以："这毛病可以逐渐消退，像脱袜子一样。"以后每天早晨在士兵腿上画一条线，告之麻木已退至此界线，如此逐渐消退，数天后即恢复正常。

"癔病球"也是一种癔症的常见感觉异常，此时病人感到一球状物由腹腔或胸腔向上升至咽喉处，堵塞不动或上下游走，使呼气不畅、憋闷难忍，客观检查则无任何所见。病好时自会突然消失。

"管窥"指转换性的视野缩小现象，此种病人像通过一条小管看世界一样，只能看到管中的物体，其他则不可见。

在癔症的失明、失聪等感觉缺失现象中，令人困惑和感兴趣的问题是，病人是否真的无法看到和听到、没有接受到信息，还是信息传来而被排除、隔离在人的意识之外了？大部分的证据支持后一种假设。

(三) 植物神经系统功能障碍

可表现为多种形式的症状，如头痛、呼吸困难、过度换气(呼吸急促、表浅、吸少呼多)、四肢发冷、恶心、呕吐、呃逆(顽固地频繁响亮地打嗝)，等等。

专栏

转换性心理障碍的案例

某女，32岁，初小文化，乡村干部，已婚。因绝育术后下肢无力2年半，不能行走近2年。

病人原为生产大队的妇女干部，病前一年多被国家录用为国家干部，负责所在乡的计划生育工作。病人起早贪黑，走村串户地勤奋工作，但工作仍难以展开。某日闻一农妇指责，说其专门结扎(结扎输卵管)老百姓，为什么不扎自己。病人遂决定以身作则，于2年半年前主动要求行双侧输卵管结扎术。实际上，手术过程很顺利。但据病人回忆，术中曾听到手术医生说："……夹断了！"术后即感到全身无力，双下肢重若千斤，难以行走，并觉得双下肢有隐约的麻木感。手术后被抬回家中，数周不能活动、卧床不起。后来病人自感左腿沉重及麻木感加重，而右腿可轻轻移动。经当地医生针灸、理疗等，右腿逐渐好转。约半年后，病人已可下床扶杖而行，只是左腿仍擦地拖移。因行走不便，活动次数很少。某日听一医生说："半年不下床活动，好腿也会瘫的。"病人遂自感行走日渐吃力，右腿亦渐渐沉重、麻木，终因双腿不能活动，一直卧床至就诊。

病人既往体健，生长发育无异常。幼时就会察言观色，讨人喜欢。病人自称，广播里的歌曲听一次就能随着吟唱，电影里的舞蹈看过一两遍后也可学会。只听过一次工作组同志报告，就能在大会上侃侃而谈。17岁开始担任生产大队妇女主任，工作热情高、雷厉风行、能力强，常受到上级表扬，并多次被评为乡、县优秀妇女，最终被录用为国家干部。病人对自己个性的描述为争强好胜，"输得钱，输不得人"，"宁可人前显贵，人后受罪，不愿忍气吞声"。

体检和精神检查均未见其他异常。

诊断为转换性运动和感觉障碍。

(四) 癔症的集体发病

癔症可呈现集体发病和流行的现象。在学校等集体的场合，一人患病后，周围的人目睹了发病的症状,由于对疾病的无知,心理过分的恐惧紧张,或者受迷信不科学解释的影响,加上周围的气氛和暗示等作用,即可出现集体发作和流行。一个人患病后相继出现断断续续地症状相类似地发作。一般发生在较偏僻落后的地区,在中、小学中,女性多见。流行时气氛越是紧张越易流行。可在短时间内流行,拖延多日逐渐发病。采取隔离病人分别治疗,可制止流行。目前已不多见。

三、癔症的病因

癔症的发病有较明显的精神因素作用,并且具有性格的特征作基础。某些躯体疾病、疲劳、月经期或健康状况不良等因素均易促发本病。

(一) 癔症发病的心理-社会因素

癔症和发作无论是解离症状,还是转换症状都是在心理-社会因素作用下的异常适应反应。因此,凡是能引起病人气愤、委屈、恐惧、焦虑和痛苦以及情感过分激动的事件或持久的精神刺激,如亲人的亡故、家庭不和、婚姻不幸、邻里纠纷、与领导的矛盾、下岗失业、工作不顺以及各种事故,均可成为致病的心理-社会因素。社会生活中的精神创伤、压力、内心冲突、强烈愿望、暗示和自我暗示、无法承担的责任等等,都是引发癔症的内在原因。

由于癔症患者具有暗示性强的人格特征,因此病人极易受到暗示和自我暗示的影响,暗示作用就成为癔症发病的重要心理因素。有一位癔瘫病人,在高空作业摔下来以后,本来自己已走回宿舍,当时没有发病。过了几天之后,感到双膝关节不适,于是想:"我的腿一定是摔坏了,无法走路了。"在这样强烈的自我暗示下,果然不能走路而住院。入院后,听到有医生认为可能是摔伤引起了器质性损伤,又听说这样会引起尿失禁,结果又出现"尿失禁"。但因他不懂真正尿失禁的表现,以为像小孩尿床一样,结果他也是每天尿床一次。神经系统检查并没有发现任何损伤病症,故诊断为由于暗示和自我暗示引起的癔瘫。

(二) 癔症的人格基础

癔症病人具有突出而典型的癔症型人格特征者虽然只是少数,但他们一般都具有不同程度的癔症人格的特殊表现。癔症性人格可概括为如下特点:

1. 高度的自我表现欲

癔症人格者好表现自己,想做中心人物,为此可采取异常行为,吹嘘夸口,卖弄风情,显示性地表现自己的痛苦,以赢得别人对自己的注意。他们的言行常常带有夸张和戏剧性色彩,给人的表演和做戏的感觉,因此又常把癔症人格称做表演性人格。

2. 情感反应强烈而易变

此种人格的情感生活活跃而生动，但比较肤浅、幼稚。情感反应易受环境影响而发生变化，易从一个极端转向另一个极端，情感不稳，不容易受理智和认知的调节。判断是非取舍的标准也往往从情感的好恶出发，对人对事容易感情用事。

3. 高度的暗示性

极易接受周围人言语和行为的影响，暗示感受性强。但其接受暗示和影响的情况取决于情感的倾向，对他们感情好的人，暗示很容易发生，且十分显著，该人的许多意见都会不加批判地盲目接受。但如果他印象不好，甚至反感，又会变得一概拒绝。

他们不仅易于接受别人暗示，也更容易产生自我暗示，许多的躯体不适和转换症状都可能来自于自我暗示。

4. 丰富的幻想性

他们富于主动的幻想，且内容生动。特别是当情感反应强烈时，常常把想像和现实相混淆，以致有时连自己也分不清楚到底是想像还是现实，因此，容易给人以一种虚假和演戏似的印象。丰富而生动的想像有时便成为自我暗示诱发解离症状或转换症状的内在心理基础。

（三）精神分析论的解释

弗洛伊德认为，癔病的发生是根据压抑的原理，那些不被"超我"所认可的愿望、意念或情绪，特别是本能的需要和冲动，要被压抑到无意识之中，而被压抑的欲望和冲动并没有被消失，只是不再能以它本来的面貌表现出来。被压抑的欲望作为一种能量总会经由不同的方式，以一种伪装的形式表现出来，最常见的伪装形式便是做梦和精神病的症状。所以，癔病的症状实际是无意识之中较原始的"本我"和"超我"之间矛盾冲突的结果，是被压抑的欲望和冲动的象征性表现，具有满足需要的意义。它对病人来说是有利的（获益的），能在某种程度上缓和无意识中本我和超我的矛盾冲突，这就是"转换性癔病"的含义。但这些转换过程的进行都是无意识的。

有位女性，生下不到数月，父母离婚，由父亲抚养成人。成长过程极少得到母亲的消息。一天忽然接到母亲电话，一时欣喜若狂，认为可以从此与母亲恢复关系，享受母爱。却不料，母亲在电话中告诉她，自己再婚又生子，近因身体不适，想请她帮忙照顾其子。她一时不能回答，在为难中，突然失声（无法说话）、右手麻痹，电话听筒摔到地上。经检查神经系统及其他方面均未见异常。经心理治疗，她慢慢叙述到：当她听见母亲的请求时，心中愤怒之极，恨母亲从来没有照顾过自己，却对弟弟如此喜爱，反要求自己去照顾。当时有一种极强的冲动，想放声大骂，想用力将电话"挂断"。但同时又觉得不应该这样对待自己的母亲，应该回答"可以"。正在这时，语不成声，手也无力了。实际是通过无意识地转换摆脱了困境，表明了态度和愿望。

(四) 行为主义学习论的解释

行为主义学习理论认为癔症(也包括其他的神经症)的病理表现都是一种获得性行为,是学习的结果,完全可以用条件反射原理和模仿学习来解释。癔症患者通常缺乏能力感,没有学会应付日常生活中的问题和焦虑。这些人会觉得在这个竞争和高压的世界中缺乏安全感,他们的焦虑会多于正常人,当焦虑不安、内心冲突或人际紧张,特别是情绪的激动,达到一定限度时,会产生一些偶然的自发行为,比如大哭大闹、昏厥倒地、身份障碍等等。这些偶然自发的行为会给患者带来意外的收获,像冲突的解决、交际次数的增加、众人对对方的谴责等,这些好处无疑是对自发行为的强化,从而那些一时的偶发病态行为便一再重复,后来的发作便都是经历操作性条件反射学习来的结果。癔症的发作实际成为他们解脱困境、适应环境和控制情境的一种手段,会成为较固定的行为模式。

学习也可以通过社会观察学习进行。即通过对榜样的模仿便可以进行快捷的学习。对榜样的强化实际是一种替代强化。癔症常有家族性,家族性的表现并不是生理遗传,而是模仿学习的结果。妈妈的癔症性格和癔症发作可以很容易被子女学会。

四、癔症的治疗

癔症的治疗以心理治疗为主,辅以其他措施。开始治疗时,应首先确定适应症,搞清楚是首先对症治疗还是首先解决患者的内心冲突的病因治疗。对于急性起病者,应及时尽快地消除症状。此时,药物治疗、暗示疗法和行为治疗都适用,它们能控制病情,缓解和消除症状,防止症状进一步地转化或发展为慢性。而对于戏剧性(表演性)的转换反应等症状则应尽可能少关注症状,以免使病人从疾病中更多获益,反而强化症状。

1. 支持疗法

支持疗法的第一原则是医生要为病人提供其所需要的心理支持,包括同情、体贴、安慰与鼓励,以帮助病人能渡过难关、摆脱困境,并从中学会处理和解决问题的方法,其中重点在于后者。此时,医生应帮助病人正确认识疾病,将本病的有关知识教给病人,使病人端正对癔症的认识。告诉病人这是一种神经活动的暂时失调,预后良好,不会留下后遗症和残疾,以解除病人的紧张和思想顾虑,树立治愈疾病的信心。

2. 暗示法

对癔症具有突出疗效的是暗示治疗,暗示对癔症的发病和治疗中都具有特殊意义。在进行暗示治疗时,首先要保持环境的安静,一切无关人员均需退场,避免因家属及周围人的惊慌态度和过分关注而使病情加重,造成治疗的困难。其次,医生应认真详细询问病史,了解病人情况,身体检查时,态度认真负责,沉着热情,并对治疗充满信心,以建立病人对医生的信任。切忌不查不问,上来就轻率地保证和暗示,可能引起病人的“阻抗反应”,反而降低疗效。随着暗示治疗的进行,抓住每一个变化的时机,及时肯定和鼓励病人的进步,常能取得较满意的效果。

3. 催眠治疗

病人在催眠状态下失去意识的抵抗,催眠师可以用言语暗示神奇地控制其心理和行为。因此,医生可使用催眠诱导技术,使病人进入催眠状态,再用言语暗示改善和消除病人的各种癔症症状。弗洛伊德医疗实践的早期便是使用催眠术治疗癔症的,后来才创建了自由联想法来代替催眠法。

4. 精神分析治疗

癔症的发作常有潜意识的作用,多为心理自卫机制的作用,而症状本身只是病人满足心理需要和摆脱困境的手段和方法,虽然病人本身并非有意。因此,癔症的治疗应较深入地分析其潜意识的内在原因和根据,这应是一种病因治疗。如能通过精神分析使病人把潜抑下来的动机、需要、痛苦和困难浮显于意识层面(“意识化”),然后才有可能有意识、理智地对待那些被转化的症状,症状的根源揭露之后,症状有时会戏剧性的改变或消失。否则,病人的症状始终都会被潜意识地控制,病人或外人只会感到莫名其妙,常束手无策。

应该说,精神分析治疗与其说是改变病人症状,不如说主要在于改变整个人,只有在病人整个人得以改变和提升之后,其癔症的症状才能较彻底地得以治愈。

5. 药物治疗

癔症的药物治疗在大多数情况下是不必要的,或只能短暂的使用,事实上,也没有特别有效的药物可以治疗癔症。但有时又不得不借助药物的帮助来控制病情和安定情绪,如在情绪特别激动、行为又明显紊乱与失控时,可酌情使用抗精神病药物,使病人深睡,许多人醒后症状会消失或缓解。

13

应激相关障碍和危机干预

应激相关障碍是指一组主要由心理、社会因素引起异常心理反应，导致的精神障碍，也称反应性精神障碍。引起这类精神障碍发生，影响临床表现和疾病过程的有关因素，大致可归纳为三个方面：一是应激性生活事件或生活处境，如突然剧烈的精神创伤或持续困难处境；二是患者个体的易感性；三是个体的社会文化背景、教育程度、生活态度和信仰等。根据 CCMD-3 的诊断标准，应激相关障碍包括急性应激反应、创伤后应激障碍和适应性障碍三种类型。

本障碍与神经症在症状方面有许多相似之处，但两者之间有一个显著的区别，即应激相关障碍的发生与应激性生活事件或持续的不愉快处境有着明显的关联，没有应激因素的存在，障碍就不会发生；而神经症的发生与发展往往不完全取决于心理应激。因此，这类障碍可视为对严重或持续应激的适应不良性反应，因为它们妨碍了患者成功的应付机制，造成社会功能方面的问题。由于创伤后应激障碍在临床表现方面具有相对的特异性，本章将作重点讨论。

一、急性应激反应

急性应激反应(acute stress reaction)又称急性心因性反应，是指由于遭受到严重的急剧的心理社会应激因素后在数分钟或数小时之内所产生的短暂的心理异常。本病预后良好，一般在数天或一周内缓解。

(一) 致病因素

突如其来且超乎寻常的威胁性生活事件和灾难是发病的直接因素。对个体来说，应激事件是难以承受的，或对生命具有严重的威胁。应激事件多种多样，大体上可分为三类：

- 人为灾难：如重大的交通事故、空难、火灾或煤气爆炸、矿难等。
- 自然灾难：如特大山洪、大地震、火山爆发、森林火灾、飓风、亲人突然死亡等。
- 暴力、犯罪和恐怖主义事件：如遭受袭击、被强奸或虐待、战争、恐怖性爆炸、家庭财产被抢劫等。

这些事件对大多数人来说并非都会出现精神障碍,而只是少数人发病。一般认为,这与个体的性格特点、过去的经历、当时的处境、个体认知评价、应付危机的能力等因素有关。

(二) 临床表现

急性应激反应发病急剧,一般在遭受应激后几分钟即可出现症状,具有如下:

● 以伴有情感迟钝的精神运动性抑制为主的表现:在受到突然的剧烈的精神创伤后,可在几分钟内患者突然表现为不言不语、双目视而无睹,没有任何情绪反应,对周围事物和人漠不关心,常表现呆若木鸡或极简单缓慢回答问话,称为情绪休克,即心因性木僵状态。有的表现为"茫然"状态,对周围环境不能够清晰的感知,有定向障碍,如不知自己所处的环境、时间,产生注意范围的狭窄等意识障碍的体现,此称为心因性朦胧状态。

● 以伴有强烈恐惧体验的精神运动性兴奋为主的表现:患者表现为兴奋、激越、恐惧紧张或叫喊,甚至冲动或无目的的漫游活动,行为往往带有盲目性。并伴有惊恐性焦虑和植物精神系统症状,如心跳加快、面红、出汗等。

● 表现为混合性且常常有变化的临床相:除上述两种表现外,部分患者常常有变动的混合性临床表现。有的可伴有焦虑、紧张、恐惧、抑郁,甚至有的人表现为自责,认为自己没有照顾好亲人等的悔恨与忧郁情绪。有的出现头昏、头痛、睡眠障碍、周身不适等躯体症状。

(三) 治疗

本病由强烈的应激性事件引起,因此心理治疗有着重要意义。紧急事件发生后的不同阶段其心理干预有所差异,且根据具体情况要灵活处理。事件发生后,首要的是让患者感到自己是安全的,是可以控制的,这时要像父母一样对待患者,如用简洁的语言说:"事情已经过去了,你现在安全了!",或只是用身体语言传达这种信息;其次,给予实在的帮助也很有必要,如带到一个安全的地方、提供物质上的帮助、帮助和家人联系等。事件发生后 1~2 天,可让患者讲述事件的经历,并适时给予支持和安慰,重新建立自我控制感,减轻害怕反应。若多人受害,可共同组织起来,公开讨论内心感受。事件发生后的 1~2 周,着眼于创伤症状的处理,讨论积极的适应和应付方式,以重新恢复正常社会生活。

药物治疗只是对症治疗,针对激越、焦虑或抑郁等症状,采取抗焦虑或抗抑郁药,药物剂量以中小剂量为宜,疗程不宜过长。

二、创伤后应激障碍

创伤后应激障碍(posttraumatic stress disorder, PTSD)是指经历异乎寻常的威胁性或灾难性应激事件或情境后,而导致延迟出现和长期存在的精神障碍。

PTSD的患者病前曾有过极其紧张的事件或创伤事件,这类事件几乎能使每个人产生巨大的痛苦。引起PTSD的典型事件,包括人与人之间的暴力行为如遭受酷刑、强奸、绑架、受袭击;或暴露于危及生命的事故如交通事故;或灾难如火灾、地震、战争。虽然直接暴露于创伤事件者比间接暴露于创伤事件者更易发生PTSD,但如果足够恐怖和震惊的话,PTSD也可发生于以下人群:暴力伤害或他人非自然死亡的目击者、自己心爱的人在这些事件中受连累者。通常是在创伤事件后经过一段无明显症状的潜伏期才发病。潜伏期从几日、几周到数月不等,但超过半年以上出现症状者少见。症状持续时间必须超过1个月,半数病例经过约3个月完全恢复,其他病例的症状较为持久,有的病例可长达1年以上。由于本症是在严重精神创伤后经过一段潜伏期才发病,我国学者也将它称为"延迟性心因反应"(delayed psychogenic reaction)。

创伤后应激障碍在1980年修订的DSM-Ⅲ首次出现,后来的ICD-10、CCMD-2也增加了这一疾病的诊断。但对这种障碍的描述可追溯到1666年英国的一位著名日记作者,当时他目睹了发生在伦敦的一场大火,6个月后对他的生活仍然造成很大的影响,他的描述完全符合现代PTSD的诊断标准。

(一) 流行病学的研究

PTSD的早期研究主要以退伍军人、战俘及集中营的幸存者等为研究对象,后来扩展到各种人为和自然灾害中的受害者。本病在各种年龄均可发生,它的发病率尚不明确。在危险人群如退伍士兵、火山喷发或暴力犯罪的受害者中调查,患病率则从3%至58%。据一些研究表明,在美国5%~6%的男性和10%~14%的女性在其一生中的某段时间曾患过PTSD。我国汪向东等对河北张北地区地震受灾群体进行调查发现,灾后3个月和9个月内PTSD的发生率分别为18.8%和24.2%(汪向东等,1999)。

研究表明,涉及人与人之间创伤性事件比交通事故和自然灾害等事件更常引起PTSD。比如,在遭受强奸的受害者中55%的人发生PTSD,而事故受害者为7.5%,耳闻创伤事件者为2%;经历自己爱人突然意外死亡的人群中,近14%发生PTSD,而这类情况占男性PTSD病例的39%和女生的27%,表明这一事件无论对男性还是对女性都是最常见因素(Yehuda, 2002)。

女性在一生中有更高的PTSD发生率,但难以肯定女性对本病有更高的易感性,这种现象可能与女性更易遭受性攻击和躯体攻击有关。但在诸如事故、自然灾害和爱人死亡等事件后反应性发生PTSD的发病率,在统计学上男女比例基本相同(表13-1)。

表 13-1 创伤事件的发生率和男女两性中这些事件后的 PTSD 发生率/(%)

创伤事件	事件发生率		事后 PTSD 发生率	
	男	女	男	女
被强奸	0.7	9.2	65.0	45.9
被骚扰	2.8	12.3	12.2	26.5
被身体攻击	11.1	6.9	1.8	21.3
事故	25.0	13.8	6.3	8.8
自然灾害	18.9	15.2	3.7	5.4
战争	6.4	0.0	38.8	—
目击伤亡	40.1	18.6	9.1	2.8
获悉创伤事件	63.1	61.8	1.4	3.2
爱人意外死亡	61.1	59.0	12.6	16.2
任何创伤事件	60.7	51.2	8.1	20.4

(二) 致病因素

从 PTSD 的诊断标准上看,创伤性经历对于 PTSD 的发生是一个基本的要素,而且创伤事件的严重程度和性质与本症的发生有着密切关系。创伤事件持续的时间长容易诱发本症,症状也较严重;直接经历某一创伤如妇女遭受强奸、抢劫对人的影响较大,而非直接经历创伤性事件如爆炸发生时目睹他人死亡或受伤的情景则对一个人的影响较小。但观察发现,许多人经历了同样的创伤性经历并未发展成 PTSD,而有些人仅遭遇了并不严重的创伤也足以导致它的发生。这说明,PTSD 的发生是一个复杂的过程,一般认为是创伤性经历与生物、心理、社会等因素相互作用的过程。

1. 生物学因素

遗传学的研究认为,有其他焦虑障碍家族史的人群发生 PTSD 的可能性明显增加。特鲁等(True et al., 1993)对一组双生子研究表明,经历同样创伤性事件后,同卵双生子发生比率明显高于异卵双生子。这些结果提示 PTSD 的发生有一定的遗传倾向。

有关神经生物学的研究,近年来取得了快速发展。不少 PTSD 患者和正常人的对比研究表明,创伤可激活 NE 系统,导致患者警觉性和情绪体验比正常人表现出更强烈的反应;在与精神分裂症和心境障碍病人的对比研究中也得到了一致的结果(Davison & Neale, 1998)。索思威克等(Southwick et al., 1993)在一项实验中发现,刺激 PTSD 患者的 NE 系统可诱发 70% 患者出现惊恐发作,40% 患者出现"闪回",而正常对照组则无一例出现这些反应。格维茨(Gurvits et al., 1996)通过慢性战争相关的 PTSD 的磁共振成像(MRI)研究发现,患者的海马体积缩小,而且海马的体积与战争暴露的程度直接相关,提示创伤刺激可损害海马。因此,海马体积变小可能为创伤损害所致,也可能为患 PTSD 的病前潜在危险因素,或者两者同时存在。

有人认为,噩梦、闪回等体验是由于记忆通路的强化所致,这一通路由源于蓝斑的去甲肾上腺素通路介导，创伤后蓝斑通路的活性长期增强，构成了重复闯入性创伤再体验的基础，而由蓝斑发出到海马和杏仁核通路的强化，使得创伤性噩梦的特征极为逼真(贾福军等，1999)。

2．心理社会因素

心理分析观点认为，创伤性事件的经历不断地在脑海里闪现是一件十分痛苦的事，以至于痛苦的记忆要么通过分散注意力等方法加以克制，要么无意识地被压抑。而患者在是否把创伤经历整合到自己原先的信念中内心存在着冲突。

学习理论认为，PTSD的产生是害怕的一种条件反射，例如一位被强奸的妇女，害怕走进邻居家，是因为邻居家是被强奸的场所，建立在经典的条件反射基础上，害怕性回避就建立起来了，而且回避害怕的场所能减轻害怕则对她的行为起到了强化作用。

临床研究认为，家庭和社会因素也与PTSD的发生有着密切关系。童年的创伤，如受歧视、受虐待、被遗弃、性的创伤、与父母分离的创伤等，都可以使后来的创伤性事件更容易引起本病。这些创伤可来自家庭，也可以来自同龄伙伴及社会，其中家庭暴力是PTSD常见的病前易感因素。家庭暴力对儿童的影响，一种解释是它引起潜在心理创伤，在持久的应激中形成不良的情感行为模式，如具有攻击性的“脾气”，因为在儿童看来这种脾气比纯粹的攻击行为更易被社会接受。这样的受虐儿童长大后，在经历创伤后往往无所适从，以致发生PTSD(Sliva, 2001)。严重不良的情感行为模式还可进一步发展为人格障碍——PTSD的病前易感因素。另一种解释是，家庭暴力是儿童通过学习他人(主要是母亲)的模式来发挥作用的。母亲与儿童同样是家庭暴力的受害者，而面对暴力时母亲常常表现出焦虑、痛苦的反应。儿童因为学习了错误的应对创伤的情感行为模式而在应激状态时易发生PTSD。另外，生活在相对隔绝并受歧视、虐待的社会环境中的成人，遭受创伤时如果患者处于孤立无援状态，发生本病的可能性就比较大；相反，良好的家庭和社会支持则是免于发展成PTSD的保护因素。

此外，病前的人格特点如依赖性人格、边缘性人格、反社会性人格会妨碍人们成功地应付困境。既往有过某种精神障碍如惊恐障碍、强迫症、抑郁症也增加了危险性。另一方面，若干有利因素可以具有保护作用，降低本病的危险，如自我调节或控制情绪的能力强，有自尊心，能够把挫折和失败变成经验教训等。

(三) 临床表现

创伤后应激障碍表现为在重大创伤性事件后出现的一系列特征性症状，其主要表现有三个方面：

1．反复回忆创伤性体验

这是PTSD的中心症状，它主要表现为患者无法控制地回想遭受创伤的经历和体验，仿佛创伤性事件就发生在刚才，并发生相应的情绪和行为反应，如同电影中“闪回”。有的可在梦中反复重现创伤性事件或做噩梦。当患者接触类似创伤性的处境或接触象征该创伤性事件的刺激时,如看到电视屏幕上的类似情况、旧事重提、故地重游、周年纪念日或某个特定的线索(如某一声音或气味),患者容易触景生情而感到极大的精神痛苦,以及产生明显的生理反应如心悸、出汗、面色苍白等。

在实验室里,类似的症状也得到了证实。美国的麦克纳利(Mcnally, 1990)对患有PTSD和没有PTSD的越战退伍军人进行斯特普(Stroop)实验,测定对不同词语的反应时间,发现患有PTSD的退伍军人仅在与PTSD有关的词(如运尸袋)上,明显慢于后者。同样的实验在被强奸的受害者身上得到了验证。此外,泽特林(Zertlin)和麦克纳利研究发现PTSD患者对创伤经历有关的词语的回忆要明显的快于正常人。

2. 回避与创伤性事件有关的刺激,或情感麻木

在创伤性事件后,患者为了回避再次引发对创伤的回忆,会在此后尽力避免与创伤性经历有关的刺激。回避的对象不仅限于具体的情境,可能勾起恐怖回忆的事情和环境,还包括有关的想法、感受及话题。比如一位严重车祸的受害者,便有可能不敢开车。这种恐惧可以泛化,患者可能会避免乘车,甚至害怕上街。而对创伤性事件的某些重要方面失去记忆也被视为回避的表现之一。

有时,患者在整体上给人一种木然、淡漠的感觉(情感麻木),表现出不愿与人交往,对亲人变得冷淡;对生活中重要活动的兴趣显著减退,兴趣爱好范围缩窄,感到与外界疏远、隔离,甚至格格不入;对未来感到心灰意懒,轻则抱听天由命的态度,严重时可能万念俱灰,甚至导致自杀。

3. 警觉性增高

患者警觉性过高,容易受惊吓,易激惹或暴怒发作。有的可表现出难以入睡,不能维持长时期熟睡或易醒。注意力难以集中,即使集中也不能持久,也可在患者的主诉中出现。实验室证实,与创伤性事件关联的刺激可引起患者强烈的生理反应和惊跳反应(Terra et al., 1995)。

本病的焦虑症状除了植物性神经过度兴奋的表现外,也可有突发的恐惧、惊恐发作,患者常可伴有抑郁、内疚情绪反应,自杀观念、发作性暴力行为也非罕见,与应激相关的心理生理症状如腰背痛、头痛可在不少患者中发生。人为的事件(不是"天灾"而是"人祸")往往使病人具有下述特点:对人不信任,敌视或复仇心,对人生持辛酸悲苦的态度,倾向于纠缠诉讼等。某些患者可能过度饮酒或滥用药物。由于情感反应迟钝或恐怖性回避,常导致人际关系受损、职业功能下降。

还应注意的是,儿童也可发生PTSD,但它的表现与成人有所不同,特征性反应往往不明显,其表现受不同的情形、不同的个体及人际关系的影响。特拉(Terra, 1995)认为创伤儿童的表现主要有四个特点:具体地重复感知创伤记忆、恐惧和担心、行为刻板、对他人及自己未来的态度发生变化。创伤对儿童的影响不仅仅在于其本身所造成的影响,更重要的是PTSD对成年后的后遗效应,儿童时期精神创伤会导致成年期出现性格问题、焦虑、分离症状、对自己和别人有暴力倾向、自杀意念和行为以及不良人际关系等后果。

如果提供的临床资料很完全，临床表现典型，对 PTSD 的诊断是不难的。但是，如果病人诉述不太主动，医生又不善于提问，则可能漏诊。为了避免漏诊，医生要注意对下述线索的发掘：

- 对于有睡眠障碍的可疑病人，要详细了解病人关于做梦的情况，尤其是噩梦的细节。

- 对于有社会性退缩的可疑病人，要详细了解病人对周围人的态度、交往的各种表现，与人相处时病人的情感体验，病人对亲友关怀的反应等，以确定有无本病特征性的回避或一般性迟钝麻木的表现。

- 对于有行为问题的可疑病人，要比较事件发生前和现在的行为模式看有无改变。情绪暴发，行为粗鲁尤其是暴力或破坏性行为，酒精或药物滥用尤其是为了“麻醉自己”不去回想往事，一般地心情不稳，等等。如果青少年期根本没有过，那就要高度怀疑本病的可能。

- 有些病人的主诉是一堆模糊的躯体不适，而病人又回避谈论创伤性往事，医生应该想到本病的可能而对病史和精神现状进行全面的评定，以免误诊。

（四）PTSD 的治疗

1. 心理治疗

事实证明，许多创伤性事件都会引发这种反应，而且它是一种自然的恢复过程，大约需要几个月的时间。创伤后的应激反应，大多数无须治疗，可自行恢复。少数患者，可表现为多年不愈的慢性病程或转变成持久的人格改变，尤其是那种回避可引起创伤性回忆的刺激的人，容易导致慢性障碍。回避可以通过心理和行为两种形式来表现，不管是哪一种，都可以使创伤后应激综合征的症状持续存在，迁延不愈。因此，尽管创伤后应激综合征的症状令人痛苦，但积极面对创伤性的回忆是处理创伤后应激综合征的最有效方法之一。心理治疗的目标之一就是要使病人面对现实，回到当前的现实处境中来，从而削弱以至消除病人对已往创伤的情感体验和反应。这一点应该向家属解释清楚，过分保护只会增加病人的依赖和回避，拖延病态的康复。

心理治疗的初期目标在于减轻焦虑症状，缓和其情绪痛苦。支持性心理治疗对症状不严重者可以有效，治疗师要鼓励患者倾诉其痛苦体验，设身处地地理解患者的情感，持共情的倾听态度，可以有效地缓解症状。向患者说明这类障碍的本质，尤其是各种常见症状（如失眠、易激惹、与家人疏远）的来龙去脉，并向患者保证他们的症状不会导致发疯，且能够完全康复，这些都有助于治疗的进程。

在治疗中，患者所讲述的创伤经历可能是令人恐怖的，或者是社会所不能接受的，因此揭示创伤对受害者来说是一件困难的。这就需要在治疗中建立一种良好、可靠的治疗关系，要求治疗者有良好的倾听和反应技巧，对患者有和蔼、投入、积极和真诚的态度,高度尊重其个性。而且,当事件讲出来以后,患者会体验到强烈的无助感和痛苦感,有可能在一段时间内变得更糟。治疗者在治疗之初向患者讲清楚这一点是有必要的,而放松和稳定化技术可有效化解这一问题。

有些病人有内疚心理,因为他们幸免于难,当时未能采取有效行动救助别的受难者。病人也可能强调他们的无能为力,既为了获得同情,也为了免于内疚。谈论创伤性事件的经过细节在病人和治疗师双方都会遇到阻力(即双方都自觉或不自觉地不愿意细究,因为那是令人痛苦的)。然而,在深入系统的心理治疗中,创伤性经验必须逐渐加以澄清。对早期病人的妥善处理,基层医生可以为转诊后的专业心理治疗创造良好的条件。同时要让病人了解,症状改善与康复需要一定时间。

由于 PTSD 常常是在同一事件之下发生的,因此常可采取小组或团体治疗的形式。在 80 年代,美国对越战退伍军人中的 PTSD 患者,就常采用小组治疗的形式。实践表明小组治疗是有效的,大家在一起可以互相分担各自的痛苦经历,感受相互支持的力量,减轻耻辱感,增强恢复的信心。

目前,最常用的心理治疗方法是行为疗法和认知疗法。在行为疗法中,主要采用以暴露于患者所害怕的事件或情境为主的技术,系统脱敏法是首选的方法之一。由于许多所害怕的事件或情境无法采用现实的形式,因此常采用想像的技术。在系统脱敏法中,如何设计逐级创伤性事件是一件比较困难的工作,也是治疗中重要的一环。暴露疗法是如何减轻或消除恐惧反应? 福阿(Foa, 1992)引入情绪加工这个概念来解释,他认为暴露矫正了错误的关联和评价。这种矫正过程的本质是情绪加工,需要通过恐惧刺激激活恐惧网络,这种方法通过暴露让患者认识到与自己错误认识相反的想法。如在安全的情境下回忆创伤没有危险;让患者意识到回忆创伤并非相当于再经历一遍这件事;在恐惧情境和记忆存在的情况下,焦虑并不会无限期保留,若不回避焦虑就会减轻或消失;体验焦虑或 PTSD 症状不会导致失去控制。焦虑明显者,可指导患者作放松训练或生物反馈治疗。行为疗法中决断训练技术可有效地治疗患者的不合适的愤怒的表现。认知疗法和行为疗法常联合使用,例如治疗中同时采用理性情绪疗法、放松治疗和问题解决训练技术。

近年来,一种称之为眼动脱敏和再加工(eye movement desensitization and reprocessing, EMDR)的技术用于治疗 PTSD,取得较好的效果。EMDR 主要对记忆的意象、消极想法和躯体感受进行工作,治疗的过程分为八个步骤:采取一般病史和制定计划;帮助患者稳定情绪和进行必要的准备;对记忆的意象、消极想法和躯体感受进行评估;通过眼动进行脱敏和修通;植入;身体扫描;结束;再评估(Shapiro, 1991)。

在治疗过程中,社会支持系统可起到积极的作用。研究证实,人们的理解、信任和真诚的关怀,可以起巨大的治疗作用。如果患者能得到一份工作,常常能增强他们的自尊心。

2. 药物疗法

急性期,尤其是病人焦虑和痛苦严重时,药物治疗往往是必要的。即使在慢性期,药物也在治疗中有一定的地位。短时间作用的苯二氮䓬类药物对急性焦虑有效。

三环类抗抑郁剂或单胺氧化酶抑制剂已经有效地用于治疗慢性创伤后应激障碍。最近一种抗抑郁剂类的新药——5-HT再摄取抑制剂,被认为是具有较好作用的药物。

三、适应性障碍

适应性障碍(adjustment disorder)是由于长期明显的生活环境改变或应激事件后的适应期间,主观上产生痛苦和情绪变化,并常伴有社会功能受损的一种状态。本病病程往往较长,但一般不超过6个月,通常在应激性事件或生活改变发生后1个月起病。随着事过境迁、刺激的消除或者经过调整形成了新的适应,心理障碍随之缓解。

(一) 致病因素

一般认为,引起此类障碍的社会心理因素是很明显的,但程度并不是非常剧烈或异乎寻常的。较为常见的生活事件有学生毕业后刚参加工作、工作职位的升迁或调换、下岗、离退休、居住的变迁、出国、新婚、入伍等,经济困难、自然灾难、亲人的去世等也可引发适应障碍。应激性生活事件的严重程度不能预测适应障碍的严重程度,还要看事件的性质、持续时间的长短、处境、社会支持状况和个体性格特征等方面的情况。

在同样的应激性事件作用下,有的人适应良好,有的则适应不良,适应性障碍的发生往往与个体的易感素质、个性特点有着密切的关系。研究认为个性较脆弱、胆怯、敏感的人,较易发生适应性障碍。

(二) 临床表现

适应性障碍以情绪失调为主要临床表现,表现为焦虑不安、烦恼、抑郁心境、胆小害怕、易激惹等。在情绪障碍的同时常伴有生理功能的障碍,如睡眠不好、食欲不振等。有的患者可表现为不与周围人接触,沉默少语,不注意卫生,生活无规律,不能应付日常的学习和工作,有明显的社会功能受损表现。在青少年可出现攻击和敌视社会等品行障碍表现;在儿童可出现退行性现象,如尿床、吸吮手指、说话幼稚等。这些症状出现通常在生活改变或应激事件后3个月内,症状持续一般不超过6个月。

患者的临床表现可有占优势的症状群,也可以混合症状出现。根据CCMD-3有以下一些类型:

- 抑郁心境的适应障碍:临床主要表现为明显的抑郁心境,感到前途无望、沮丧、对生活兴趣下降等。症状持续时间尚不足1个月者,称短期抑郁反应;症状持续时间至少1个月者,但持续不到半年者称中期抑郁反应;症状持续时间至少已半年,但不到2年者称长期抑郁反应。

● 其他恶劣情绪为主的适应障碍：主要症状为除抑郁以外的其他恶劣情绪，如焦虑、苦恼、紧张或愤怒等。

● 混合性焦虑抑郁反应：表现为抑郁和焦虑心境及其他情绪异常的综合征状，从症状的严重程度来看，比重度抑郁和焦虑症为轻。

● 品行障碍为主的适应障碍：主要症状为品行障碍或行为问题，表现为无端地毁物、打架、饮酒过量、逃学等，这类病例多见于青少年。

● 心境和品行混合的适应障碍：症状既有情绪异常，也有上述品行障碍的一种混合性表现。

（三）治疗

适应性障碍主要以心理治疗为主，心理治疗一方面是要给予支持、安慰和鼓励，帮助患者宣泄痛苦情绪，减轻不良情绪的消极影响；另一方面是帮助患者认识和矫正因应激事件引发的认知、情绪和行为的失调，帮助其如何更好地面对应激性事件，并针对不同个性特点增强其应付能力。如应用认知行为技术帮助建立积极的建设性的思维方式和应付机制，可更好地面对应激性事件，战胜目前的困难。

对情绪异常较明显的患者，可根据具体情况选用抗焦虑剂或抗抑郁剂。药物治疗的原则是短程、小剂量。

四、心理危机的干预

（一）什么是心理危机和危机干预

心理危机(crisis)是指个体面临突然或重大应激，无法用通常解决问题的方法来解决时所出现的心理失衡状态。在人的一生中，经常会遇到突如其来或者重大的生活应激或挫折，如亲人死亡、婚姻破裂、交通事故等，对这些难以解决的问题，个体常常会出现精神濒临崩溃的状态，表现出极度紧张、苦恼、焦虑、忧郁，甚至产生轻生意念。确定危机需符合下列三项标准：(1) 存在具有重大心理影响的事件；(2) 引起急性情绪扰乱或认知、躯体和行为等方面的改变，但由均不符合任何精神疾病的诊断；(3) 当事人或患者用平常解决问题的手段暂时不能应付或应付无效。

一般认为，心理危机不是一种疾病，仅仅是情感危机的反应过程，此时对当事人表示关怀、提供援助，常可以协助他们摆脱困境。如果处理不当，或任其发展，会出现不良反应，甚至自杀的严重后果。心理危机恰似站在十字路口，不知所措，危机干预就是帮助他们渡过困境，重建心理平衡。危机干预(crisis intervention)系指一短期的帮助过程，是对处于困境或遭受挫折的人，运用个人、社会和环境资源予以关怀和帮助的一种方式。国外有时亦称为情绪急救。危机干预不仅可以防止危机的进一步发展，而且还可以帮助其学会新的应付技巧，使心理平衡恢复甚至超过危机前的功能水平。

危机干预最早出现在美国和荷兰等国，20 世纪 70 年代初进入世界卫生组织(WHO)的研究课题。近半世纪以来，国外危机干预机构发展较快，在降低心理问题、减少自杀等方面发挥了举足轻重的作用。我国 80 年代中期在南京建立了专业性危机干预电话，并发展成为国内第一家危机干预中心，对我国危机干预的开展和研究起到极大的推动作用。目前，已有不少城市相继建立了危机干预热线电话，取得了初步的成果，但还远远不能满足实践的需要。

(二) 危机理论的发展

危机理论最先由林德曼(Lindemann, 1944)提出，他对波士顿郊外火灾幸存者的悲伤反应进行了研究，提出对危机状态要尽快给予心理援助。他的理论观点引起了人们的重视，随后人们对危机和危机干预的研究得到了进一步的发展。

1. 林德曼理论

林德曼强调一个人在强烈的悲痛面前，不应过度沉湎于内心的痛苦之中，而要让自己感受痛苦体验，宣泄情感(如哭喊)，正视现实，否则容易产生不良结局。这一理论适用于突然丧失亲人的场合。他认为悲哀的表现是正常的、暂时的，并且可通过短期危机干预技术进行治疗。他否认了当时流行的观点，即应把求助者所表现的危机反应当作异常或病态进行治疗。

2. 泰赫斯特理论

泰赫斯特(Tyhurst)提出一个过去健康的人对严重应激(如移民、退休、灾难事故)的反应程度取决于人格、急性应激和社会环境三者间的相互作用，应激反应是一种“过渡状态”。他将危机者经历的危机过程分为三个阶段：

- 作用阶段：此时最初应激性事件对当事者的直接影响是最明显的，通常表现为极度的恐惧、激动或悲伤。如果应激极为严重，当事人可表现出茫然或目瞪口呆的反应。

- 退却阶段：此时应激事件虽已过去，但当事人仍表现出自身固有的反应，通常表现为依赖或天真幼稚的行为(即“退行”心理防御方式)。

- 创伤后阶段：当事人觉察其自身反应并关注今后的需要和计划，这需要依赖于他与周围的相互作用和有关的社会支持或资源。

退却阶段和创伤后阶段被认为是危机处理的建设性时机，主要让当事者学习新的知识，学会如何应付和处理危机。他提倡干预和帮助，以及强调非医学性干预。这一理论适用于灾难、被强奸、亲人突然死亡或得悉自己身患绝症等。

3. 危机的发展理论

斯文松和卡勃(Swanson & Carbon, 1989)综合各家理论学说和流派，提出了一个比较全面的危机发展理论，认为危机的变化有三个阶段：

● 危机前的平衡状态：个体应用日常的应付技巧和解决问题的策略来维持自我与环境间的稳定状态。

● 危机的产生：当面临挫折或不能解决的问题时个体出现了情绪脆弱状态和危机活动状态，这一阶段一般不超过 4～6 周。在危机活动期，个体往往由于不能忍受极度的紧张和焦虑，会发生情绪上的崩溃和寻求解脱。

● 危机后平衡状态的变化：当事者经过危机处理后，心理状态有的可能无法恢复危机前有的可以恢复到危机前水平，甚至高于危机前水平。

（三）危机干预的实践

1．危机干预的模式

贝尔金等提出三种基本的危机干预模式，即平衡模式、认知模式和心理转变模式。这三种模式为许多不同的危机干预策略和方法提供了基础。

平衡模式认为危机中的人通常处于一种心理或情绪的失衡状态，在这种状态下，原有的应付机制和解决问题的方法不能满足他们的需要。平衡模式的目的在于帮助人们重新获得危机前的平衡模式。这一模式最适合早期干预，这时人们失去了对自己的控制，分不清解决问题的方向且不能做出适当的选择。除非个人再获得了一些应付的能力，否则主要精力应集中在稳定患者心理和情绪方面。在患者重新达到某种程度的稳定之前，不能采取也不应采取其他措施。例如，除非患者已同意活下去是值得的，且这种想法稳定至少一个星期，否则挖掘求助者产生自杀意念的原因就没有多大好处。

认知模式基于这样一种认识：危机是由于对事件和围绕事件的境遇的错误思维，而不是由于事件本身或与事件和境遇有关的事实。该模式的基本原则是，通过改变思维方式，尤其是通过认识其认知中的非理性和自我否定部分，通过获得理性和强化思维中的理性和自强的成分，人们就能够获得对自己生活中危机的控制。

心理转变模式认为人是遗传和从特定的社会环境中学习的产物，危机可能与内部和外部包括心理的、社会的或环境的困难有关。危机干预的目的在于与求助者合作，评价与危机有关的内部和外部困难，帮助他们选择替代现有行为、态度和使用环境资源的方法。结合适当的内部应付方式、社会支持和环境资源以帮助对自己生活的自主控制。

2．危机干预中的评估

评估是危机干预工作者的一项必不可少和持续性的工作，贯穿于干预的全过程。确切的评估有助于危机的顺利解决和消除。

（1）临床表现的评估。主要包括情绪、认知、行为和躯体症状等四个方面：

● 情绪方面：处于危机状态时个体往往表现高度的紧张、焦虑、抑郁、悲伤或恐惧，有的可出现敌对、愤怒、失望等情感。

● 认知方面：在危机状态时注意力过分集中于急性悲伤之中，并从而导致记忆和识别能力的下降。

● 行为方面：当事者情绪和认知的改变导致其社会功能的下降，可表现为不能专心学习和做家务；退缩、不愿与人交往或做出不寻常努力以使自己不孤单、依赖他人，变得令人讨厌；对前途的悲观和失望，变得漠视他人的帮助和关心，有的还可发生对己和对周围的破坏行为（如自杀、酗酒）。

● 躯体方面：出现躯体不适如食欲不振、心悸、头痛、失眠等。根据这四个方面可以判断求助者目前的功能状态、危机的严重程度及对求助者能动性的影响，它同样也是工作人员判断如何解决危机的基础。

（2）可变通的应付机制、支持系统和其他资源的评估。在整个帮助过程中，应收集各种有关的资料，并评价这些资料的意义。一个人问题的产生，除了考虑其自身特有的因素之外，还要考虑所处的社会环境，包括与家庭、朋友、同事的关系，社会文化背景，经济状况等。

（3）危机水平的评估。帮助者一般要完成两个水平的评估，一是需要评定求助者是否存在生命危险，即自杀、他杀、冲动攻击等，这一水平的评估至关重要；二是评定危机者是否已丧失了原有的社会角色能力，是否与周围环境隔绝或离开原先所处的自然社会环境。

（4）危机评估的注意事项。在评估过程中，须注意以下几点：

● 危机评估与危机干预是紧密相关的。
● 危机评估要求尽快完成。
● 评估的关键是明确目前所存在的问题，不是作人格分析。
● 既往经历或童年期创伤体验不是重点，强调"此时此地"。
● 帮助是建立在双方良好关系的基础上，双方相互尊重和理解。
● 评估需要考虑到有关的生活方式、社会和文化等因素。

3．危机干预的技术

危机干预过程中常采用心理治疗中有关技术，如支持性心理治疗、短程精神分析、认知治疗、行为治疗。现今国内一些地区开展的危机干预多应用支持性心理治疗。

对当事者采取支持性干预技术，主要是缓解危机时的紧张状态，开阔其意识范围，同时导入健康的认知成分，以使其有效地抵制消极成分，进而放弃轻生、攻击他人等危险念头，并进一步地恢复心理功能。按支持性心理治疗的原则，首先必须接受当事者的现状、难处和心态，并给予最大的同情、理解和安慰，让其有一个情绪释放或表达的机会，为此应耐心倾听他的叙述和无言的哭泣，而不能任意干扰阻断，强行插话去发表议论或提出建议。比如"没有什么大不了的事情"、"一切都会正常的"等等，这些可能会妨碍彼此关系的沟通，强化了"不被人理解或无计可施"的沮丧情绪和意识。只有等待当事者情绪已有改善，方可问及有关细节，令其补充说明，同时根据情况给予相应的解释、建议和鼓励，以最终促使问题的解决。

吉利拉德等（Gilliland et al.，1997）曾提出，帮助面临困境的当事者学会解决问题是解除危机的一个较有效的方法。按照如下 6 个操作步骤进行工作，常能取得满意的效果。

- 确定问题：从求助者的立场出发，探索和确定求助者本人所认识的问题。干预开始就应积极使用共情、真诚、接纳和尊重等倾听技术，包括使用开放式问题。
- 保证求助者安全：评估对求助者躯体和心理安全的危险的致死性、危险程度、失去能动性的情况或严重性。评估求助者的内部事件及围绕求助者的情境，如果必要的话，保证求助者知道代替冲动和自我毁灭行动的解决方法。
- 提供支持：让求助者认识到危机干预者是能够给予其关心帮助的人。通过语言、声调和躯体语言向求助者表达无条件地接纳和关心。
- 提出并验证可变通的应对方式：帮助求助者探索他或她可以利用的替代解决方法。促进求助者积极地探索可以获得的环境支持、可资利用的应付方式，发掘积极的、建设性的思维方式。
- 制定计划：帮助求助者做出现实的短期计划，包括发现其他的资源和提供应付方式，确定求助者能够理解和把握的行动步骤。
- 获得承诺：帮助求助者向自己承诺采取确定的、积极的行动步骤，这些行动步骤必须是求助者自己的、从现实的角度是可以完成的或是不可以接受的。

危机干预并非提供解决问题的现成公式，治疗者对当事者进行安慰、引导和鼓励的基础上，最终是要促使当事者本人找到新的解决问题的方案，即调动他们自身的积极性和主观能动性。危机干预过程中，家属和朋友的作用非常重要，要引导当事者充分地利用社会支持系统的力量。也就是说，危机干预的最终目标是让当事者学会解决问题、应付挫折的方法，这不但有利于渡过当前的危机，而且有利于应付今后遇到的问题。

14

心境障碍与自杀

心境障碍是一种以心境紊乱作为原发性决定因素或者成为其核心表现的病理心理状态,原称"情感性精神障碍",现称"心境障碍"。主要表现为情绪或情感处于强烈的、持久的正向或负向的状态,超过了对生活事件应激反应的程度,从而造成不良适应。它具有双相(有抑郁与躁狂期)及单相(只有抑郁)心境障碍。双相障碍的发病年龄较轻,周期较短,发作频率较高。双相心境障碍一般从抑郁开始,而在病程中至少有某一个时期显得情绪高涨。单相心境障碍(重症抑郁障碍)是复发性的抑郁发作,但有三分之一病例可能终生只发作一次。以抑郁作为首次发作的病例,约五分之一最后证实是双相型。

自杀是一种有意识地、自愿地结束自己生命的行为,或者说是一种自毁行为。自杀的原因很多。但是人们通常所看到的往往都是外因,即诱发因素,而真正决定自杀的,往往是内因。一般说来,任何的外因都要在内因下发生作用。感情危机和情绪障碍是导致自杀的重要因素,而更深层次的,安全感、社会归属感的缺乏,痛苦的煎熬、人生目标的丧失导致的单调、无挑战性的生活状况,环境和药物因素的影响,特定动机,精神疾病,假性自杀以及长期的疲劳和压力过大所引发异常焦虑和抑郁,都是导致自杀的深层因素。其中抑郁是导致自杀的主要原因之一,因此我们在本章最后将讨论自杀行为的起因、评定和预防。

一、心 境 障 碍

心境障碍的两个关键状态是躁狂和抑郁,前者的特征是主要以情绪高涨、容易激怒、夸大等为主,与所处的境遇不相称,表现为强烈的、不切实际的兴奋感和陶醉感、自我评价过高、激越,甚至发生意识障碍,严重者可出现与心境协调或不协调的幻觉、妄想等精神病性症状;后者以情绪低落为主要特征,伴随对日常生活丧失兴趣、精力减退、精神运动性迟滞,自卑、自责、甚至自罪,思维迟缓、言语少、食欲下降、性欲减退、失眠等,从闷闷不乐到悲痛欲绝,甚至发生僵直状态,严重者也可能出现幻觉、妄想等精神病性症状,个别病例中焦虑和运动性激越比抑郁更显著。这两种状态通常被称为心境的两个极端,正常的心境状态占据中间位置。在双相心境障碍中,躁狂和抑郁同时存在。

更年期忧郁症是在更年期较为普遍发生的一种精神疾病,以情感忧郁、焦虑和紧张为主,常有疑病、自罪、嫉妒和妄想,但无智力障碍。

反应性抑郁症是在长期持续的精神刺激因素作用下而产生的一种以情绪低沉、忧郁、沮丧、焦虑和自责自罪为主要表现的精神疾病,也是一种较常见的心境障碍。

(一) 躁狂抑郁症

躁狂抑郁症(manic-depressive psychosis)是以情感、活动过分高涨或低落为基本症状的精神疾病,故又名情感性精神病。其临床特征为单相或双相发作性的躁狂状态或抑郁状态反复出现,两次发病之间有明显的间歇期。在间歇期精神状态可以完全正常,虽多次发病,精神活动并不发生衰退,一般预后较好。发病多在青壮年,由于躁狂病人的兴奋和抑郁病人的自杀倾向对劳动力和社会秩序影响较大,所以应积极进行防治。

专栏

躁狂抑郁症案例

李女士,27岁,现职文秘,未婚,独居。三年前在本科即将毕业的时候因为失恋首次发病,表现为整个学期都情绪低落、抑郁,毕业论文答辩都几乎无法顺利完成,当时非常绝望甚至企图自杀,后经过治疗康复。最近半个月情绪突然高涨,无心工作,四处逛街,购物挥霍,狂签信用卡,又穿得花枝招展,戴着彩色帽子,到处惹来奇异目光。一次她的同学陪她上餐厅,却因小事与侍应吵起来,非常激动,令同学非常尴尬。她还常常在凌晨起床,大唱卡拉OK骚扰邻居,邻居忍受不了,最后被送往医院治疗。

躁狂和抑郁正好是相反的情绪障碍。很早以前曾被认为是两种彼此无关的疾病——躁狂症和抑郁症。到了19世纪中期,法国医生法尔列特(Falret)观察到躁狂状态和抑郁状态可在同一病人身上反复交替出现,从而提出循环性精神病的概念。德国精神病学家克雷丕林总结了本病的特点,第一个明确提出躁狂和抑郁是同一种精神病的两个不同位相,作为一个独立的疾病单位,命名为躁狂抑郁症。

1. 躁狂状态

这种状态的突出表现,首先是情绪高涨。这是一种强烈而持久的喜悦和兴奋。病人往往眉飞色舞,谈笑风生,洋溢着欢乐之情。由于患者的愉快情绪和他的整个行为相协调,因而具有感染力。但是,由于自制力减弱,对接触到的事物往往做出过分的情绪反应,可以因一点小事不称心而勃然大怒,暴跳如雷。但随后很快又为原先愉快、高涨的情绪所代替。

其次是思想奔逸。病人的联想过程明显加快,说话口若悬河,滔滔不绝,但见解多肤浅片面,内容重复,自以为是。较轻的病人注意力还可以集中,言语前后连贯,意义完整:病情稍重时则注意力随境转移,指导思想进程的观念可随着周围的,特别是新出现的事物而时时改变。一个话题未完,便又转到另一个话题;更严重时可出现语不成句,片断的言语之间只剩下音联、意联以及对周围事物的偶然联系,而缺乏意义上逻辑联系。

再次是行为活动明显增多。病人天不亮就起床,开始他那极为忙碌的一天。或者不加考虑地去做一些不着边际的事情,结果总是见异思迁,有头无尾。多数病人病后变得特别慷慨,甚至挥霍浪费,买一些贵重而并非必需的物品,作为摆饰或随意送人。严重患者往往日夜不停,又叫又唱又跳,甚至无法坐定进食,行为无明确目的。

病人强烈而高涨的情绪可影响其判断力,常见的有自我评价过高,有时甚至出现片断的夸大妄想。病人自认有着过人的体力、才干或学问,因而态度傲慢,盛气凌人。

临床上通常把躁狂状态分成四型:轻躁狂、急性躁狂、谵妄性躁狂和慢性躁狂。轻躁狂是躁狂症中最常见的。轻躁狂和急性躁狂只是轻重程度不同,二者可以互相过渡。如果躁狂状态达到了高峰,并伴有意识障碍,称为谵妄性躁狂。慢性躁狂的病人一般年龄较大,病情可迁延多年不愈,缺少明显的间歇期,其表现与轻躁狂相似。

2. 抑郁状态

这种状态的显著表现,首先是情绪低落。病人起初表现疲乏无力,无精打采,失眠早醒,工作能力下降等;以后逐渐出现情绪消沉、忧郁、沮丧,一筹莫展,遇事消极,以往的"过失"和眼前的"不如意事"纷纷涌上心头,萦回不去。病人常感前途渺茫,因而悲观厌世;病人常静坐一隅,独自伤心,回避亲友和同事,别人的欢笑只是增加其痛苦,严重的自卑感可使之羞于见人。病人感到自己思想迟钝、脑子变笨。

严重的抑郁情绪使病人总是自责自罪,认为自己成了废物或社会的寄生虫;甚至把过去的一般缺点错误夸大成不可饶恕的罪行而要求处理自己。病人可能因为罪恶妄想而拒绝进食,或采取其他的自我惩罚手段,甚至于用自杀来了结自己"罪恶"的一生。在自罪妄想的基础上还可能产生关系妄想和被害妄想,认为人人都向他投以厌恶的眼光,讨论他的罪恶,要判他的罪等。此外病人还会根据便秘、食欲不振和腹部不适等而自疑生了某种不治之症。

由于运动机能受到不同程度的抑制,病人动作迟缓,卧床少动;严重时还会呈现木僵状态。一些有悲观消极观念的病人自杀的危险性很大。

临床上通常也把抑郁症分为四种类型:轻性抑郁、急性抑郁、木僵性抑郁和慢性抑郁。轻性抑郁和急性抑郁只是程度上的不同,可以互相过渡;急性抑郁常在精神或躯体因素作用下急性起病。木僵性抑郁常由急性抑郁发展而来,以木僵状态为特征。慢性抑郁与轻性抑郁症状相仿，但病程迁延。

抑郁发作的症状标准以心境低落为主要特征且持续至少 2 周，在此期间至少有下述症状中的 4 项：

- 对日常生活丧失兴趣或无愉快感。
- 精力明显减退，无原因的持续的疲乏感。
- 精神运动性迟滞或活动明显减少。
- 自我评价过低，或自责，或有内疚感，可达妄想程度。
- 联想困难，或自觉思考能力显著下降。
- 反复出现死亡的念头，或有自杀行为。
- 失眠或早醒、或睡眠过多。
- 食欲不振，或体重明显减轻。
- 性欲明显减退。

3．致病因素

本病的病因和发病机制目前尚不清楚：一般认为可能与下列因素有关：

(1) 遗传和体型因素。根据外国资料，一般人口中本病的患病率不超过 0.4%，而病人的家属中这种疾病的患病人数，要比一般人口高出 10～30 倍，而且与病人血缘关系愈近则患病率也愈高。例如，患者的同胞、父母或子女的患病率可达 12%～24%；而患者的堂、表兄弟姐妹的患病率却只有 2.5%。双生子的研究资料也表明，同卵双生的同病率可高达 69%～95%，而异卵双生却只有 12%～38%。据上海第一医学院精神科统计的一组躁郁症病人，有家族精神病史者占 29%。可见遗传因素是起一定作用的，但如何作用，根据现有的遗传学理论还不能确切地加以解释。

(2) 单胺类物质的代谢紊乱。据研究，在哺乳动物中发挥重要生理作用的已知单胺物质有儿茶酚胺(如去甲肾上腺素和多巴胺)和吲哚烷基胺(如 5-HT)。这两类单胺在脑内浓度高低变化与躁狂抑郁症有一定的关系。如去甲肾上腺素浓度过低因而不能兴奋脑内肾上腺素能受纳器时，就会出现抑郁；反之便出现躁狂。

(3) 精神和躯体因素。躁狂抑郁症在首次发病之前约有半数以上患者存在精神因素，少数患者存在躯体因素。这些因素对于发病可能存在一定的意义，是躁狂抑郁症的诱发因素。

近年有人提出另一种躁狂抑郁症的发病机制，即胆碱能-肾上腺素能神经功能平衡失调学说(Janowsky et al.，1972)动物实验表明，中枢性拟胆碱药物可引起抑制性的行为效应，而相反抗胆碱能或拟肾上腺素能药物则可引起兴奋。人体的反应也基本上一致，例如抗胆碱能药物阿托品、东莨菪碱有一定抗抑郁作用，甚至可引起躁狂状态；利他灵有兴奋作用并伴以活动的儿茶酚胺增加，拟胆碱药物毒扁豆碱可以迅速抵消其兴奋。抗忧郁药，如丙咪嗪不仅能使肾上腺素能神经功能亢奋，同时也有显著的中枢性抗胆碱作用。利血平则不仅能减少单胺物质，也具有拟胆碱作用。故平衡状态失调，胆碱能神经功能增加而肾上腺素能神经功能减低可能与抑郁症发病有关,反之则可能与躁狂症发病有关。这个学说和单胺代谢紊乱学说并没有矛盾,而是一个重要补充。

4. 治疗方法

由于情感和情绪作为一种心理活动有其独特的特点,即情感和情绪既是一种反映过程,受客观外界条件的制约,同时又与躯体内部的生理生化活动紧密相联,并受其制约。因此,对于表现情感障碍为主的情感性精神病的治疗,必须同时从两方面入手,即一方面要通过化学治疗,服用相应的和必要的药物,尤其是对急性发作的情感性精神病应及时采取化学治疗措施,以便使失去平衡的体内生理生化活动重新得以协调和平衡。另一方面则要同时开展各种形式的心理治疗,对患者已经陷于失衡和紊乱的情感和情绪进行疏导、宣泄、调整、控制和转移,只要这两个方面配合和运用得当,情感障碍或情感性精神病一般都能得以缓解或治愈。

医疗实践表明,化学治疗对情感性精神病有较好的疗效;各种不同类型的情感障碍都可以由特殊的药物或几种药物的结合使用而取得很好的治疗效果。单纯的或单相的抑郁症可以用三环类药物。使用氯丙嗪和氟哌啶醇则能较快地控制急性躁狂发作症状。锂盐(即碳酸锂)治疗对于躁狂症或轻躁狂都有很好的疗效,在一定程度上也适用于治疗抑郁症。大多数双相情感障碍的病人,长期服用碳酸锂不仅能治疗,而且可以预防躁狂症的复发;对预防抑郁症复发也是有效的。

对抑郁症或躁狂症患者,进行化学治疗是必要的,但与此同时,在服药过程中也必须配合进行心理治疗(如行为疗法),才能取得稳定的效果。

(二) 更年期忧郁症

更年期忧郁症(involutional melancholia)是在更年期发生的一种精神疾病。它的主要特点是:

- 在更年期首次发病。女性更年期在绝经期前后,约为45～55岁;男性更年期约在55～65岁,持续时间因人而异,一般为8～12年。
- 心理异常以情感忧郁、焦虑和紧张为主,可有疑病、自罪、嫉妒和妄想,但无智力障碍。
- 大多数病人伴有失眠、躯体不适和植物神经系统功能紊乱等症状,并伴有内分泌功能尤其是性腺功能减退或衰老等。
- 本病在情感性精神病中约占1/3,而且女性多见。女性发病率约为男性的2～3倍。

1. 临床表现

更年期忧郁症一般起病缓慢,病情逐渐发展,病程较长。主要表现为焦虑忧郁和紧张不安,没有明显的思维障碍和运动性抑制。病人情绪低落、忧郁、焦虑不安、恐惧紧张,例如担心自己家人将会遇到不幸,等待着大祸临头而惶惶不可终日,或搓手顿足,坐卧不安,为一些无关紧要的小事而担忧,反复地回想以往不愉快的事情,进而责备自己没有尽到责任,对不起周围的亲人等等。

病人在焦虑忧郁的情绪背景上可以出现自责自罪观念:悔恨自己成了废物,进而可产生自杀企图与行为;还会出现撕衣服、揪头发、咬手指头、勒脖子,甚至触电门等举动。病人消极悲观,对自己的健康状态担忧,对治疗失去信心。由于对自己身体的点滴不适都过分地加以注意,可进而产生疑病观念,认为自己得了"怪病"或"不治之症"等,因而痛苦万分,时刻纠缠着周围的亲人或医务人员,诉说自己肉体上和精神上的痛苦,乞求拯救。病人还可产生非真实感,并为此而深感苦恼,认为自己与周围的人中间"隔着一层膜"或认为别人"蒙上了一层纱"。严重病人可能会千方百计地采取隐蔽的自杀方式,需要特别加以注意。

女性更年期的生理变化,主要表现为月经紊乱及绝经等。卵巢内分泌的停止必然会影响到与其关系密切的垂体前叶、肾上腺、甲状腺等内分泌系统的功能,并进而影响到大脑皮层和下丘脑的活动,使神经系统的功能不稳定,对外界的适应能力降低并导致交感神经应激性增加,这是女性更年期忧郁症发病的生理基础。由于大多数人都能比较顺利地度过更年期,因此,这只是更年期精神病的一个致病因素。

男性虽然没有女性的月经的明显标志,但是在50岁左右,睾丸逐渐萎缩,睾酮浓度不足,亦会出现忧郁症状,性功能也出现由盛到衰的变化过程,出现以性功能减退为主要表现的一系列症状。初期因工作或社会压力,会感到沮丧,失眠,精神无法集中,变得敏感、易怒;还会有想哭及某种程度的自我厌恶,有时甚至也会出现自杀的念头。

2. 致病因素

(1) 遗传因素:有人对96对双生子患者家属进行调查,发现异卵双生的同病率为6%,而同卵双生的同病率高达60.9%,说明遗传有一定的关系。

(2) 内分泌功能减退:更年期是一个人由中年向老年的过渡时期,身体的代谢和各器官功能正发生着相应的改变,特别是内分泌系统的功能在逐渐地衰老和退化,其中以性腺功能的减退最为明显。例如妇女卵巢的功能从不稳定到停止。

(3) 心理-社会因素:这是更年期忧郁症的重要发病原因:因为,一个人到了更年期这个年龄阶段,身体开始出现衰老的迹象,精力减退,工作能力下降,而且即将面临着退休,失去原已习惯了的工作环境;同时由于内分泌功能的衰退,身体产生不适感,健康情况受到影响,为自己的健康而担忧,势必都会在精神上造成紧张和压力。由于这一阶段,子女一般都已长大成人,面临着工作、解决婚姻等问题,作为父母的必然特别关心,并常为此而担忧,也会在精神上造成紧张和压力。这些心理-社会因素作用于因更年期而受到削弱的特殊生理基础之上就容易激发更年期忧郁症。据北京医学院附属医院精神科1976年对41例病人的调查统计表明,其中80%病人有各种不同的心理-社会因素,如家里老人或子女有病,亲人死亡,与同事或邻居相处不和等。

此外,也有人认为此病的发生与病人人格和认知特点有关。贝克(Beck, 1967)认为心理社会的压力来源只会促使那些具有负向认知心向(cognitive set)的人产生严重的抑郁反应。所谓负向认知心向是指针对自我、世界和未来的各种负向观点所组成的心态。据上述41名病人的统计表明,其中44%的病人性格特点表现为老实、胆小、不开朗、爱生闷气、心胸狭窄、多疑敏感、犹豫不决等。

3. 治疗方法

更年期是每个人生命过程中必然经历的一个阶段,它的出现属于自然生理现象,任何人都无法抗拒。同样的,这些症状是生理现象改变以后的一种自然反应,不是什么大病,经过半年到两年左右的时间,身体内部就会建立新的平衡,恢复正常的生理状况。只要正确地认识和对待更年期出现的生理变化,注意安排好个人的工作与生活,做到体力与脑力负担适度,业余时间培养一点自己的兴趣,就能顺利地度过生命历程中的这一转折期。

(三) 反应性抑郁症

反应性抑郁症(reactive depression)是在长期持续的精神刺激因素的作用下而产生的一种以情绪低沉、忧郁、沮丧、焦虑和自责自罪为主要表现的精神疾病,也是一种较常见的心因性障碍。其特点是情绪异常的体验及表现与精神刺激的性质和内容密切相关,而且随着精神刺激因素的消失,心理异常也得以消除或缓解。经过适当的治疗措施,精神状态即可恢复正常,因此,愈后良好。

1. 临床表现

反应性抑郁症的心理异常主要表现为病人特别地多愁善感,情绪极端消沉、沮丧、忧郁,有时也可有焦虑、紧张情绪;对人、对事都缺乏应有的兴趣,病人既不愿主动去接近别人或主动地去做事,也不愿意听从别人的劝告;终日沉湎于自己的创伤性体验之中而不能自拔,凡是与精神刺激因素有联系的情境,都能引起病人的情绪反应,即使时过境迁,仍然会"触景生情"。病人总是消极悲观,严重时有自责、自罪以及厌世观念,因此,常常企图自杀。病人在抑郁情绪的影响下,常伴有躯体不适感,主诉多为头疼头晕,食欲不振、动作迟钝和全身乏力等;而且常有睡眠障碍,主要表现为入睡困难或多梦易醒。

反应性抑郁症与躁狂性抑郁症的表现有不同的特点,其主要区别如表14-1。

表14-1 反应性抑郁症与躁狂性抑郁症的区别

	反应性抑郁症	躁狂性抑郁症
病前性格特点	不确定	循环性人格
遗传特点	不肯定	可有家庭史
发病与临床表现	与精神刺激密切有关	不肯定
睡眠障碍	入睡困难	早醒
周期性	无	有
运动性抑制	不明显	明显
情绪变化节律	不明显	晨重夜轻

2．致病因素

反应性抑郁症是由于强烈的或长期的持续性挫折或其他心理冲突因素造成：常见的因素有意外的严重灾难，沉重的意外事件，如亲人突然亡故等；事业失败，被诬陷或陷于难以排解的纠纷，失恋或夫妻不和等，均可成为直接的原因。

上述各种事件，对一般常人来说，其心理状态自然也会受到影响以致产生郁郁不快的情绪体验，不过时过境迁，一般人在心情上能很快平复过来。但是，当有些人，其忧伤愁闷、低沉、沮丧甚至绝望的心情持续较长的时间而不易平复过来时，就可能出现反应性抑郁症。因此，反应性抑郁症是否发生，除了精神创伤这个必要条件之外，还要有其他的条件，诸如躯体素质、神经类型、性格特点以及当前的心理与躯体状态等。同样是不幸的亲人亡故，对于精神类型较为平稳、均衡，性格较为开朗、沉着的人来说，其情绪反应就可能不至达到精神失常的程度，而对于神经类型较弱，具有易感素质以及胆怯、敏感的人来说，引起大脑机能失调，导致情绪错乱的可能性就会大大增加。

3．治疗方法

对于反应性心理治疗，一般也是采用化学疗法和心理疗法相结合。单胺氧化酶抑制剂也可用于治疗抑郁症，但因副作用较大，目前国内已很少使用。

心理治疗一般可采用支持、疏导和宣泄治疗，特别是对于抑郁症患者，心理治疗可先帮助患者缓和不良的情绪状态、逐渐从压抑、忧愁、焦虑的抑郁心境中摆脱出来；其次可采用埃利斯的理性一情绪疗法或贝克的认知疗法，从改变患者的不正确观念和思维方式，以达到改变其自卑、自责心理和负性的抑郁情绪状态，并重新确立积极的自信的情绪状态的目的。需要指出的是宗教也许能令患者轻松一些，但不可能治愈抑郁症；锻炼不是治疗抑郁的特效药，休假在家可能使抑郁病情恶化。

二、自　　杀

自杀作为一种社会现象，古今中外都是存在的。但在现代社会中，自杀成了一个十分突出的问题。这是由于当今社会科学技术飞速发展和社会状况的迅速变化，给人们的精神生活造成巨大的压力，特别是紧张情绪刺激，人际关系的淡漠和精神寄托的匮乏，严重地影响着人们的身心健康。据 WHO 的统计数字，2000 年全球约 100 万人自杀死亡，自杀未遂者则为此数字的 10～20 倍，这意味着平均每 40 秒就有 1 人自杀身亡、每 3 秒就有 1 人企图自杀。北京市心理危机研究与干预中心 2003 年 9 月 6 日公布的数据显示：在中国，每年至少有 28 万人死于自杀，有 200 万人自杀未遂。平均每 2 分钟就有 1 人死于自杀，8 人自杀未遂。自杀已经成为中国死亡原因中排序第五位的原因。在 15～34 岁年龄段的青壮年中，自杀是首位的死因。

根据专家对我国自杀者进行剖析，发现我国自杀者有以下特点：农村自杀率明显高于城市，女性多于男性；58％的自杀者为服用农药或鼠药，75％的死者家中存放有上述毒药,62%的自杀者曾寻求医疗帮助;27%的自杀死亡者曾有自杀未遂史,其亲朋好友中47%曾出现过自杀行为;63%的自杀死亡者曾患有各种精神疾病,但接受过精神科医生诊治的不到10%。

大多数学者认为,自杀者多数都有心理冲突或心理异常问题。据国外精神病学家的研究,估计约有47%左右的自杀者有情绪抑郁症或处在严重的抑郁状态;精神分裂症和人格障碍也和自杀企图有联系;在自杀死亡者中间大约有25%是慢性酒精中毒患者。因此,自杀也就成为变态心理学所关心并进行探讨的重要课题之一。

另外,自杀造成的“后遗症”亦不容忽视,按照世界卫生组织的估计,1个人自杀平均会使6个家人和朋友的生活深受影响。据此测算,中国每年大约有150万人承受着因家人或亲友自杀死亡所带来的严重心理创伤,其中大约有13.5万名小于17岁的孩子经历过父亲或母亲死于自杀的悲剧。专家认为,这种严重的心理影响会持续十余年,甚至会持续影响他们的后半生。还有一些抑郁症患者不仅导致自杀,而且它还可以扩大自杀。假如一位母亲得了抑郁并要自杀,她可能不会立即自杀,而可能是先把自己的孩子杀掉,然后再自杀。因为她认为她死掉的话,她的孩子就很可怜,所以她想把孩子一起带走。

(一) 自杀的原因分析

关于自杀的原因很多。但是人们一般所看到的都是外因,即诱发因素,而真正决定自杀的,往往是内因。任何的外因都要在内因下发生作用,因此有必要对两者做出必要的分析说明。

1. 浅层外因——生活事件引起的感情危机和情绪障碍

人处在社会关系中,总会遇到这样那样的生活事件,如果是遇到那些引起感情危机和情绪障碍的事情,就容易产生应激性反应。有些人会觉得了无生趣,但更多的时候是让人冲动、想不开、一意孤行。例如:失恋、背叛(离婚也属于一种背叛)、父母责骂、朋友的不理解、分离(比如恋人、配偶或亲人的意外死亡)等等。

2. 深层内因——心理社会因素

(1) 社会文化背景:据报道,社会文化背景不同的国家和民族,其自杀率的差别是很大的。墨西哥的自杀率只有2/100 000;与墨西哥相比美国高其6倍为11.9/100 000,奥地利高其12倍为24/100 000,斯堪的那维亚各国高其14倍为28/100 000,匈牙利的自杀率是44.9/100 000,是世界上最高的自杀率(世界卫生组织,1982)。造成这种差异的社会文化因素包括不同的生活方式、民族传统、宗教信仰、教育方式以及对待暴力和攻击的态度,等等。中国人受传统礼教的影响较深,所谓身体发肤,受诸父母,不可毁损,这可能是在中国自杀率一贯较低的缘故。墨西哥虽然自杀率低,但杀人率相当高;日本杀人率低而自杀率高。这些差异都可能与社会文化背景的不同有关。

(2) 人生目标的丧失:如一个人遭受持续的挫折、就会受到事物不和谐方面的影响,总觉得世界丑恶,自己是生活在苦难之中,从而对人生目标失去信心或对生活产生过多的灰色评价,这种评价还容易引起恶性循环。在这种缓慢的不良情绪和不良认知的累积,让人感觉到自己生活在痛苦和苦难之中,变成一种潜在的危险因素,最终可能导致悲剧的发生。

(3) 安全感、社会归属感的缺乏:19世纪法国一位社会学家杜尔凯姆(Durkheim)就认为,自杀并不是一种简单的个人行为,而是对正在解体的社会的反应。由于社会的动乱和衰退造成了社会文化的不稳定状态,破坏了对个体来说是非常重要的社会支持与交往。因而也就削弱了人们生存的能力、信心和意志,这时往往导致自杀率的明显增高。也有研究表明,在大城市里低收入人群中和经济状况走下坡路的人群中具有相当高的自杀意念和企图。

(4) 环境参照:有人认为自杀往往发生在自认为境遇不同于别人的人身上,例如,失恋者自杀是认为别人不会有这样大的痛苦,自己是最不幸的人;孤独者自杀是只看到别人的天伦之乐,而唯独自己孤苦可怜;畏罪者自杀是认为别人都轻松愉快、前途光明,而只有自己才将有身陷囹圄之咎,等等。如果一个人与周围人群处境差别较大,他所体验到的耻辱、忧伤和绝望的情绪就会特别强烈,甚至难以忍受,因而容易出现自杀现象:相反,如果大家境遇雷同,即使是处在十分艰难的甚至非人的境况之中,人们也能忍受下来:例如在世界大战中,尽管炮火连天,生灵涂炭,妻离子散,但据调查,自杀率却并不高。即使是在纳粹集中营里的人,尽管过着非人的生活,却也很少有人自杀。据认为这可能是因为大家共同处在一个类似的境遇下,可以产生一种同类对比现象,从而互相抵消自杀的冲动。

(5) 特定的人格:自杀一般是由于主观上或客观上无法克服的动机的冲突或挫折情境造成。那些心理承受力过低,心灵脆弱,人格及情绪处理之方式较不成熟,环境适应能力及问题解决能力较弱的人在面临挫折和困难的时候更容易自杀。当较大的挫折落到一个耐受力差的弱者身上,就有可能发生自杀的悲剧。对于那些情绪状态偏于低落和抑郁的人,对紧张刺激的耐受力特差。一个微不足道的刺激可能是一个无法忍受的打击,足以使其走向自杀,所以,对于情绪状态偏抑郁、低沉而又内向的人,尤其是女孩子,自杀的可能性最大。

(6) 特定动机:自杀可以有许多不同的动机和目的。有的用自杀作为一种献身的、进攻性的和追求某种心理满足的手段。例如有的人为了所追求的理想与正式事业而献身,以死来唤起当权者或民众的觉醒,如屈原投身汨罗江;虔诚的宗教信徒以死来超脱凡俗,进入"极乐世界",如佛教徒的"坐化";还有的人是为了对抗他所反对的势力,以死来"示威";也有人作为一种报复的手段,为了对阻碍自己欲望实现的人施以报复,以自己的死来迫使对方承受法律的责任或道义和良心上的谴责。此外,自杀也可以是因外界或自身的心理生理压力而感到绝望,想从中摆脱的一种手段;无法解脱的生活问题、身体问题、事业失败问题和前途问题等都可以成为自杀的诱因。

(7) 精神疾病：一些抑郁症、精神分裂症患者及酒精成瘾者是自杀的高危人群，如所预期的那样，先前有过心理疾患的病人有较高的自杀率，曾被确诊为精神分裂的女性是正常人群的18倍(Allebeck & Wistedt, 1986)。

(二) 自杀危险性的评定和预测

关于对自杀危险性的评定，曾有人试用MMPI来辨认自杀行为。也有人用投射测验(包括罗夏墨迹测验和主题统觉测验)来确定自杀危险的程度。还有人使用艾森克人格问卷(EPQ)、16种人格因素问卷以及泰勒焦虑量表和弗雷伯格的攻击问卷(aggressive guestionaire)来做自杀行为的预测。上述各种测验对自杀危险性的临床评定有一些用处，但都不能作为一个可靠的评定工具。原因是所有这些测验都不是为了上述目的而编制的，因此，对于自杀危险性的评定，主要还是依靠临床经验。例如一般都认为，有以下情况者就表明具有较大的自杀危险性：

- 情绪低落抑郁者。
- 过去曾有过自杀企图或行为者。
- 谈论过自杀并考虑过自杀的方法。
- 亲友中曾有人自杀过。
- 性格不开朗而较内向者。
- 有明显精神因素者(动机冲突或受挫折)。
- 慢性酒精中毒和吸毒者。

由于在自杀行为的背后大都有某种复杂的心理问题，即由引起自杀的不正常的动机所支配，这种不正常的动机在正常人身上以及精神病病人身上都可能发生，自杀动机的形成以及由动机所激发的自杀行为的爆发一般都有一个发展过程。具有心理异常的自杀者，由于异常心理表现的情况不同，自杀的发展过程时间长短也有所不同。与心因性反应、突然的非理智性行为、人格障碍或某些精神分裂症状态相联系的自杀，发展期非常的短；与内源性抑郁症相联系的自杀发展期较长，而神经症引致自杀的发展期最长。

有人把自杀者分为两种类型：即情绪型和理智型。情绪型的自杀常常由于爆发性的情绪所引起，其中由委屈、悔恨、内疚、羞惭、激愤、烦躁或赌气等情绪状态所引起的自杀，一般来说进程比较迅速，发展期短，甚至呈现即时的冲动性或突发性。例如，有一对青年夫妇发生口角，互不相让，越吵情绪越激动，一赌气，女方突然拿起一瓶硫酸饮下，抢救不及终成悲剧。

理智型的自杀与情绪型不同，它不是由于偶然的刺激唤起的激情状态所致，而是由于自身经过长期的评价和体验，进行了充分的判断和推理以后，逐渐地萌发自杀的意向，并且有目的、有计划地采用自杀措施。因此，自杀的进程常比较缓慢，发展期较长。例如孤独者的自杀；精神空虚、厌世者的自杀；为某种教义献身的宗教徒的自杀都属于这一类。由于自杀行为往往有一个发展过程,同时又常有心理异常的表现,因此只要我们掌握必要的有关知识和经验,是可以做到对自杀危险性进行评定和预测的。

专栏

自杀倾向的测量

1. 基赫尔茨(Kielholz)等人(1995,1969)就曾确定了一个对抑郁者自杀倾向进行评定的项目表:

A. 自杀事实和自杀意图的指征

(1) 过去有过自杀的企图或暗示。

(2) 家庭或近邻曾发生过自杀(暗示作用)。

(3) 直接地或间接地以自杀进行过威胁。

(4) 诉说关于准备自杀的实际想法。

(5) 谈过自杀以后的"可怕的平静"。

(6) 涉及自我毁损、从高处掉下或灾难等的梦。

B. 特殊症状和综合征

(1) 基本的焦虑和激动。

(2) 长期的睡眠障碍。

(3) 郁积的情绪或攻击。

(4) 生物性危机(青春期、怀孕、分娩、绝经等)。

(5) 强烈的罪恶感和缺陷感。

(6) 身患不治之症或疾病的强迫观念。

(7) 慢性酒精中毒和药瘾。

C. 社会处境

(1) 童年期家庭扰乱(如破裂家庭)。

(2) 缺乏或丧失与他人的接触和交往(隔离、赶出家庭、不愉快的爱情等)。

(3) 与工作或经济有关的困难。

(4) 缺乏明确的生活目标。

(5) 缺乏或丧失支持性的社会联系。

2. 洛杉矶预防自杀中心开发出"自杀量表",用来评估预测要自杀的人们实际执行自杀的可能性。这个量表由10个类别组成:

(1) 年龄和性别。如果这个人是男性并且超过50岁(或15～24岁),他的可能性较高。

(2) 症状。如果这个人出现诸如睡眠障碍、抑郁、绝望感或酒精中毒等症状，将有较高的可能性。

(3) 压力。如果这个人正处在巨大的压力之下，包括失去所爱的人、失去职业，责任增加或有严重疾病，他将可能自杀。

(4) 急性的与长期层面。当特定的症状突然发作时有较高的可能性；在长期的考虑上，当有类似的症状突发，或者是长期的不良适应特质在近期大量增加时，将有较高的可能性。

(5) 自杀计划。如果这个人所设想的自杀方法和计划越详尽和清楚，就有越高的可能性。

(6) 社会资源。如果这个人没有家人或朋友(或者他们不愿意援助)，他自杀的可能性较高。

(7) 以前的自杀行为。如果这个人有过一次以上的自杀企图，他的可能性较高。

(8) 医疗情况。如果这个人有长期的机能衰弱的疾病，或是曾多次治疗无效，他将有较高的可能性。

(9) 沟通的层面。如果这个人与他的亲友之间的沟通中断，并且他们拒绝重新建立起沟通的必要，他们将可能自杀。

(10) 重要他人的反应。如果这个人的重要他人(诸如丈夫或妻子)采取防卫的、排斥的和惩罚的态度，否认当事人有接受协助的必要，他将有较高的可能性。

最后，根据这10个项目所得的分数，可以评估这个人将实际执行自杀的可能性。

(三) 自杀的预防

研究自杀的最终目的是未来预防自杀。尽管迄今为止对预防自杀的研究还没有实性质进展，但根据统计学原理对现象的统计和分析得到的一些结果，对自杀的危险性评定和预测对于有效预防自杀具有重要的意义。

目前国际上已形成自杀三级预防模式：一级预防目标在于降低自杀死亡率，包括治疗精神疾病患者、控制枪支、家用煤气和汽车排出废气的去毒化处理、控制有毒物质获得途径等。二级预防重在对处于自杀边缘的人进行早期干预。三级预防是指防止曾经自杀未遂的人再次自杀。

与其他国家不同的是，中国农村人口的自杀率是城市人口的3倍，而且自杀死亡者中约有58%是由于服用农药。农业部已经采取了一系列措施，包括限制生产剧毒农药、明确标示药品毒性、为药品添加警示颜色和气味、加强农药出售管理等，并且还将在今后的工作中继续寻找新的解决办法。

现在,世界上许多国家的大城市都建立了自杀预防中心,每年处理数以万计的潜在自杀者。自杀预防中心设有专门的值班室,昼夜有人值班,并有热线电话服务,以便需要寻求帮助的人在任何时间里都可得到有经验的医生或其他工作人员的帮助。当接到电话时,自杀预防中心的工作人员,首先是设法鼓励对方保持接触,即与对方保持联络和建立一种信任的关系。进一步是估计自杀死亡威胁的可能性和紧迫性,通过问话、会谈或用简单的心理测验量表来评估对方的自毁行为的严重程度。如果对方处于抑郁状态,以前曾有过自杀企图或行为,已经仔细考虑了自杀的方法,处在严重的动机冲突或挫折情境之中,这表明其自杀死亡的可能性很大,应立即进行评定,并随即派出富有经验的医生或其他专职人员对自杀者进行接触与交谈。如果对方不愿交谈,也要力图安慰、鼓励和说服他平静下来,等待一下,以便寻求恰当的代替办法,使当事人认识到,还可以有其他的方法与可能性帮助他摆脱眼前的处境,从而争取一段缓冲的时间,采取进一步的积极的措施,包括奔赴现场直接进行干预。上个世纪 90 年代初期我国成立了中国心理卫生协会危机干预与自杀预防专业委员会,在我国各大城市的一些综合性医院或精神病院也在开设临床心理咨询门诊,其工作范围也涉及与预防自杀有关的问题。

一般说来,对自杀者的治疗需要采取一系列的措施。第一是要对紧急情境做出反应并缓和或消除与自杀直接有关的危机,即尽快将可能引发自杀行动的导火线去除。医生要同自杀者本人进行交谈,使其对内心积郁的情绪、自杀的思想和冲动等的自我表达不受阻碍,以便尽快度过危机。如果外界因素对自杀起重要作用,还要进行必要的社会协调工作,对有关的因素尽可能施以影响。同时对自杀者进行必要的心理治疗。由于企图自杀者常常有抑郁情绪,很多人就是抑郁症患者,这时应给予对症治疗,如抗抑郁剂治疗;如果同时又有焦虑或激动情绪,还要考虑使用具有缓和激动或抗焦虑作用的药物治疗;对于内源性抑郁症患者则需要继续服药较长时间,例如 2~4 个月,同时还应进行安慰、支持、保证等心理治疗。总之,对企图自杀者应采取心理治疗、精神药物治疗和心理社会措施相结合的综合疗法。

除了门诊或住院治疗外,还可以成立自杀者的监护小组。这是由若干关心自杀存活者的人,如双亲、配偶、子女、亲戚、朋友、邻居及职业咨询者等组成。他们可以参加到病人的康复过程,给予病人必要的安慰、支持和保证,同时帮助他解决问题。监护小组不只是与病人交谈和看管病人,而且是给病人以生存下去的动力。监护小组应该随时对可能再出现的自杀迹象保持警惕。对于有心理异常的自杀者来说,虽然自杀冲动缓解了,自杀预防中心或医院的监护小组还应寻找出其根本的原因。自杀作为心理矛盾冲突或异常心理的表现,通常来源于抑郁症,或其他精神病、酗酒或药物成瘾、敌意或绝望、情绪适应不良或其他的心理混乱状态。因此,进行广义的心理治疗和医学治疗是非常必要的。

15

精神分裂症

精神分裂症是一种最常见的重性精神病，一般认为，世界范围内，不管哪个国家或地区一般在0.3%～0.7%之间；国内在上世纪80年代精神病流调结果，精神分裂症的总患病率为0.569%，在精神病院住院病人中本病患者占一半以上；而在慢性精神病人疗养院里则可占患者总数的70%左右。发病年龄多在青壮年。

一、心理异常表现

精神分裂症的心理异常表现十分复杂、多样。其基本特点则是病人的精神活动与现实环境相脱离；思维、情感和意志行为互不协调，甚至互相分裂。

（一）思维障碍

这是精神分裂症最具有特征性的症状之一。主要表现在以下几方面：

1. 联想障碍

最初可表现为联想松散，严重时出现思维破裂。病人谈话或写东西缺乏中心思想，缺乏逻辑联系，如不仔细分析，不一定认为是病态。但随着病情加重，联想可以变得更加支离破碎，甚至从患者的书信和谈话里找不出一个上下相联的完整概念，令人不知所云。例如一患者在信中写道："××同志：当你接到我的信的时候，就是我得到最高奖赏的时候，请你不要灰心，他是一个杀人的刽子手，正向你求婚，想盗窃国家机密，请你放心，是用钢笔写的，我没有见过这样忘恩负义的人。怒海双雄，二角五分钱。执笔人×××。"这位患者写信的目的是什么？从信中谁也看不出来。整个内容是无法理解的。显然，患者的思维过程没有明确的指向。如果与这类患者谈话，常答非所问；向患者多次提出同一问题，回答的内容前后很不一致，说明患者的联想具有明显的偶然性。

有的患者只是由于语言相近或词义的表面联系而把一些毫不相干的概念联系起来。例如一位患者写道："首先是眼睛看，所以为什么我要看眼镜蛇。"从"眼睛"联想到"眼镜蛇"，只是由于字音相近，词与词缺乏任何内在联系。严重时病人言语凌乱，支离破碎，上下文之间、语句与语句之间，甚至概念与概念之间缺乏任何联系。

精神分裂症患者的联想过程可在无外界因素影响下突然中止(思维中断),或涌现大量的强制性思维(思维云集)。病人的思维贫乏不仅表现为言语减少,更重要的是患者在交谈中,常只重复一些单调的语句,而缺乏意义的联想和引申。有的患者写了满篇文字,只不过反复说明一个概念;有的患者反复钻研一个很平常的问题,如"人为什么要休息?"等,总认为其中有深奥的哲理,但又说不出来。这些都是患者联想贫乏,思维内容空虚的表现。

2. 逻辑进程障碍

患者在思维过程中,不能按照正常的思维逻辑规律来分析问题,而往往表现出概念混乱和一些奇怪的逻辑推理。思维逻辑障碍大多在联想障碍的基础上产生。如一位患者每逢看见穿木板鞋的人即很敌视,其理由是"穿木板鞋的人反对我"。经追问后,病人解释说:"我的名字有一个'林'字,'林'字是由双木构成的,木板鞋的'板'字由'反'和'木'二字构成,板就是反木,就是反我,所以我恨穿木板鞋的人"。

有一些病人在思维过程中,常常把一些抽象概念具体化,表现为象征性思维,并成为关系妄想与某些难以理解的行为的原因。例如,一患者看见一块抹布,便认为这块抹布是说明自己思想很"脏",于是就去打扫庭院,说是要通过实际行动去改正自己的错误。显然患者把抹布的"不清洁"(具体的"脏")与思想上的"错误"(抽象的"脏")混淆起来了。这种概念的混乱,出现在思维过程中,必然会导致逻辑的谬误。一患者诉说"自己想到人是由动物进化的,所以人不应当吃猪肉;又想到动物是由植物进化的,吃植物也不应该;植物是由土里长出来的,所以觉得人不该站在地上"。这是逻辑倒错的表现。有的患者自创新词或新字,或用图形和符号代替某些概念。如一患者把"气功疗法",改为"器功疗法","器功"一词是患者曲解词义而创造的。她的理解是"器官的功效";这位患者还创造了一个"瓬"字,解释为"房子是用木头造的,瓦是最基本的,检修房子就是把'瓬'覆盖……"显然"瓬"字是言语缩合的产物。这些逻辑紊乱的症状,几乎只见于精神分裂症患者之中,在临床上很有诊断价值。

3. 妄想

精神分裂症另一个有特征性的思维障碍是原发性妄想。这是一种突如其来的病理体验或直接感受。也就是说,这类妄想并不是由感知觉障碍或其他歪曲的观念所引申,而是一种凭空出现,与患者以前的思想和情感毫无联系的一些病理性观念。例如,一位患者在日记中写道:"我总觉得有穿隐身衣的人在监视我";"好像人人都在说我"。原发性妄想几乎也只见于精神分裂症。另有一些妄想称为继发性或解说性妄想,大多是在幻觉等感知障碍或思维逻辑障碍的基础上形成的。受幻觉等感知觉障碍影响较大的妄想,内容荒谬、易变、杂乱而不成系统。受思维逻辑障碍影响较大的妄想,则内容比较固定,有形成系统的倾向。发病急,感知障碍丰富者以原发性妄想多见。发病年龄较晚,起病缓慢,病程迁延者,多为继发性妄想。就妄想内容而言,以被害妄想和关系妄想较多见;自罪妄想、嫉妒妄想、夸大妄想和物理影响妄想也不少见。有内脏器官的感觉异常时,则易有疑病妄想出现。

(二) 情感障碍

这是精神分裂症的常见症状之一。在疾病的急剧发作期,患者的情感可出现不明原因的剧烈变化,多系由幻觉和妄想产生的强烈反应。表现为兴奋、激动、紧张、恐惧、焦虑、忧郁或突然情感爆发;可能伴有伤人、毁物或自杀行为。有的病人出现情感倒错,往往以无所谓的心情,叙述自己最痛苦的遭遇;或者谈到高兴的事情时,反而伤心落泪。有的病人有矛盾情感,则是爱和憎两种对立的情感同时出现。如有的患者痛斥医生是凶手而同时却要求医生留下来陪伴,免得自己害怕。随着病情逐渐发展,情感迟钝和情感淡漠往往成为病人长期的主要症状。一些细致的高级情感常最先受损,表现为对亲友缺乏热情,对家人态度冷淡,对是非善恶漠不关心,与别人的情感不发生共鸣,只对外界刺激产生迟缓而浮浅的反应。严重时,可对欢乐、愤怒、恐惧等情境均无明显反应,甚至对任何刺激均无动于衷。为了正确理解精神分裂症情感障碍的特点,不应只着眼于患者面部表情呆板和平淡,更重要的是患者内心情感体验的贫乏,以及患者情感反应与内容的不一致。例如,临床上可见到一些淡漠少语的患者在独自发笑;如果问她笑什么,得到的回答常是"我没有笑呀!"如果病人的情感由活跃而转变为迟钝、淡漠,并伴有思维内容贫乏,常提示其精神活动日趋衰退,是病情转向慢性的象征。

(三) 意志行为障碍

精神分裂症患者多表现为明显的意志活动减退,对外界事物缺乏兴趣,不主动参加活动,经常处于沉思之中;不与周围人接触,整日闭门幽居或蒙头而卧,生活懒散,不修边幅,不注意整洁,孤僻、退缩,完全脱离现实。有的患者发生矛盾意向,不能果断选择应该做什么,总是犹豫不决。如欲睡觉,走到床边以后又退出寝室,如此反复不能决定。有的病人在妄想的支配下,可反复提出控诉或坚持进行某种赎罪活动,表现为病理性的意志增强,但这一现象并不能持久,随着病情的进展,意志行为活动的减退便日益明显。此时,即使偶尔浮现意志行为活动的愿望,自身也缺乏动力去完成它。还有一些患者为被害妄想所驱使,出现出走、自杀和影响社会治安的行为,严重时还可以导致凶杀。这类行为产生的另一原因在于患者意志过程减弱,因而缺乏力量去克服其内心的病理性冲动。此时患者或根本没有考虑到其行为可能引起的后果,或明知后果严重也无力控制自己。有的病人意志行为活动障碍可表现为刻板动作、模仿动作、机械性被动服从或违拗症等紧张性综合征。

精神分裂症患者还常有一些不易为人所理解的动作和姿势,如做鬼脸、努嘴、吮唇、蜷缩状态等;或以某种特殊的声调说话;有的患者似喃喃自语,可见其嘴动而听不见声音。在一般情况下很难从患者那里了解到这类动作和姿势有什么特殊的动机和实际意义。这类症状的出现像联想障碍以及思维与情感分裂一样,似乎都提示病人心理机能统一性的严重破坏。紧张症患者突然出现不明原因的冲动,可导致严重后果,这是需要注意的。

(四) 感知觉障碍

幻觉是精神分裂症的常见症状之一,但不是特征性症状;因为其他许多精神病都可有幻觉出现。但精神分裂症的幻觉具有某些特点,例如:幻觉常在病人意识完全清醒的状态下出现;听幻觉,特别是言语性幻觉最多见,而触幻觉和嗅幻觉、视幻觉和内脏幻觉也能见到;幻觉的内容比较单调、缺乏变化,结构也简单或不完整,与现实生活缺乏联系或内容怪异。听幻觉的内容可能是对患者下达某一指令,或对患者的行为加以评论;也可能是讥笑、漫骂或威胁。这类幻觉多为真性幻觉,声音清晰,患者往往信以为真,因而可支配患者的行为或影响其情绪。视幻觉出现时,患者多为旁观者,并不参加到幻觉场面里去。触幻觉则多反映在性器官上或有电流通过全身皮肤的感觉。

不完全性幻觉除了精神分裂症以外,在其他精神病中很少见到。这类幻觉可表现为假性幻觉,例如,患者听到自己脑子里说话的声音;也可表现为精神运动性幻觉,例如,患者并未张口发音,但觉得有说话、唱歌的感觉产生于自己的喉部;还可表现为思维鸣响,例如,当患者想到什么内容时常常立刻转化为声音在脑子里出现。此外,在精神分裂症患者中还可有感觉综合障碍,如感到头颅增大,耳、眼、鼻改变了位置等。

真正的错觉在精神分裂症中并不常见。有时,患者诉说鸟儿在对他说话,流水声中有骂他的声音,这常常不是错觉而是机能性听幻觉。有时,病人对于外界事物的形象,常通过自己的想像增添一些细节或赋予某种特别意义而构成一种新的形象。如一患者把天上的云彩看成是飘游的人物而对之下跪。这是幻想性错觉。

(五) 其他异常表现

注意力涣散常在本病的早期便已出现。病人表现出对日常生活漫不经心,工作粗枝大叶,丢三落四;与之交谈,常心不在焉;一般以随意注意障碍较为明显。由于病人注意力涣散,同时情感淡漠,对外界事物缺乏兴趣,因而常眼神呆滞,面部缺乏表情。

除极少数病人在疾病急剧发作期可出现短暂时间的意识障碍以外,绝大多数病人意识是清晰的。有时病人出现双重定向,说他身在一处,又说他在另一处。这是思维障碍而非意识障碍的表现。自我意识障碍在本病则比较常见。例如,有的病人往往以第三人称的语调叙述自身的体验;有的病人产生了被泄露感或被支配感,觉得自己内心的思想和情感已被泄露于他人,或受他人或某种神秘力量所支配和影响。有的患者觉得自己已分为两半,这两半部分在脑子里对话,即人格分离;有的病人体验到自身的某部分躯体或整个身体已不存在或不属自己,这是人格解体的表现。

精神分裂症病人一般智能完好,但常常对自己的精神疾病或病态表现缺乏自知力。

二、临床类型

精神病学家根据患者的基本症状、病程发展和预后的不同，将精神分裂症分成几种基本的临床类型。

(一) 单纯型

发病大多在青少年时期，起病缓慢，发病诱因不明显，最初不易被人发现，但是一旦被亲友怀疑有病时，本病往往已发展到严重阶段了。患者在早期可有失眠、头昏、头痛、注意力涣散、全身不适、精神萎靡等症状，颇像神经衰弱。随后，性格逐渐改变，表现为孤僻、懒散，情感淡漠，不与人来往，不修边幅，对任何事物皆不感兴趣，学习成绩下降，对工作常不负责任，散漫不羁，不遵守劳动纪律，工作能力降低，但患者并不为此而焦虑，也不采取任何措施加以补偿，得过且过，对别人的批评和规劝毫不介意。病情严重时与外界环境完全隔离，精神衰退也日益明显。

专栏

单纯型精神分裂症病例

某男，20岁，高中文化程度，饭店服务员。因三年来工作成绩逐年下降，生活懒散，经常发呆，孤僻少语，逐渐加重而入院。

病人出生于教师家庭，自幼生长发育正常，无严重躯体疾病史。为独生子，受父母溺爱，从小胆小好哭，怕与人交往，一向寡言独处，性格内向。学习认真、努力，15岁上高中前成绩优秀。无精神病阳性家族史。

病人进入高中后，学习成绩开始下降，在高中临近毕业时不愿再上学而参加工作，在一家饭店当服务员。三年前开始睡眠不佳，诉头晕头痛，常请假外出看病。随后工作不紧张，不认真，工作效率逐渐降低，且常出差错，虽经批评提醒，仍无改进。在家生活也逐渐变得懒散，不讲卫生，不主动换衣、洗澡，经常发呆发楞，对家人漠不关心，母亲摔伤在地，也无动于衷。时时无故不上班。一年前开始无法工作，在家卧床、发呆，与家人也很少说话，常无故发笑或喃喃自语。生活更形懒散，不洗脸、不刷牙、不洗澡。家人劝其看病也置之不理，否认自己有病。

住院后，病人经常呆坐或卧床，对周围事物漠不关心，孤独少语，被动接触，自称“脑子变空了”，对医生询问不作回答。或只回答“不知道”、“差不多”、“没什么”等语，思维内容贫乏，说话语调平淡，表情呆板，对周围环境变化无任何情感反应，未出现幻觉、妄想。对自己病情无自知力，对住院无所谓。

躯体和神经系统检查未见异常。

（二）青春型

发病多数在青春期，发病可急可缓。起病后，患者逐渐表现出孤僻，情绪不稳定，追究一些荒谬或无意义的问题，或发表一些空洞的议论。随着病情发展，情绪波动极大，忽而大哭，忽而大笑，或无故大发雷霆，令人难以捉摸；但对周围事物则表现情感淡漠。言语思维障碍表现为，患者言语杂乱，语句不连贯，常有思维中断；有时喃喃自语，很难与之深入交谈。妄想大都荒谬，零乱而不固定。幻觉丰富，以幻听、幻视居多，幻觉内容多离奇古怪，变化多端。有的可有人格解体等自我意识障碍。病人的动作多无意义，行动幼稚、愚蠢、淘气，如玩弄大小便、吞食昆虫、不爱清洁，饮食起居都不能自理。预后较差，精神衰退出现较其他各型为早。

专栏

青春型精神分裂症病例

某男，19岁，未婚，学生，精神失常已3个月，主要表现为言语零乱，情绪变化无常，忽哭忽笑，时而冲动兴奋、打人毁物，时而往外乱跑或学狗猫叫，吃木头、草、纸等。

半年前，病人开始睡眠差，头痛头胀，以后失眠逐渐加重，曾到各医院求治，但未见效。三个月来，突然半夜起来学鸡叫、狗叫。以后常独自外跑，去向不明。在家打人，砸玻璃、拆墙毁物。有时吃草、纸、木头；有时裸体，乱蹦乱跳，行为幼稚愚蠢，常自言自语，言语极不连贯，如说别人要解剖他，医生要害他，老神仙不让他吃饭。忽而发笑，忽而大哭，情感变化莫测。

病人否认有病，入院后很少主动与周围人接触，经常独自发笑。有时怪声唱歌，或突然提奇怪问题，如“鸡的血压是多少？”“人是生出来的还是蹦出来的？”病人说他的病是害怕天文试验而得的。承认他听见过蟋蟀叫他唱歌，向他说：“小宝宝，你别哭。”承认他曾拆过墙，因为经常听见墙里有蚊蝇声说：“不能吃碘剂，吃了就要死。”也承认吃过草木，常索取纸笔写一些内容奇特而又极不连贯的内容，如：“黄河社社长，卫生委员，区代表，艺术家董××，设想我假如那样死去，那么我的生活比牛马更残酷呢，然而我们总是夸耀自己……”有时拉住别人听他说话，但他说了半天也听不出一个主题。

住院两周后，病人又表现兴奋，高声自言自语，不断傻笑，并且做出许多古怪动作，如用各种手势乱作比划，打自己的头，在床上翻滚或用被蒙头，有时脱光衣服，吐唾沫，下地爬到床下。经注射冬眠混合液后方安静下来。

(三) 紧张型

发病年龄在青、中年，起病多呈急性和亚急性，也有起病缓慢的。早期表现萎靡无力，食欲不振，怠惰少动，对任何事物都无兴趣，情绪低落。随着疾病的发展，则有紧张性木僵和紧张性兴奋两组综合征出现。

(1) 木僵状态：病人情感淡漠，言语动作明显减少，有时呆立或呆坐数小时，可出现刻板动作、刻板言语，模仿动作、模仿言语和违拗等症状。严重时则不言不动、不饮不食，双目紧闭或凝视，表情呆滞，呼之不应，推之不动，甚至针刺皮肤时也无反应；不主动解大小便，不主动咽下或吐出口涎而任其顺口角流出；全身肌张力增高，并可出现蜡样屈曲。病人对周围事物虽无反应，但一般仍可感知，有的患者在脱离木僵后，可清楚地述说病中经过。在安静环境下向这类病人小声耳语时，也偶可获得回答。有的患者在夜深人静之际，当外界干扰消失时，可在室内走动、解便或进食。木僵状态短的维持几小时，长的可达数年之久。既可逐渐消失，也可突然结束，部分患者可随即进入兴奋状态。

(2) 兴奋状态：这一状态往往是突然爆发的。患者兴奋、激动、行为暴烈，常有毁物伤人行为；常可出现丰富幻觉。此状态一般维持几小时或数日，然后缓解或进入木僵状态。严重时昼夜躁动不停，以致衰竭。

此型病人的预后较好，无论病程长短，均有可能缓解。

专栏

紧张型精神分裂症病例

某男，22岁，大学生。家族中无精神病史。病人自幼胆小，一个人玩，常受邻居小孩欺侮而哭泣回家。上学后读书专心，成绩较好，但不合群。起病较急，两周前发现病人较前沉闷，下课后即回宿舍卧床，注视屋顶一角，或呆坐床上。有时半夜起床开窗，往外边看，或在窗前站立不动。听课时常发愣，不做笔记，有时低声自言自语，或冷笑。常迟到、早退或旷课。一周前，发现病人动作显著缓慢，吃一顿饭要一个多钟头，拿着碗筷发呆，有时走到厕所旁边就站住不动。5天前开始，病人整天卧床，不起来吃饭，也不上厕所，叫他推他均无反应，表情呆板。由学校送入医院。

病人被抬进病房后，一直卧床不动、不语、不回答问题。表情呆板、对周围刺激无任何反应。检查时以针刺手臂及脸部，病人无任何反应。嘴里唾液存积很多，有时顺口角流出。全身肌张力增高，如将四肢上举或抬高头部，病人保持此姿势很久不变。住院第五天肌张力增高现象消失。检查时有抵抗、违拗，如令病人张嘴，则愈说愈闭。一直靠鼻饲保持营养。

住院20天时，病人突然起床，在屋内不断来回走动，反复高声喊叫："冲！冲！"、表情紧张。出现无目的冲动行为：撞门，摔东西，整天整夜高声喊叫，内容片断、刻板。3天后突然恢复平静。病人能与工作人员交谈，主动起床进食，能谈住院前后经过，但不承认自己有精神病。约两周后，又陷入不动不语状态。经治疗后逐渐恢复正常，自知力恢复。

(四) 偏执型

又称妄想型，这是精神分裂症中较为多见的一型。约占住院精神分裂症病人的50%，发病年龄较各型为晚，多在中年。起病缓慢，但亦有急性起病者。开始时，患者敏感、多疑，逐渐发展形成妄想，妄想的范围可逐渐扩大，妄想的内容以关系妄想、被害妄想最多见，病人总觉得周围发生的一切现象都与自己有关。认为周围的一切变化都是有人为了要打击迫害他而故意安排和布置的。

其次还可有疑病、自罪、影响和嫉妒妄想等，这些妄想与被害妄想有不同程度的联系。这一类型患者的妄想可围绕某一中心思想而逐渐发展，最初可具有一定的逻辑性，但随着病程的发展，妄想结构可变得松散而不严密，内容也更荒谬和不固定。

此型患者中约半数以上存在幻觉。幻觉以言语性幻听最多见，也可出现幻视、幻触、幻嗅等；幻觉内容多对自己不利。这些不愉快的幻觉体验以及思维逻辑障碍可成为继发性妄想产生的基础，也可使被害妄想更加牢固。由于幻觉、妄想的影响，患者的情感活动多不稳定，常有愤怒和敌视的表情，有的则表现为疑惧或惶恐不安。与此同时也可出现异常行为，以至于出现自杀或凶杀事件。此型患者，特别是发病年龄较晚的患者仍能与环境保持着一定的联系，其日常生活也能自行照顾，而且智能完好，其预后一般也较好。

专栏

偏执型精神分裂症病例

某男，30岁，未婚，中学文化，自行车厂工人。因一年来无明显诱因而怀疑厂里的人都在议论他、责怪他、迫害他，并感到有仪器控制他，曾出逃躲藏并试图自杀而被送入医院。

病人出生于工人家庭，行三，有两个姐姐和一个弟弟，家庭成员关系良好，经济条件中等。自幼性格孤僻少语，敏感多疑，不爱与人交往，很少朋友，对交女朋友不感兴趣。其弟于四年前因患精神分裂症被送进精神病院。

病人高中毕业后参加工作，与父母同在一家自行车厂当技术工人。工作积极肯干，认真负责，曾多次受领导表扬与奖励。一年前无明显诱因而开始工作渐渐变得散漫，经常无故上班迟到，甚至旷工，干活不认真，不负责任，常出差错。经常向父母诉说一起工作的工人同事都在议论他、责怪他，对他不怀好意，把差错都推到他身上。还常听见班长的说话声，"他太差劲了，咱们教训教训他！"等等。因此使他经常心情紧张。在厂里看见别人吐痰、听到别人咳嗽声音都认为是针对他的。病人还诉说有人用电波发射器把电波发射到他身上，影响他、控制他，对他进行迫害，搞得他睡不好、吃不好，头痛脑涨，浑身不舒服，注意集中不了，工作老出差错。自己心里想的事情通过电波他们都知道了……有一天夜里两点，突然起来，把全家人吵醒，大声喊："敌人把我们的住宅都包围了。"自己从屋里跑出去躲藏到邻居的院子里，有一次曾对家人说自己活不成了，并说自己要自杀。有时则又说自己是孔夫子，负有挽救世界的使命。

由于病人不承认自己有病而拒绝看病，被家人强行送进医院，住院治疗。

三、致病因素

从19世纪中叶起，一百多年来，各国精神病学家对精神分裂症的发病原因与机理进行了多方面的、大量的研究工作，但至今尚无确凿的结论。不过，对于本病发病的生物学因素和心理社会因素的长期研究中，还是提供了有关病因学和发病机理的大量有价值的科学资料。

（一）生物学因素

1. 遗传因素

首先在家系研究方面，本病患者家族中精神病人的调查研究资料显示：精神分裂症患者亲属中的患病率比一般居民高得多，具有与病人血缘关系越近，则患病率越高的明显倾向。这说明遗传因素对本病的发生有一定的作用。例如，据 1958 年对上海地区的调查资料发现，1198 例精神分裂症病人的 54576 名家族成员中，其精神病患病率为 1.75%，远比当地居民的患病率 0.28% 高得多（相当于 6.2 倍）。其中患者父母患病率为3.32%；同胞为 3.01%；伯、叔、姑、舅、姨为 1.35%；祖父母和外祖父母为 1.26%；第一代堂表兄弟姐妹为 0.64%；第二代堂表兄弟姐妹为 0.42%。国外也有类似的研究，如卡尔曼（Kallmann）等人对 1087 例精神分裂症患者家族成员进行调查，发现其患病率较当地一般居民高 9～16 倍。

其次在双生子的研究方面，有关精神分裂症双生子的研究报告表明，同卵双生子的同病率比异卵双生子一般可高 4～6 倍。卡尔曼（Kallmann, 1968）调查了 953 对双生子，其中 268 对同卵双生子，二人同患精神分裂病者占 86.2%，而 685 对异卵双生子中，同病率仅为 14.5%。艾伦（Allen, 1972）对现役军人 274 对双生子调查，同病率较低一些，同卵双生子同病 27.4%，异卵双生子同病率只有 4.0%。这些调查研究资料支持了遗传因素在精神分裂症的发病中起重要作用的观点。

再次在寄养研究方面，为了排除精神分裂症病人家庭环境影响，希斯芬（Hesfon, 1966）将精神分裂症患者（母亲）的子女 47 名作为实验组，自幼寄养在父母健康的家庭中，另与 50 名双亲精神健康的子女作为对照组。两组同样在出生第一个月开始与生母分开，在寄养的家庭长大，成年后进行精神检查，结果实验组有 5 人患精神分裂症，对照组则无一人患病。罗森塔尔（Rosenthal, 1968）调查了精神分裂症患者的 39 名子女寄养在健康家庭中，结果有 13 人患精神分裂症或有分裂人格，而父母健康的 47 名子女中只有 7 人患病，两者差异显著。

此外，关于遗传基因的研究有不同观点，有学者认为精神分裂症是单基因遗传，即认为精神分裂症的发生必有一个病理基因，它可以是显性、隐性或中性的。但较多的学者支持多基因遗传的假说，即认为本病是由于多基因作用造成的，没有显性和隐性基因那种明显的遗传规律，但有一个阈值，超过这个阈值就会发生异常。

1988 年谢灵顿（Sherrington）曾报道精神分裂症的基因异常可能位于 5 号染色体。但后来其结果未能得到别人的重复。不过，像精神分裂症这样一种症状范围广泛的疾病，可能不是由一个基因决定的。有些研究结果即使不能为别人重复，并不能排除它对部分病人是有效的。

2. 生物化学因素

(1) 自体中毒假说：有学者认为可能由于体内代谢异常产生有毒的中间代谢物质

造成大脑相应区域的脑细胞受毒害而功能失调,从而导致精神分裂症的发生。

(2) 多巴胺功能亢进假说：在临床实践中发现酚噻嗪类和丁胺苯类等多种高价有效的抗精神病药物,均有强力的阻滞多巴胺受体的药理机制。此外,长期服用大量苯丙胺的患者,可以出现精神分裂症妄想型十分相似的症状,而苯丙胺的药理作用主要是抑制多巴胺的再摄取,从而使受体部位的多巴胺含量增高,功能亢进。因此推测至少在精神分裂症妄想型,可能与多巴胺功能亢进有关。

(3) 生物胺的代谢异常假说：学者们发现 5-HT 和肾上腺素等含吲哚基的氨基酸代谢物,均对精神分裂症的发病有重要影响。沃勒格等(Woolleg et al., 1962)研究发现,脑内缺少 5-HT 可产生精神症状。巴斯凯诺(Buscaino)先前于 1958 年也发现精神分裂症患者尿内 5-HT 最终代谢物的排出量较常人为高。

上述与精神分裂相关的生物化学因素,还不能完全证明它们与精神分裂症发病有关,尚待进行进一步的深入研究。

3. 早期脑发育和脑结构变化因素

除了遗传因素外,孕期和围产期创伤或病毒感染,使胎儿及婴幼儿的脑发育蒙受影响而造成脑发育障碍。谢农(Shannon et al., 1998)认为,这种脑发育障碍的损害主要来自生命早期,可能与神经元的增殖、转移、突触网的形成等有关。这是一个复杂的过程,在发育过程中神经元转移的错位,神经元之间轴突与树突“搭错”都可能是过程的一部分,从而成为引发精神分裂症的一种生物学因素。

自从上世纪 70 年代各种脑成像技术出现以来,发现精神分裂症患者中 30%～40%有脑室扩大或其他脑结构异常现象,如发现脑皮层、额叶和小脑结构均较小,胼胝体的面积、长度、厚度和正常对照组都有差别。安德烈亚森(Andreasen, 1986)研究发现 40%男性病人大脑额叶较小。安德烈亚森等(Andreasen et al., 1998)还认为不应把精神分裂症脑结构异常局限于定位在某一脑区,而应看做是较为复杂的脑通路的障碍,此通路的三个关键部位是额叶、丘脑、小脑。他曾用 PET 研究,发现在进行心理测验时,额叶、丘脑和小脑均被激活,但在精神分裂症患者中未能发现明显的激活现象。因此,他们认为,精神分裂症可能是由于额叶-丘脑-小脑通路发育障碍所致,主要症状可通称为“认知调节不良”。

(二) 心理-社会因素

有许多研究资料表明,精神分裂症的发病除了与生物学因素相关以外,也与心理-社会因素相关。但到目前为止,正像各种生物学因素一样,尚难发现任何能够决定是否发生精神分裂症的心理-社会因素。以下简述几点可能有关的心理-社会因素。

1. 家庭和亲子关系因素

许多学者侧重于从人生早期的家庭环境和教养方式,来解说精神分裂症的发病问题。阿瑞提认为几乎所有本病患者都来自那些混乱的家庭环境。他特别强调生命早期即婴幼儿关键时期的重要性，认为在这一时期儿童需要热情和慈爱的喂食、抚摸、怀抱和嬉戏等，才能发展稳定的人格基础。如果这种早期生活的失调，如儿童受到冷漠、忽视、厌弃或虐待，就可能产生多疑、敏感、孤独、不安全感等，以及精神病的易感素质。

引起学者们较大注意的是父母，特别是母亲与子女之间的亲子关系不正常在本病发病中的作用。凯撒尼因(Kasanin, 1934)首先提出，在他的研究中发现，在45例精神分裂症病人的亲子关系中，有27例不正常(占60%)。其中25例被母亲过度保护;2例被母亲厌弃。但对这种不正常的亲子关系到底是原因还是结果，尚有争议。有人认为是原因，就称这些母亲为“精神分裂症源性母亲”;有人认为是结果，就说因为这些母亲发现自己的孩子比较“脆弱”，所以特别加以关照和保护。还有人专门研究了精神分裂症病人的母亲的行为表现，虽然其本人并非精神病人，但其行为却促使自己的孩子形成精神分裂症。其行为表现特点是：具有一定诱惑力却又难以接近，表面上温情而实际上是过分苛刻、严格和妄加控制别人的，过于庇护而又缺乏灵活性等。

此外，有人研究了本病患者及其父母的沟通交流问题，认为这些患者的父母很多婚姻是不和谐的，处于长期的婚姻冲突之中，因此，父母本身及其与子女之间的交流往往是不正常的，这种家庭环境中的子女以后就容易发生精神分裂症。

2. 人格因素

从20世纪初，很多学者就注意到精神分裂症的发生，有很多患者在病前就有较明显的不良人格特征，即认为本病的很多病人是在分裂性人格基础上发展起来的。M.布鲁尔长期随访研究了208例精神分裂症患者，发现有人格异常的患者占70%，其中24%患者属于病态的分裂性人格，28%患者属于非病态的分裂性人格，18%患者属于其他人格异常，只有30%患者人格在正常范围。布鲁尔认为，精神分裂症患者因从小有人格异常，就容易跟别人(包括家庭成员)形成格格不入或关系失调状态，由此造成人际关系紧张，并发展成人际冲突，从而可能成为引发精神分裂症的心理社会因素。不过对于病前的人格异常问题是不是本病的病因，尚有争议，还需进一步的深入研究。

3. 心理应激因素

过去认为精神因素在精神分裂症的发病中有明显的作用，因为客观上总有一半以上的病人在发病前都有精神因素的影响。据上世纪60年代国内资料分析，精神分裂症在发病前有精神因素影响的患者占54%～77.6%。过去一般所说的精神因素实际上大多是属于心理应激。造成心理应激的因素虽然是多种多样的，但生活事件(即在生活过程中，对人们的情绪和行为产生不同影响的事件)是造成人们心理应激的重要因素。如果生活事件发生的频率越高，导致心理应激的可能性越多，进而对人的身心健康的影响就越严重，造成疾病的可能性也越大，这已为大量的调查研究资料所证实。心理应激作为精神因素对精神分裂症的发生肯定是会有作用的，因为它至少会导致大脑功能的失调，从而促使精神分裂症的发生。因此，在某种意义上应该说心理应激或精神因素也是参与造成精神分裂症的因素之一，当然它不会是单一因素。有人称之为诱发因素，这也是有道理的。不过如何做出恰当的评价也还是一个有待深入研究的问题。

4. 社会、经济因素

据调查资料表明，经济生活条件差、社会阶层较低的人群，精神分裂症的发病率和患病率均较高。美国精神病学家和社会学家协作调查发现，生活在芝加哥城内贫穷人群的精神病首次住院率最高，以精神分裂症最明显(Faris et al., 1930)。后来对纽约附近社区的调查，也发现患病率与社会阶层呈负相关，低社会阶层患病率与高社会阶层之比为9:1，而以最低的社会阶层的患病率最高(Hollinghead et al., 1958)。英国学者报道的在英国诺丁汉调查新发精神分裂症在不同经济水平地区的分布资料，也得出了相同的结论。

社会阶层低、经济条件差的人群，由于社会生活环境相对恶劣，工作没有保障，经常处于高负荷的心理应激情境中，应付困境和紧张的能力相对受损，抗病能力也相对减弱，发生精神病的可能性就会增高。但是还有问题的另一方面，有人认为社会阶层低，经济水平差的人群，多去公立医院诊治或求助于社会福利关怀，因而易于被发现；而较高社会阶层、经济条件富裕的人群多请私人医生诊治，一般不会沦落街头，很少被社区发现。看来对这一问题也还需进一步深入研讨。

总之，根据对精神分裂症的一百多年的研究历程，以及根据现有发病因素的大量研究资料表明，精神分裂症可能并不是任何单一因素造成的，可能是由于生物学因素、心理学因素和社会文化因素综合在一起发生作用而造成了精神分裂症。

四、治疗措施

对精神分裂症的治疗，一般是以医药治疗为主，辅以心理治疗的综合治疗方法。具体的治疗措施的实施则要看病情而定，并需根据病人病情发展不同时期的心理特点有针对性地进行治疗。

(一) 药物治疗

药物治疗对于精神分裂症是一项有关键意义的治疗措施。药物治疗使用起来简便易行，还可用于院外治疗，对于迅速控制精神症状，促进病情缓解，使病人易于接受其他治疗措施都是很有益处的。精神分裂症的药物治疗主要是服用抗精神病药物。常用的抗精神病药物有酚噻嗪类、硫杂蒽类和丁酰苯类。在使用时一般可分为高剂量、低效价以及低剂量、高效价两大类。前者以酚噻嗪类的氯丙嗪和硫杂蒽类的泰尔登为代表；后者以酚噻嗪类的氟奋乃静、三氟拉嗪以及丁酰苯类的氟哌啶醇、三氟哌啶醇为代表，其特点除了抗幻觉、妄想作用外，还对情感淡漠、意志减退有激活作用。不同的抗精神病药物，对精神病的作用大致相同，其临床效应取决于剂量大小、精神症状特点和个体敏感性等因素；对于精神分裂症，其药物治疗效应如何，则要看它的临床特点和类型、病程和病期(即急性阶段还是慢性阶段)、占主导地位的临床症状以及阳性症状还是阴性症状等具体情况而定。

(二) 心理治疗

在发病早期或急性期,由于病人的症状活跃而丰富,内心的矛盾冲突明显,情绪不稳,心理活动的各个方面都不协调,对周围生活环境不适应、不能一致;因此,这时应以药物治疗为主,以便及时地控制症状。同时,配合心理治疗,以启发病人对自己病态状况的觉悟,促使病人产生对自身疾病的自知力。尤其是对于那些拒食、拒药或逃跑等不合作的病人,更要做好解释、说服、示范等心理治疗工作,以期做到使病人能安心接受各种治疗措施。关于精神分裂症病人在急性发作、症状活跃阶段能否进行心理治疗存在着不同的看法。我们认为,即使在这一阶段,也是应该进行心理治疗的。因为,不管病人的病情多么严重,症状多么丰富和活跃,病人的整个心理活动中总还是存在着正常的部分。因此,病人或多或少还是能够接受心理治疗措施的干预的。而且,通过心理治疗也有助于促进病人的正常心理部分对抗其病态部分,并使其他治疗措施更好地发挥作用,从而就可加速病人的异常心理状态向正常状态转化。

在病人的症状缓解或康复期,心理治疗措施有着更为明显的作用。在这一阶段,除了继续进行药物治疗以外,应该主要进行心理治疗。通过各种心理治疗措施,如集体讲座、个别会谈,治愈病人的现身说法,有目的地组织家属探视,并配合娱乐治疗、体育治疗和音乐治疗等,以便有效地帮助病人了解疾病的性质和患病的原因,解除各种思想负担和顾虑,促进病人提高对自己疾病的自知力,并增强治愈疾病的信心。同时,鼓励病人逐渐适应社会生活,尽快回到正常的社会生活和工作中来。这样就能使病人的病情更快地好转,整个心理状态也得以恢复正常。

对于已有心理缺损症状的慢性病人,则应加强各种院外防治措施,帮助病人消除各种顾虑,鼓励病人加强与社会的联系,积极参加正常的社会生活,尽力从事力所能及的劳动、学习和文体活动,以便活跃病人的情绪生活,防止衰退现象的出现或加重。

总之,在对精神分裂症病人的治疗和康复过程中,社会环境因素十分重要。这牵涉到如何正确对待精神病患者的问题,因此,要求病人的家属、亲友和邻居,乃至整个社会都应采取对精神病患者同情、关心和爱护的态度;纠正对他们反感、厌恶、冷淡或恐惧的态度。要做到让精神病病人有一个良好的有利于治疗和康复的社会环境,不脱离正常的社会生活,这是对精神病病人(包括精神分裂症病人)进行有效治疗的一个必不可少的重要措施。

16

药物滥用与依赖

一、药物滥用与依赖的基本概念

人类药物滥用的历史可以追溯至几千年前，但只是近四五十年来才对药物滥用与依赖的概念和定义有了较明确和科学的概念。

（一）药物滥用

药物滥用(drug abuse)指在一种已知的社会文化背景中，偏离了社会常模与医疗允许的情况下，间断或不间断地自行使用药物的情况。这一定义已明确地表达出使用药物这一行为的自身远远背离社会与医疗的允许，而且绝非某些在不熟悉药物不良反应后果下，不恰当乃至错误使用一些药品的特殊情况。例如，在医疗所需时，使用巴比妥盐来诱导入睡是允许的事情，然而在某些社会情境中，为了引起欣快的情绪而自行使用同一类药物的就是药物滥用。又如，医疗上使用阿片类镇痛本来是合情合理的，而为了达到解脱社会压力下的紧张情绪，图一时快慰，使用这一药品，无疑也是属于药物滥用。

确定为药物滥用应具备以下三个条件：

- 非医疗用途的使用某种药物，明知该药物的使用会引起或加重社会、职业或本人身心损害，但仍不能停止或减少使用。
- 由于该药物的使用造成社会和职业功能损害。
- 由于该药物造成的症状存在至少一个月，或在一段更长时间内反复出现。

（二）药物依赖

药物依赖(drug dependance)也称药物成瘾(addiction)，指带有强制性的使用与觅求某种或某些药物，并于断药后不断产生再次使用倾向的行为方式。一般来讲，药物依赖是非医疗用药的突出危害之一，是药物滥用的后果。凡已形成药物依赖性的个体，必须具备心理依赖，即强制性觅药的心理倾向乃至不考虑一切后果强烈渴求用药的心态。此外，对许多药物产生依赖的个体还同时存在着躯体或生理依赖，即一旦停止服药，不久即可产生一系列轻重不等的生理反应，即药物戒断症状。

● 耐受性的提高：即指需要不断增加剂量才可达到原先较少剂量所能产生的效果。

● 躯体依赖：即对某种药物在生理机能上的适应状态，断药后则表现为戒断综合征。

● 戒断综合征：指在停用药物后或当药效被拮抗剂对抗时所发生的生理改变。并非所有的药物依赖都伴有躯体依赖。

（三）致依赖性物质的分类

常用的滥用药物可以分为以下10类：

● 阿片类：包括海洛因、吗啡、鸦片、杜冷丁、可待因、美沙酮、盐酸二氢埃托啡等，阿片是由罂粟未成熟的浆果中直接提取或用提取物加工而成。阿片类药物具有镇痛、镇静和致欣快作用。反复使用既可引起躯体依赖又可引起精神依赖，而且可以引起很高的耐受性，一旦成瘾，治疗非常困难。

● 可卡因类：包括可卡因和克赖克，由生长于南美的灌木古柯加工提取而成。其短期作用可使滥用者思维敏捷、抑制食欲、睡眠减少、心率加快和呼吸困难，大量时易起偏执观念、刻板动作和冲动行为。此类药物的精神依赖性非常强，耐受性形成非常迅速。

● 安非它明类：包括苯丙胺、甲基苯丙胺、亚甲基二氧基甲基苯丙胺、利他林、匹莫林等，这类人工合成的化学物质具有中枢兴奋作用，使用后引起高度警觉、注意力集中、活动增加、睡眠减少、食欲抑制、心慌和血压增高等。有的药物还可以使滥用者出现幻觉。

● 大麻类：来自一种叫做大麻的植物，其主要有效成分是四氢大麻酚。主要心理效应是感知功能增强、对声音和颜色的感受能力增强，精神放松。此外，大麻类还可引起思维联想障碍、记忆障碍、操作能力下降等。

● 镇静安眠剂：指用于镇静、催眠、治疗焦虑、肌肉松弛的一类处方药物。可以分为两大类，即巴比妥类和苯二氮卓类。其短期作用是使服药者容易入睡。同时，镇静安眠剂还可引起宿醉现象、记忆力及注意力下降和操作能力下降。镇静安眠剂外用可产生躯体依赖和耐受性。其中，巴比妥类药物可引起非常严重的戒断症状，部分依赖者会出现惊厥、意识障碍、高热和死亡。

● 致幻剂：又称迷幻药，是一类在不影响意识的前提下改变人的知觉、思维、情感活动的药物，包括麦角二乙胺、苯环已哌啶、南美仙人球碱（麦斯卡林）和西洛西宾等。滥用后可产生幻觉，错觉，空间定向障碍，情感反映强烈，活动增多，记忆力减退，自我评价能力受损，被害妄想和冲动伤人行为。过量使用本类药物可引起心律失常、抽搐和死亡。

● 挥发性有机溶剂：来自人们日常生活中使用的胶水、去指甲液、稀料、汽油、涂改液及多种燃料。滥用后可引起欣快感、话多、夸大、幻觉、言语不清、共济失调、恶心和呕吐。部分滥用者会在滥用后立即出现大小便失禁，呼吸、心跳抑制而死亡。长期使用对肝脏、心脏和神经系统有严重毒性作用。

- 酒精：酒精对人体的作用因摄入量的不同而不同。少量摄入时，饮酒者自觉轻松、愉快、言语轻度增多。当酒精摄入量增加时，饮酒者逐渐出现口齿不清、自我节制力下降、行为轻浮、冲动、好斗和攻击行为。当饮酒量进一步加大时，饮酒者就会出现嗜睡、昏迷和死亡。长期、频繁饮酒可引起饮酒者对酒精发生躯体依赖、心理依赖、耐受性和多种躯体和精神疾病。酒精依赖的戒断症状非常严重，可引起部分病例死亡。酒精的心理依赖非常强烈，以致成瘾者行为失控，戒除非常困难。酒精的耐受性也非常高，某些酒精依赖者每日饮酒量常超过500克高度白酒而不出现中毒症状。

- 烟草：烟草滥用即吸烟，是本世纪引起人类多种疾病和死亡的最重要的原因之一。烟草中含有多种成分，其中主要有效成分是尼古丁。尼古丁可使吸烟者自觉喜悦、敏捷、脑力增强、减轻焦虑和抑制食欲。

- 咖啡因：见于咖啡和可乐类饮料中，茶叶中的茶碱与咖啡因作用相似。咖啡因具有加快心率和利尿作用。长期大量饮用咖啡可引起耐受性提高，量大时还可引起咖啡因中毒，后者主要表现为焦虑不安、高度紧张和烦躁等。滥用咖啡因纯品可产生躯体依赖和戒断症状。

（四）药物依赖的病因学

药物依赖的发生其原因复杂，迄今仍属不明。可能受以下因素的影响：精神活性药物的特性；用药者的躯体易患性（可能包括遗传易患倾向）；人格和社会经济地位；文化和社会环境；患者个人的心理状态；患者选择的精神活性物质的种类、用药方式和频率等。

从尝试到偶尔使用再到产生耐药性和躯体依赖的过程让人困惑。增加用量和依赖的因素包括伙伴或集体的压力，通过特定药物得到缓解的情感挫折、悲伤、社会疏离以及环境应激（特别是无力改变现状或无法实现理想时的情感体验）。多社会因素和媒体的宣传造成人们误认为药物可以安全地解除痛苦，带来舒适。药物滥用的结果取决于药物、使用者本身的特点和外界环境的相互作用。

迄今为止，尚未发现在药物依赖或成瘾的人与非成瘾者之间存在生化素质、药物偏好或生理效应之间的明显差异。但是，与酒依赖者的血缘关系越近，个体对酒精的躯体反应越不明显。动物研究发现：阿片类、可卡因、苯丙胺、尼古丁等药物的应用伴有中脑和脑皮层特定回路多巴胺能传递的强化。这一发现揭示在哺乳动物的大脑中存在与多巴胺有关的大脑阳性强化刺激途径。但是，有关致幻药和大麻激活这一系统的证据尚不充分，而且并非所有有过“阳性强化刺激”体验的人都会依赖药物或成瘾。

心理学家曾有所谓“成瘾人格”的提法，但尚无科学证据可证明确有典型的易患人格特征。有人认为成瘾者是不敢面对现实、逃避现实的人。也有人认为成瘾者具有分裂样人格特点,表现为胆小、退缩和抑郁,常有自杀企图。还有人认为成瘾者在人际关系中一般表现为依赖、贪婪,常无缘无故或有原因地暴怒,性行为幼稚。但在个体产生药物依赖之前,他们并无异常的取乐导向,不负责任的行为往往是由成瘾引起的。有时成瘾者用药只是为了缓解危机、工作压力或家庭不幸带来的暂时焦虑或抑郁。医生、患者以及社会文化体系都把药物滥用置于生活事件或生活功能失调的背景下。

二、阿片类药物依赖

(一) 概述

阿片类药物包括鸦片、吗啡(阿片中的生物碱)、海洛因(吗啡的衍生物)以及具有吗啡样作用的化合物,如杜冷丁、美沙酮等。上述药物滥用后均易产生依赖性,即形成一种强制性地追求重复用药的趋向并不能自我解脱。

阿片类成瘾是当前全世界麻醉品滥用的主要问题之一。阿片类药物成瘾性强,戒断症状严重,戒毒后复发率高;在许多国家中广泛流行,形成灾害,影响着劳动生产和社会安全,构成严峻的社会病态。阿片类药物滥用严重地影响身心健康,现时又与艾滋病紧密联系,因而成为当今社会中棘手的公共卫生问题,阻碍着社会发展与人类进步。

治疗阿片类成瘾总的原则是采用综合治疗措施,其中包括中止滥用毒品并治疗其戒断症状的戒毒治疗阶段,以期初步摆脱成瘾者对毒品的依赖。然后再实施一系列的社会康复措施,对依赖行为进行矫正,防止复吸。

(二) 阿片类成瘾的表现与戒断症状

1. 成瘾时的特征

(1) 生理依赖:成瘾后,一旦中断用药(或突然减少用量)8～12小时即出现戒断症状。若不继续用药,戒断症状于36～72小时达到高峰。戒断症状的出现表明成瘾者已产生身体依赖性。

(2) 心理依赖:成瘾者对毒品产生异常强烈的渴求感,需连续不间断地滥用毒品来重复体验心理快感并避免断药时的身心折磨。

(3) 耐受性:成瘾者对阿片类药物容易产生耐受性,需不断提高剂量来维持原先的药效。超过自身耐受性的滥用毒品,可以引起急性中毒死亡。此外,耐受性易在间断用药一个时期后发生变化,如再用原量时也可导致过量中毒。

2. 戒断综合征

戒断滥用阿片类药物后可出现一系列戒断症状,称为戒断综合征,如:流鼻涕、流泪、打哈欠、瞳孔散大、体毛竖起、出汗、腹泻、全身酸痛、自发射精、血压上升、脉搏加快、发热、失眠及焦虑烦躁等。戒断综合征在出现的第三天后逐渐减轻,一周后主要症状徐缓消除。失眠、焦虑、烦躁和不适感有时会迁延一段时期。戒断综合征的出现,是认定阿片类成瘾的重要临床标志之一。

(三) 阿片类成瘾的治疗

1. 完整治疗的含义

完整治疗指通过各种戒毒治疗措施,包括药物和非药物的戒毒方法,使成瘾者解脱滥用药物的生理状况,然后再经康复措施来矫正其依赖行为,最终使之重新融入社会。因此,治疗过程包括戒毒治疗、康复措施和后续随访监督的防复吸工作。

2. 戒毒治疗的意义和方法

(1) 意义:戒毒治疗是全面治疗的第一个阶段,目的是使成瘾者解脱中断吸毒所产生的戒断症状,从而能摆脱使用毒品,为矫正依赖行为,进行康复打下基础。

(2) 方法:戒毒治疗可以选择使用各种戒毒药物进行;戒断症状轻者也可不使用戒毒药,但需进行相应的对症处理。

三、酒精依赖

(一) 概述

酒精依赖指在长期过量饮酒的同时所发生的特征性行为变异。酒精中毒被认为是病因不明的慢性脑病,其起病隐密,症状与体征则随病情的轻重各异。大量酒精进入体内,会产生显著的临床毒性和组织损伤,躯体依赖以及危险的戒断综合征。酒精依赖可以使个人及家庭遭受损失。

酒精依赖者的特点是对饮酒严重依赖或称成瘾,并且存在日益严重的特征性行为问题。频频醉酒,无法掩人耳目且具破坏性——殃及个人的社交和工作能力。最终,可导致社会关系破裂,并因旷工被辞退。酒精依赖者可因醉酒而受伤,因酒后驾车被拘留或因酒后滋事被捕。最后,他们可因严重的戒断反应(震颤谵妄)或肝硬化而住院。出现这种行为的年龄越小,问题会越严重。女性酒精依赖者一般更喜欢自斟自饮,但较少出现某些社会问题。

(二) 发病因素和发病率

酒精依赖病因不明。在酒精依赖者身上,常可见某些人格特征,例如分裂样性格(离群索居、孤独、害羞)、抑郁、依赖、敌意和自毁冲动以及性行为幼稚。酒精中毒者常来自破碎的家庭,且与父母关系恶劣。社会因素,即经由文化传统或育儿过程传递的观念,对饮酒方式和随后的行为亦有影响。

导致酒精中毒的遗传和生化缺陷尚未能证实。尽管酒精中毒者其嫡子的发病率要比养子高,但是酒精中毒者的子女酗酒的比例仅略高于普通人群。许多学者相信酒精中毒的发生一般有其遗传和生化的易患性。

目前酒精依赖在女性、儿童、青少年及大学生中的发病率正在逐年上升。男女比例约为 4:1。据报道,约有 75%的美国成人饮用含有酒精的饮料,其中有 10%的人不时因酒精中毒或酒精滥用而遭遇麻烦。

(三) 生理和病理变化

酒精主要由小肠吸收后进入血液。因为吸收快于氧化和排泄,所以会在血液中积聚下来。饮入的酒精中 5%~10%以原形从尿、汗及呼气中排出,其余部分以每小时 5~10 mL 纯酒精的速率氧化成二氧化碳和水。酒精的主要作用是抑制中枢神经系统。血液中酒精浓度达 50 mg/dl 时产生镇静或安定作用,50~150 mg/dl 时动作协调性受损,300~400 mg/dl 意识丧失。血液中酒精浓度大于 400 mg/dl 可能致死。

酒精依赖者最常见的器官组织损害为肝硬化、周围神经病变、脑损伤及心肌病,且常伴有心律不齐。此外,胃炎、胰腺炎也有发生。酒精具有对肝脏的直接毒性效应,而大量饮酒继发的营养不良可加重这种效应。有的酒精中毒者会发生不可逆性肝功能损害,由此影响糖原储存,干扰糖原代谢,易发生低血糖。食物摄入不足也会产生症状性低血糖。酒精的直接作用以及所伴有的营养缺乏(尤其是硫胺素)可引起常见的周围神经退行性病变及脑损害。酒精性心肌病在严重滥用酒精约 10 年后发生,可能是酒精对心肌的直接毒性效应,与营养状况无关。其临床表现为心脏扩大及充血性心力衰竭,病理表现为弥漫性心肌纤维化与心肌肥大,伴有糖蛋白浸润。此外,酒精滥用所致的硫胺素缺乏会引起一种心肌病变("脚气病性"心脏病),出现高排血量心衰,并会因为电解质失衡而产生心脏传导系统的紊乱。年轻的酒精中毒者可因摄入过量酒精心电图异常,心律不齐和猝死。至于胃炎,可能与酒精对胃液分泌的效应有关,通常分泌量增多、酸度增加,而胃蛋白酶却较低。

(四) 耐受性和躯体依赖

反复大量饮酒者会对酒精的效应产生一定程度的耐受性,以后再用此量则不会像从前那样产生同等的酒醉效果。对酒精的耐受是中枢神经细胞对于酒精的适应性改变。饮酒者对酒精的耐受程度可达到难以置信的酒精血浓度水平,有些人竟可忍受 700 mg/dl 的浓度。但是酒精的耐受性是不完全的,剂量足够高时,饮酒者仍会表现出一定程度的醉酒与功能受损。从具有耐受性的动物身上可见,致死剂量其实仅仅略高于酒醉剂量。饮酒过量引起的呼吸抑制可致人死命,即便对酒精已有耐受性的人也会因此丧生。与耐受性相伴出现的躯体依赖相当严重,戒断会产生一系列不良反应,甚至可能导致死亡。对酒精的耐受性可导致对其他中枢神经抑制剂的交叉耐药。

(五) 戒断综合征

酒精依赖者停止饮酒一般会在12～48小时后出现一系列症状和体征。轻度戒断综合征表现为震颤、乏力、出汗、反射亢进以及胃肠道症状。有些人还会癫痫大发作,但一般不会在短期内发作两次以上。

长期过量饮酒后突然戒断会发生酒精性幻觉症。症状常是责骂性与恐吓性的言语性幻听与错觉,患者常为此十分忧虑,并可因栩栩如生的噩梦和幻觉而十分恐惧。这些情况有些像精神分裂症,但一般没有思维障碍,也缺乏典型的分裂症病史。其表现不像急性器质性脑部综合征的谵妄状态,而戒断后产生的震颤谵妄或其他病理反应就与后者相似。酒精性幻觉症患者的意识依然清晰,其症状一般出现在震颤谵妄之前。幻觉一般是暂时的,通常约1～3周后便可恢复,但如再喝酒又会复发。

震颤谵妄常起于酒精戒断48～72小时之后,表现为焦虑发作、意识障碍、睡眠不佳(伴有噩梦或夜间幻觉)、大汗。患者常因不断闪现的幻觉而坐立不安和恐惧。最初的谵妄、意识浑浊和定向不全这些典型状态是对日常习惯活动的再现。例如,患者常想像自己又去上班了,并试图从事某些相关活动。此时除谵妄外,还伴有植物神经系统紊乱,表现为出汗、心率增快及体温升高,其严重程度随谵妄的进展而加重。轻度谵妄时可有明显的出汗、心率为100～120次/分,体温37.2～37.8℃。显著谵妄时,定向不全、认知功能受损,伴有明显坐立不安、心率超过120次/分、体温超过37.8℃。患者会觉得各种刺激都带有暗示性,尤其是在昏暗的光线之下。由于前庭功能失调,会觉得地板在移动,墙在倒塌或房间在旋转。当谵妄恶化时,双手可出现持久的大幅静止性震颤,有时这种震颤会延展至头部和躯干。此外还有明显的共济失调。震颤谵妄时体温升高是预后不良的征兆。尽管震颤谵妄可能致人死命,但一般都有自限性,患者在较长时间的睡眠后会自行好转。震颤谵妄一般应在12～24小时后开始缓解,如在此期间仍未见明显好转,应考虑其他疾病的可能,如硬膜下血肿、肝肾系统疾病或其他精神方面的问题。

(六) 匿名者互戒协会(Alcoholics Anonymous, AA)

对于酒精中毒患者,最有效的方法莫过于AA。患者会发现在AA内感到很自在,与其他成员除饮酒问题外还可以交流其他共同感兴趣的内容。这种AA可以为患者提供不饮酒的朋友和酒吧以外的活动天地。患者可以听到其他成员的饮酒借口,从而引以为戒。他还可以为其他酒精中毒者提供帮助,从中找回以往只能在饮酒时体会到的自尊和自信。和其他国家不同,美国的AA团体中包括很多非自愿的入会者,他们的参加是迫于法庭或监护官的命令。这种放弃AA自愿传统的做法可能影响它的疗效。

四、大麻类依赖

（一）概述

长期或周期性地应用大麻所产生的某种心理依赖，但没有躯体依赖。任何可以产生欣快，减少焦虑的药物都可导致依赖，大麻也不例外。但不大会出现大量应用以致难以戒断的情况。在较长时间内多次应用大麻，一般不会产生社会或精神功能失调。“依赖”这个词对于多数大麻服用者来说，可能不太合适。停用大麻时不会出现戒断综合征，但一些严重滥用者主诉停药产生睡眠不良和紧张不安。

国外大麻的应用相当普遍。调查显示 1979～1991 年间大麻的应用有所下降，但是到 1995 年 12～17 岁的青少年使用者的数量增加了。在美国约有 6500～7000 万的人曾用过大麻，其中约有 2%～3%的人每天或几乎每天使用大麻。并非所有每日固定使用大麻的人都已成瘾。大麻的应用已成为一个药物问题（从应用的日渐普遍以及求治人数的增加可以看出），但它的毒理仍不明朗。求治或讨论停药的人数可能被夸大了，因为在工作环境中测试结果为阳性的人往往被强令治疗，随之而来的是强制测试。

（二）症状和体征

吸食大麻能产生一种梦幻意识状态、思维不连贯、无法控制和自由漂浮。有关时间、颜色与空间的知觉往往被歪曲。一般会产生一种健康幸福、情绪高涨、兴奋鼓舞和放松（飘飘欲仙）的感觉。吸食后这种效应会持续 2～3 个小时。没有可信证据表明存在延时或宿醉反应。常可出现心动过速、结膜充血及口干。不少心理效果似乎均与服药当时的环境有关。偶尔也会产生惊恐反应，尤其是在初次吸食时。服用大麻后，交流沟通和运动的能力会有所减退，深度知觉存在困难，计时感也有改变，这些表现在特定情况下（如驾车和操作机器）都是相当危险的。大麻可使精神分裂症症状恶化，即使患者正在服用抗精神病药物也不能幸免。患者食欲常可增加。

多数有关大麻会导致严重生物学损害的说法并无可信证据，即使在严重滥用者中间也是如此。对免疫功能、生殖功能等重点的调查也未见明显异常。但大量吸食大麻者会有肺部损害（急性支气管炎发作、气喘、咳嗽以及痰液增多）和肺功能改变。也许由于吸食大麻时吸入的烟少于抽香烟，单单吸食大麻的人尚未有罹患肺癌的报道。但支气管组织活检不时有癌前病变存在，因此还是有发生癌症的可能。在一些对照研究中，有些测试发现小样本的长期大量吸食大麻者存在认知功能减退，这一发现尚有待确认。对新生儿的研究尚无证据表明母亲应用大麻会对胎儿造成损害。曾有胎儿体重降低的报道，但将各项因素（如母亲饮酒及抽烟）考虑在内，大麻对胎儿体重的影响就消失了。母乳中会分泌 Δ-9-四氢大麻酚。尽管尚未有伤害婴儿的报道，但建议哺乳期的女性和怀孕女性一样不要使用大麻。

由于大麻代谢物残留在尿液中,规律服用者只要用过一次,即使停药数天或数周后尿检仍呈阳性。这种检测仅仅检定大麻的无活性代谢物,而非检测有否功能异常。吸食者在尿检时可能不会出现药物反应。由于可对极小剂量的大麻使用做出鉴定,因此只要结果呈阳性就无须再去鉴别滥用方式。

五、抗焦虑药及催眠药类依赖

(一) 概述

此类症状指周期性或持续性地滥用抗焦虑药或催眠药的心理依赖或对此类药物的躯体依赖。当摄入量减少到一定程度以后,便会产生自限性的戒断综合征。耐药性的产生比较不规则,也不完全,所以相当多的行为紊乱与毒性症状会持续下去,持续的时间按各种药物的药代动力学效应而定。在酒精与巴比妥类以及包括苯二氮卓类在内的非巴比妥镇静催眠剂之间,会存在某些相互的、不完全的交叉耐药性。

(二) 症状和体征

镇静剂中毒体征为浅表反射减退、细小的侧视眼球震颤、清醒度轻度减退伴有大幅快速的眼球震颤、共济失调与口齿含糊以及姿态不稳。病情转重时出现直视眼球震颤、嗜睡、明显共济失调、跌倒、意识模糊、深睡、瞳孔缩小、呼吸抑制、最后导致死亡。服用大剂量镇静剂常有思维困难、言语和理解缓慢(构音困难)、记忆不佳、判断不良、注意力涣散及情绪不稳。一般认为,合并存在思维缓慢、说话含糊不清以及四肢因摔跌造成的乌青伤痕提示有镇静剂依赖。

(三) 戒断反应

对于某些较为敏感的患者,心理依赖发展得相当迅速,一旦停药便会使原先的失眠再次恶化、坐立不安、噩梦频繁、易醒、晨起感到紧张。至于躯体依赖则与剂量及服药时间长短有关。例如,每日服用 200 mg 戊巴比妥即使持续数月也不会引起明显耐药,但如每日服用 300 mg,持续 3 个月以上,则在停药后出现戒断症状,而每日 500～600 mg,只须 1 个月即可在停药后出现戒断反应。

突然停用大剂量巴比妥类药会产生严重的,甚至危及生命的戒断综合征。症状与震颤谵妄很相似。一旦出现戒断症状往往很难逆转,但如能按法仔细治疗,症状可以减轻。重建中枢神经系统的平衡需时约为 30 天。有时即使在正确处理 1～2 周后,仍有可能复发。在戒断速效巴比妥类后 12～20 小时,患者如未得到治疗,会显得越来越坐立不安、颤抖和乏力。第二天颤抖更明显、深部腱反射亢进和乏力更重。原来每日服药

800 mg 以上的患者,有 75% 会在第 2～3 天出现痉挛抽搐。这种抽搐可能发展到癫痫持续状态以至死亡。从第 2～5 天,如不予治疗,戒断综合征可表现为谵妄、失眠、意识模糊以及可怕的幻视与幻听、还伴有发热与脱水。

六、烟草依赖

被世界卫生组织(WHO)称为人类 20 世纪瘟疫的吸烟不仅严重危害人类健康,同时严重污染环境,并造成巨大的经济损失,成为社会的一大公害。据 WHO 估计,目前全世界每年有 400 万人死于与烟草有关的疾病,到 2020 年将增加至 1000 万,其中 70% 是在发展中国家。消除烟草的危害已日益受到卫生部门和各级政府部门的关注和重视。医生在预防和控制烟草工作中担负着极其重要和特殊的作用。大约 70%～90% 的吸烟者每年与医生接触,50%～70% 的吸烟者对戒烟感兴趣,而医生通常被看做是健康的维护者,他们的行为被视为楷模和榜样,医生对人们的劝告会产生更好的效果。

欧美等发达国家四十多年的成功控制经验之一就是对医务人员进行培训并动员他们参与禁烟运动。世界卫生组织和多国卫生部门都鼓励和动员医务人员,包括临床医生、牙医、护士、健康教育工作者等积极投入预防和控制烟草的工作中。作为医务人员在预防和治疗吸烟患者中应该掌握的基本原则,重点包括以下几个方面:

- 烟草依赖是一个慢性的状态,需要反复的、不断的干预。目前有效的治疗方法使烟草依赖者摆脱成瘾,甚至永久戒断。

- 简单的烟草依赖治疗是有效的和经济可行的,每个吸烟患者都应该得到至少一种的治疗方法。特别要区分不同戒烟意愿阶段的吸烟者,根据在不同阶段的不同需要,为他们提供不同的干预和治疗方法。

- 医务人员和医疗卫生部门必须对医疗机构内吸烟患者的识别、记录和治疗制度化。

- 烟草依赖咨询的强度和其效果之间存在明显的剂量关系。治疗包括一对一的接触,如通过个人、群体或电话咨询等都是有效的,其有效性随治疗强度而增加(如接触时间等)。

- 目前有很多戒烟的药物治疗手段,包括尼古丁口含片,尼古丁药贴,尼古丁吸入剂等。

- 大量研究表明,目前有许多不同的戒烟的干预方法,医生的职责是确保有效方法的正确、顺利地实施。有效简单的戒烟治疗的临床步骤既是适合患者个体,又适合医院的资源和医生的爱好、培训。医生在干预和治疗吸烟患者时,必须收集必要的信息,做出重要的决策。

17

儿童心理障碍

对儿童心理障碍的认识，随着心理学和临床医学的进展而不断深入。对儿童心理病理学的研究，应该清楚地意识到下述两个问题：

一是发展的概念。儿童不是一个缩小的成人，也不是一张可以随意涂抹的白纸，他们正处在自身基础上成长和发展变化的时期。儿童心理发展有其自身的规律性。因此，在遇到儿童心理问题时便应首先考虑发展的问题，要看到儿童有完全不同于成人的心理障碍，因为儿童是一个发展的个体，因而各种有害因素对其心理造成的影响也就可能完全不同于成人，且对处于不同发展阶段的儿童所起的作用也会不同，同一致病因素在不同年龄阶段导致的心理异常的临床表现也会不尽相同。

二是儿童心理障碍的分类。目前还没有令人满意的关于儿童心理障碍的分类系统，有些诊断名称还在沿袭成人的诊断。实际上，在同样诊断的名称下，儿童的症状、原因都与成人有较大差异，病程和预后也不尽相同。许多儿童期的心理异常并不持续发展为成人期相应诊断名称下的心理障碍。

一、儿童一般行为问题

在临床上常可遇到一些不太严重的儿童行为问题，它往往表现为某一特殊行为方面，并不影响整个的精神发育。这类行为在一定的发展阶段出现属正常现象，只有当它们表现过分突出或在不适宜的年龄阶段出现、或延续的时间过长时才有病理意义。

对正常儿童的纵向和横向研究表明，特殊的行为问题和年龄阶段多是相关的，这类行为问题会随年龄的增长而逐渐消失，因此可不必太过关注。比如，吮拇指、咬指甲、活动过多、尿床、口吃、拿别人东西、说谎等等。3～5岁孩子即使出现上述问题，也不能视为异常，这可能只是儿童发育中的暂时现象，会随年龄的增长而逐渐消失，但如果这类行为在程度上过于严重，影响了儿童的日常生活和适应环境，或持续时间过长，这就不能再视为正常，应引起足够重视了。

（一）进食问题

进食问题是儿童时期常见的行为问题，因此而致家长的苦恼，深受家长重视。儿童进食问题包括多种形式，有厌食、偏食、贪食（肥胖）、异食等。

1. 厌食

厌食是儿童进食问题中发生最多、最常见的一种，发生在婴、幼儿期称喂食障碍，发生在少年、青年期则为神经性厌食。

厌食是一种主要由心理因素引起的饮食障碍，表现为儿童长期对食物不感兴趣，缺乏食欲、吃得极少，经常回避或拒绝进食，如强迫喂食，甚至可即刻引起呕吐。

幼儿的厌食常常是由于家长对儿童的进食过分关注和不适当的教养方式引起的。如果孩子学会把不吃饭当成控制和威胁大人满足他某些要求的手段，便会养成厌食的习惯，产生持久的厌食行为。

对不好好吃饭的厌食行为，可采用行为矫正的原理，清除厌食行为，强化进食行为。即对正确的进食行为则给以奖励和赞扬。

2. 少年的神经性厌食

常见于12～18岁的青少年，95%为女性。她们对自己的形体改变和胖过分担忧和恐惧，因而有意识地极度限制自己的饮食，即使饿得头晕眼花、四肢无力也不肯进食。由于长期拒食，影响生长发育，体重明显减轻，甚至下降至原体重的1/4，少女多闭经、子宫发育不全，可伴有脉缓、低血压、下肢浮肿、皮肤头发的明显改变等，严重者可引起各种慢性病，有20%左右病人死于本病或并发症。

神经性厌食主要与心理和社会文化因素有关。有些少女盲目追求苗条美，总是担心自己太胖，在进食的时候则伴随有焦虑和恐惧，于是，进食时焦虑，拒食时轻松，就成了较为稳固的神经性厌食的内在原因，即使再饿但内心是快乐的。

神经性厌食也与性格有关。这类女孩多为娇生惯养的独生女，性格上多有任性、情绪不稳定、自我中心等特点。

治疗时须针对病因进行心理治疗，淡化求美意识，缓解病人对体重增加和形体改变的焦虑和恐惧。在认知上能改变人生追求，开阔心胸便可从每天追求苗条的厌食中解脱出来。

也可使用系统脱敏法逐渐减弱对进食的敏感，逐渐减少对进食的恐惧，反而让其感到轻松愉快，食量便可逐渐增加。

3. 神经性贪食

神经性贪食也是一种进食障碍，其特征是反复发作的和不可抗拒的摄食欲望及暴食行为，好发于青春期女性。每次暴食进食量很大，几乎是周期性发作，常每周发作两次，喜欢选食高热量的松软甜食。最后因腹胀腹痛、入睡或外界干扰方才终止一次贪食行为。但吃完之后，又后悔自责、恐惧抑郁、担心发胖，常采用引吐、导泻、禁食等方法来控制体重消除由暴食引发的恐惧。多数病人又是神经性厌食的延续者,发病年龄晚于神经性厌食者。

贪食主要是心理原因引起,青春期心理不成熟,屈从于社会影响,担心发胖,追求消瘦美而禁食,几天后又由于强烈的饥饿感而不得不放开满足一回,暴食满足后又后悔,如此周期的反复循环。也可能与生活的单调、孤寂、紧张有关。当在孤独、寂寞、焦虑紧张而需要别人注意和关怀时,就会通过吃来获得快感和满足,吃就有了心理意义,成了安慰剂。

贪食的心理治疗基本与厌食相似,心理治疗是一个人格改变和生活方式改变的深刻过程,应着重在病人的整体改变和提高生活质量上。贪食症的药物治疗效果要优于厌食症。如果是采用心理治疗加药物治疗,联合效果将会很理想。

(二) 口吃

口吃是一种较常见的儿童言语障碍。口吃时,正常的言语节律受阻,表现为言语不由自主地重复,发音延迟或停止。口吃儿童有50%在5岁前起病,男孩多于女孩。持续的口吃对儿童的心理发展十分不利。儿童会因为口吃而痛苦,回避交往,变得少言寡语,害羞、孤僻、胆怯、自卑,甚至郁郁寡欢。他们变得敏感、焦虑、退缩,影响良好人格的形成。

1. 口吃的原因

口吃的发生直接与儿童说话时的情绪激动有关,当他们在紧张、焦急、恐惧或愤怒时就可能发生口吃现象。如果每当说话孩子就处在这类情绪状态,就可能形成口吃的习惯。如果父母对孩子平时要求过高过严,做事要求尽善尽美,对孩子又过分控制,特别是对孩子的说话过分关注,过多地指责和矫正,尤其是对孩子说话口吃的嘲笑和训斥,极容易使儿童在说话时出现紧张不安和焦急,致使言语活动受阻,表现口吃。

还有的口吃来源于好奇和模仿。儿童间出于好奇对口吃的模仿,儿童向成人的模仿也是造成部分口吃的原因。有资料表明,父母口吃者孩子有60%的可能出现口吃。

2. 口吃的矫治

口吃的矫治应首先消除引起口吃的心理、社会原因。比如,父母、老师等周围人们不要过分注意或议论儿童的言语缺陷,不要嘲笑或谴责他,甚至严厉强迫他矫正,要顺其自然。他们一时说不清,可以安慰他,让他慢慢地说,消除他们紧张焦虑情绪、减轻他们说话时的心理压力,这样,口吃现象会自行逐渐地消退。

如果儿童的口吃是由于家庭关系紧张或家长、老师的教育不当引起的,则必须让家长和老师认识到他们的行为对儿童口吃的影响,改变他们的态度和行为,才能消除儿童口吃的因素,改善口吃行为,而不是一味地去要求儿童改善口吃行为,这样反而使儿童紧张情绪加重,无法达到改善口吃行为的目的。

如果减少了环境中的紧张因素仍不能制止口吃,则可采用有步骤的言语矫正法、认知行为疗法进行训练,帮助儿童克服口吃的毛病。

（三）遗尿症

遗尿指儿童5岁以后仍然不能自己控制排尿，白天或夜间时有排尿，每月至少二次者。其中，由躯体疾病，如糖尿病或抽搐引起的除外。遗尿在儿童中的发生率一般为4%～7%，5～6岁发生率最高，11岁以后很少见。随着儿童神经系统日臻成熟，膀胱括约肌的强壮，经过训练和学习，到2岁以后，基本学会自觉地控制排尿，2岁半以后60%儿童夜间可以不尿床，4～5岁约80%儿童可控制夜尿，12岁的儿童有97%不尿床，遗尿症状可不加治疗，多数能自然痊愈。

1．遗尿的原因

（1）遗传因素：研究发现，遗尿儿童的父母中，40%～50%幼年时也有遗尿的历史。此外，同卵双生子的同病率要比异卵双生子高68%，说明遗尿有遗传倾向。

（2）神经系统缺陷或躯体疾病：遗尿症儿童常见有大脑皮质发育迟缓，有异常的脑电图，最普遍的是异常的慢波；还有的伴有癫痫发作。约有10%遗尿症儿童有泌尿系统的生理缺陷或尿道感染，造成无法建立排尿时必要的条件反射或是对炎症刺激的不自主反射造成的。

（3）心理社会因素：大部分的遗尿症是由于受惊吓、环境的突然改变、缺乏亲人照管、过度疲劳或不正确的教养习惯等心理社会因素造成的。因此，婴幼儿时期遭受强烈的精神刺激和创伤，如父母离婚或死亡、家庭的不和气氛、父母管教不一致等等，均能成为儿童遗尿的原因。此外，婴幼儿时期排尿训练不良也会造成遗尿现象。

2．遗尿症的预防与矫治

遗尿症的防治，预防是首要的，绝大多数儿童都能顺利地学会自主控制排尿，而不至患上遗尿症。预防遗尿不仅指防止患上遗尿症，也指患上遗尿症之后如何防止每次遗尿。遗尿的防治有时无法截然分得开，一种方法可能既防又治。遗尿的防治法可有：

（1）排便训练：较早地教给孩子如何拉裤子、坐便盆、上厕所等动作，使其根据正确的程序要求进行排便。当他能顺利完成排便时，及时予以表扬和奖励。还可采用定时唤醒的方法，每晚由父母定时唤醒孩子起床排尿，并逐步培养其晚间自行起床排尿的习惯。

（2）心理治疗：解除心理压力，满足心理需要。应深入了解儿童可能存在的心理矛盾和心理需要，分析父母的情感态度和教育方式，分析其中可能引起儿童遗尿的精神因素，设法及时消除。对待尿床的儿童，千万不要讥笑、训斥和惩罚，而应同情与关心，减轻他由尿床产生的自卑感和羞耻感，耐心地鼓励和训练他正常的排尿能力和习惯。

（3）特殊防治法：床垫警铃。遗尿症的防治方法中，最直接而有效的方法，首推行为矫正法，其中的“床垫警铃”法最为具体实用。此法为莫乌尔（Mower，1938）所创，其理论基础为经典条件反射原理，让儿童睡在特别的床垫上，当儿童夜间遗尿，尿湿了床垫，立即会响起警铃，把儿童唤醒。这里的治疗原理在于，膀胱充盈和铃声同时出现，铃声唤醒后再排尿，经过一段训练之后，即可由膀胱充盈直接唤醒儿童排尿。一般说来，用此法训练 4～8 周，儿童就不再尿床了。此法对原发性遗尿疗效最佳。

二、儿童多动症

多动综合征(hyperkinetic syndrome)简称多动症，是一种常见的儿童行为障碍，所以又称“儿童多动综合征”。多动症的高峰就诊年龄为 8～10 岁，男孩明显多于女孩。男女患儿的症状虽然都有注意缺陷，但男孩多伴有多动，属注意障碍伴多动型(attention deficit hyperkinetic disorder, ADHD)，而女孩则以注意障碍(attention deficit disorder, ADD)不伴多动为主。儿童多动症的发生率，各国及我国各地的统计报告差异较大，比较公认的患病率为学龄儿童中的 3%。

(一) 多动症儿童的临床症状

多动症不属于一般的“疾病”，它与人的高级神经活动类型及人的多种心理功能有关，从其出生至成年都有某些特殊的表现，小学时期是多动症儿童的症状最为受到关注，也表现较为明显的时期。多动症儿童突出的表现为下述五方面：

1. 注意障碍

注意缺陷是多动症儿童的主要症状，它表现为选择性地集中注意和保持注意有困难，他们很容易被环境中的无关刺激所吸引，使注意力分散和转移。周围的任何事物都似乎能引起他们的兴趣，他们保持自己注意的时间只有 5～10 分钟，甚至更短。因此，很难专心听讲，很难专心地完成一件事情，总是心不在焉，做事虎头蛇尾。在完成家庭作业时，除非有父母的监督，否则无法进行。

2. 活动过多

活动过多是多动症儿童最常引人注意的特征，他们从小开始便表现得几乎没有静下来的时候，只要是清醒的，便总是不停地活动。上学后多动便更为突出，因为与学校要求学生安静听课的距离太大，太过明显，因此便成为问题儿童。他们不能专注于一个活动，不是手敲桌子，就是玩弄文具或玩具，再不然跺脚或把脚放在地上滑来滑去，屁股在椅子上来回挪动。严重者与别人说话，推撞别人，擅自离开座位在教室内走动，吹口哨、尖叫，全然不顾对课堂正常秩序的干扰。下课后则如脱缰野马，狂奔乱跑。他们的活动常显得杂乱无章、缺乏目的性和组织性。

3. 情绪不稳，行为不良

多动症儿童情绪不稳，人们难于知道他今天为什么高兴，昨天为什么不高兴。他们的情绪极容易波动，喜怒无常。高兴时手舞足蹈，夸夸其谈，自吹自擂；稍遇挫折，又可能垂头丧气、闷闷不乐。他们的情感不成熟、易激惹又执拗，自我控制和自我调节能力差。

在行为表现上，几乎 80% 的多动症儿童有各种各样的不良行为，如不听劝告、不服管理、我行我素、打架、好顶嘴、倔犟、横行霸道、恃强凌弱、难以忍受挫折、纪律性差等等。他们缺乏自我克制能力,比较冲动任性,在受到批评和管教时又容易怀恨在心,要千方百计寻机报复,容易受外界不良因素影响或引诱,可能染上说谎、偷盗、离家出走、殴斗等坏习气,成为问题青少年。

4. 学习困难

多动症儿童约有60%会发生学习困难。他们的学习困难是多种因素造成的,但与智力因素无关。他们的学习困难与他们的注意缺陷、多动、冲动任性、意志力弱有直接关系,更与他们学习能力本身的某些障碍有关,如有听、说、读、写、计算、理解等能力的缺陷,导致学习困难。

(二) 多动症的成因

多动症的确切原因目前尚不十分确定,只有各种假说。大多数学者认为是多种因素所致的综合征,一般认为多动症与下述各种因素有关:

1. 生物学因素

不少研究者发现,多动症有遗传倾向。如同病率与血缘关系成正比,即与多动症儿童血缘关系越近患同种病的比率越高。1979年谢弗尔(Safer)报告,17例多动症儿童的亲兄弟19人中,患多动症者10人,占55%。还有资料报道称,同卵双生子的同病率是100%。

另有学者推断,儿童多动症的发生可能与轻微脑损伤或轻微功能障碍有关。还有不少研究资料认为儿童多动症可能与感觉统合失调有关。他们认为人的学习和各种行为的正常运行,需要有各种感觉的输入,并经大脑的统合调整才得以完成。感觉统合失调的儿童组织不好机体的活动,不能使心理活动整合到当前的主要任务上来(如学习、听课),就会出现注意力不集中、多动、自控能力差等现象。

2. 社会、心理因素

有人认为,多动症是不良的社会、心理环境引起儿童的精神高度紧张和内心不安、冲突的结果。经济过于贫困、住房过于拥挤、家庭不和、父母的性格不良或有心理异常、对子女教养方式不当、儿童长期寄养在不良的家庭中等等,均可构成多动症的诱因。

家庭和环境的不良因素可表现为:(1) 儿童自幼丧失父母或父母离异,或是在缺少关怀和温暖的环境下长大,易出现自卑、孤独、行为异常或多动。(2) 家长和老师对儿童行为过于苛求,造成儿童精神过度紧张,情感压抑而出现行为异常。(3) 家庭的过分溺爱,对儿童的要求百依百顺,儿童娇生惯养,随心所欲,从而缺乏自制力的发展。儿童的多动、冲动、涣散成为行为习惯或人格的一部分。

多动症的表现复杂多样,现在一般认为,其形成是多种生物、遗传、心理、社会因素单独或共同作用所造成的综合征。

(三) 多动症的矫治

学者们普遍认为,对于多动症儿童重要的是如何正确认识、理解他们,正确地对待他们,最好的治疗则是帮助他们学会适应,而不是治病。目前多动症儿童的治疗是以教育、心理训练为主的综合治疗,必要时以药物作为辅助治疗,对中、重症的儿童药物治疗既重要,又很有效。

1. 药物治疗

药物治疗一直是治疗多动症最常用和最传统的治疗方法。药物治疗对于改善注意缺陷与多动障碍的一些症状十分有效。

目前临床治疗多动症的药物有三大类:(1) 中枢神经兴奋剂,包括利他林等;(2) α_2 受体激剂,主要是可乐定;(3) 三环类控抑郁药,常用的有丙咪嗪等。

用药虽然能改善注意、控制多动与冲动,但有一定副作用,所以一定要在医生指导下必要时才使用。

2. 心理治疗

多动症儿童的心理疗法主要是使用行为矫正法,目的是修正不良行为,塑造正确行为。行为矫正法的实施是一个较漫长的行为训练过程,需要实施者(老师和家长)认真耐心地坚持,只有目标明确又持之以恒地坚持,才能收到良好的效果。

行为矫正法可使用多种技术增强和产生新行为,减少和消退不良行为。对于多动症儿童则主要是矫正其注意涣散、多动和冲动等。

3. 家庭治疗

对患有多动症的儿童进行治疗时,其中一项重要组成内容是要进行家庭治疗和家庭训练。许多情况下,儿童的行为只是家庭关系的症状表现,它反映的是家庭关系的不和谐。因此,有必要进行家庭治疗。家庭治疗的另一含义指儿童的多动行为也该由家庭(父母)进行治疗和训练。为使父母真正能起到对儿童的治疗作用,对儿童父母的培训和辅导是必不可少的。

4. 学校的管理和教育

多动症儿童的治疗必须有学校老师的参与和合作,其中包括课堂行为管理、课外行为管理以及必要的特殊教育安排。作为一名合格的教师必须掌握行为管理的知识和原理,以及必要的心理学知识,并在教育实践中认真实行与贯彻,特别是行为矫正法的掌握和运用,对多动症儿童的治疗更有特殊意义。

三、儿童孤独症

儿童孤独症又称早期婴儿孤独症(early infancy autism),简称孤独症,是起病于婴幼儿时期的一种广泛性发育障碍。凯纳(Kanner)最早在 1943 年把它命名为"早期婴儿孤独症”。

儿童孤独症的发病率很低，但按最新的国际报告1％～2％的比例推算，我国现有3亿8千万14岁以下儿童中，约有孤独症儿童30～50万，患儿男多于女。国内的儿科临床实践发现，被诊断为儿童孤独症的患儿有逐年增多的现象，这可能与医学知识的普及、经济收入增加和医疗条件的改善有直接关系。

（一）儿童孤独症的临床表现

1．社交障碍

此症状为孤独症的核心性特点，患儿不能和他人（包括父母）建立正常的社会交往关系。婴儿期即不爱哭、不爱笑，对亲人和母亲不表现依恋，对爱抚、拥抱表现无所谓，甚至拒绝。他们不能和成人建立依恋关系，即便被抱起，身体也依然保持僵硬和麻木不仁，并主动回避与他人的目光接触，父母回家不表现欢迎，离去也不啼哭。年龄大一点后，不参加集体活动，常孤独一人，不会寻求父母或他人的注意和安慰，父母与其讲话时，常似听非听毫无反应。

2．言语障碍

患儿语言发育有一种全面的、本质的损害，一般学者大都相信大约有1/2以上的孤独症患儿不能获得实用的言语能力。约有50％的患儿可能终生缄默不语。不少患儿不能完好地说话，有些患儿甚至只会发出一些简单的音节，言语无法成为他们交流思想的工具。一些言语发音稍好的患儿虽然可以使用句子，但是存在一些特殊异常的表达方式。最典型的是，他们往往会重复别人讲述的词语或句子。他们缺乏对语言的理解力，别人与其对话，他们似听非听，常不能理解对方的意思，因此，总是不受别人影响的自行其事——自语、自顾自的尖叫等。语言发育上的障碍严重的影响着儿童的学习、交流及进入现实社会的能力。

3．刻板的仪式化行为方式

孤独症儿童对生活环境和生活方式要求固定不变，生活模式单调刻板。如住房的家具安置、桌面上摆放的物品、吃饭、排便等均固执地坚持同一格式，反对任何变动。当逐步建立了一种生活模式后，便结合成一套固定仪式而无休止地重复。他们的行为局限而刻板，会不厌其烦地重复单调的刻板动作，如不停地转圈、用足尖走路、反复摇晃身体、挥手等。他们还经常出现自我刺激、自我伤害的行为。患儿的自伤行为常见的有：猛击自己的头部或撞头、拔自己的头发、咬自己身体的某部位、打自己甚至挖自己的眼睛等。

4．智能偏低

据利特沃和弗利曼（Ritvo & Freeman, 1978）的研究，大约有60％的孤独症患儿智商低于50分，20％在50～70分之间，余下的20％智商高于70分。也有报告认为孤独症儿童在认知和智力作业表现较差。多数学者认为孤独症儿童具有广泛的认知缺陷。

（二）儿童孤独症的病因分析

自凯纳在1943年首次提出“婴儿孤独症”以来，孤独症的研究和病因分析一直受到关注，目前对病因的探讨倾向于从社会环境和心理因素转向生物因素的研究，集中于神经生物学，如遗传因素、神经生理、神经病理、生物化学和免疫学等。

1．遗传因素

福尔斯坦等(Fowlstern et al.，1977)调查了21对同性别双生子，同卵双生子11对有4对同患孤独症(36%)，而10对双卵双生子中则无一对。斯蒂芬伯格(Stevenberg，1989)报道北欧国家中同卵双生子的同病率高达91%，而双卵双生子同病率为0。另有报告孤独症儿童的兄弟姐妹中患孤独症者占2%～6%，比一般人的患病率高出5倍。

2．神经系统形态和功能因素

有些学者对孤独症儿童和正常儿童做磁共振的扫描检查，发现患者的第四脑室明显增大、整个脑干明显较小。又发现其小脑发育不良，比正常儿童要小。

神经生理的研究假设孤独症原发于大脑皮层的功能失调。一种假说认为，孤独症起因于大脑“单侧化”发育障碍，左侧半球发育不良，因而有左侧半球所管的信息顺序排列以及语言和沟通就发生了功能紊乱。另有假说认为，孤独症原发于脑干功能失调，因为孤独症儿童在其接受感觉刺激之后而发出的反应动作之间的调节功能极差。

3．精神因素

尽管多数学者认为孤独症的病因主要在于神经系统的生理病理原因，但仍有人强调孤独症发病的心理因素。贝特尔海姆(Bettelheim，1967)假设，由于孤独症患儿的父母在儿童发展的关键阶段上，对孩子的行为采取了不积极、不合理的对待，从而导致了婴儿的情感退缩。婴儿的情感退缩又促使母亲对他进一步的拒绝，母婴的亲情关系不再发展。在这样一个充满拒绝与威胁的环境中，孩子不但对父母表现出不断的退缩，而且发展为对整个世界的拒绝，孤独症于是形成。

（三）儿童孤独症治疗

儿童孤独症宜早发现、早治疗。洛瓦斯(Lovaas，1987)的一项研究报告显示，长期的系统治疗与训练可以取得较满意的结果。

有报告显示，孤独症儿童大约有1/3会终生不语，1/3在青春期前会有癫痫发作，大约有2/3～3/4的患儿伴有程度不同的智力低下问题，因此，孤独症儿童的治疗就成为极待研究和解决之事。目前对孤独症的治疗，大多数专家倾向于教育训练和心理治疗，辅助以药物的对症治疗。

1．心理治疗

贝特尔海姆曾多次报告治疗成功的案例，他的治疗建基于心理动力学假说，认为孤独障碍是由于母子互动不足以及缺乏具有建设性的亲子关系造成的。因此，他的治疗主要通过为患儿提供大量的温暖和爱的接纳，再配合适当有效的强化程序。孤独症患儿会因为这种支持性的环境而逐步发展起安全和信任感，并能够积极地面对自我，由此开始接纳世界，孤独症的典型防御行为会被逐步放弃。

在一种被称为"结构治疗"(structural therapy)的方法中，儿童的生活环境被重新安排，以一种愉快和游戏的方式提供各种身体的和言语的刺激，目标是使患儿增加刺激的数量和变化性，使其逐渐认识自己，建立与环境的关系和联系。结构治疗的效果也被看好，在21个个案中有12人有良好的改善，在三年的治疗计划完成后返回家庭之中。

行为矫正法可以较为成功地运用于孤独症儿童的治疗和训练，可用于治疗各种症状的改善和能力的培养。针对儿童的自我伤害、自我刺激和破坏性等过剩行为，使用消退、惩罚法、暂停法和过度纠正法；针对儿童的缄默，注意缺乏，兴趣狭窄，动机不足和社交、游戏的退缩等行为不足的症状，也可以使用强化、消退等行为矫正的基本原理和操作技巧，渐进地得以改善和增强。

2．药物治疗

目前，由于对孤独症的病因尚不清楚，因此还不可能有特别有效的药物能治疗本病，临床上常用于治疗孤独症的药物主要是精神药物，比如抗精神病药物、抗抑郁剂、抗焦虑剂和中枢兴奋剂等。

四、学习障碍

学习障碍在心理异常的诊断分类中虽还没有一个专门的分类，但在各国的教育实践活动中都是普遍存在的现象，成为儿童教育上的一大难题，受到普遍的关注，也是心理门诊和咨询中常遇见的问题之一。学习障碍儿童智力正常、五官健全、身体发育良好，几乎无任何显著可辨的生理障碍，但都难以适应正常的教育，学习效果低下，达不到国家规定的教学大纲的要求，成为学校教育和家庭教育的沉重负担。20世纪60年代，美国已把"学习障碍"作为一种残疾的新类型，法律规定，公立学校必须为有学习障碍的学生提供免费的特殊教育。

学习障碍较常见，一般认为，学习障碍儿童可占到学生总数的5%～10%。据上海市的一些调查显示，稳定的学习困难学生约占学生总数的20%，日本和台湾地区的调查也得出占20%比率的结论。这是由于对学习障碍的界定和鉴别标准的不同引起的。美国学者迪戈里(Diggory，1978)撰文专论学习障碍，列表细述其人数的变化，1986年学习障碍儿童在接受特殊教育的人数比十年前增加一倍。就实际人数说，1977年有80万被划分为学习障碍，到1986年，已上升为190万。上述事实都说明学习障碍现象的普遍性和严重性，应引起各界的高度重视。

学习障碍涉及多方面的原因，是生理学、医学、心理学、教育学和语言学等多学科的研究对象，变态心理学更应把它作为一项重要的研究课题，逐步揭示其症状、原因，并确定诊断和矫治训练的办法。

(一) 学习障碍的诊断

学习障碍的诊断一般使用“智力-成就差异”作为诊断的依据,即是说当学生的学业成绩明显低于其智力水平时(一般认为低于两个年级的水平),即可诊断为学习障碍。但影响学业成绩的因素太多,仅依学习成绩作为诊断标准过于简单,其结果必然扩大了学习障碍的范围,使过多的多少有些学习困难的儿童纳入学习障碍之中。这种较为特殊意义的学习障碍在心理学家看来,多是脑的病理学原因引发的,它表明患儿的大脑必定出现某些异常。而检验此类异常是非常复杂而细微的工作,需要更多的检测方法与工具,国外的研究已有较大进展,但真正能适合中国情况的工具尚未成型。

(1) 临床上对学习障碍的诊断标准。在 CCMD-3 中,学习障碍是指“特定学校技能发育障碍”,对此,规定的标准如下:

特定学校技能发育障碍指儿童在学龄早期,同等教育条件下,出现学校技能的获得与发展障碍。这类障碍不是由于智力发育迟缓、中枢神经系统疾病、视觉、听觉障碍,或情绪障碍所致。多起源于认知功能缺陷,并以神经发育过程的生物学因素为基础。可继发或伴发行为或情绪障碍,但不是其直接后果。以男孩多见。

特定学校技能障碍分为特定阅读障碍、特定拼写障碍、特定计算技能障碍,混合性学校技能障碍和其他或待分类的学校技能发育障碍。

(2) 量表法。为确定儿童学习障碍的情况,可使用标准化的行为、学力测验量表,可了解其活动水平、注意、运动协调、语言、认知、情绪、社会性发展及学习能力(如,读写算的技能)等各方面的问题。

专栏

学习障碍儿童行为测验量表

一、活动水平异常

1. 不镇静、不能安稳
2. 意外行为(采取种种没完没了的行为)
3. 无精打采、动作迟钝、心不在焉

二、分心状态

4. 只能在短时间内集中于一件事物
5. 极易因周围的些微响动而分散精力
6. 同人交谈时不正视对方

三、协调运动的困难

7. 手脚笨拙(使用剪刀、扣解纽扣、系带子等)

8. 不能很好的跷脚或单脚站立

9. 走路或跑步时手足动作不自然(动作不灵活、不流畅)

10. 不善于全身性的协调运动(球类、跳绳、跳箱、体操等)

四、对环境的适应困难

11. 常常出现突发性行为(突然揍人、乱叫乱喊)

12. 对危险的动作满不在乎(乱扔东西、坐在桌子或柜子上、往窗外跳)

13. 一接触新的环境或刺激多的环境,立刻碰碰人、抓抓物,安静不下来(换教室或初次去的场所)

五、情绪的不稳定性

14. 乱蹦乱跳、一旦说话便没完没了(狂笑、接连不断地说话)

15. 容易紧张,有一点动静便惊慌失措

16. 面对生人能若无其事地交谈(出乎意料的亲昵或毫不胆怯的态度)

17. 任性行为多、往往离群索居(拿人家东西,打架多)

18. 有发作性症状(抽搐、频繁地眨眼、眩晕等)

六、固执性

19. 反复做同一动作(触摸或叩击身体的某一部位),总是触、咬、玩弄某一种物件(橡皮、铅笔等)

20. 长时间地玩同一种游戏(搭积木、滑车、玩砂、戏水等)

21. 拘泥于同一话题、反复同一提问

七、认知障碍

22. 不能形成左右概念(不明白左侧右侧、向左向右)

23. 不能形成时间概念(昨天、明天、今天、后天等往往搞错)

24. 不明白场所和位置(路线、桌子和柜子的位置等)

25. 不理解基本的数概念(大小、多少的概念,10以下数的加减等)

八、语言发展迟缓

26. 说话难以听懂(语言含混,说得快,怪调高叫)

27. 朗读结结巴巴(破字破句、信口开河、漏读、拖语尾等)

28. 在同年级学生中最不善于抓住课文大意(分段、概括)

29. 不善于书写(字迹潦草难认,错别字、脱漏字多)

30. 作文时语法错误多

(二) 学习障碍的形成原因及教育对策

1. 形成原因

关于导致学习障碍的原因曾有过不少的解释和理论,比较有影响的有神经系统的缺陷论、注意力缺陷论,及信息加工缺陷论等。

神经系统缺陷理论从脑损伤、脑结构的差异、大脑单侧化的不足、脑神经的障碍、大脑皮质的病变等的研究,揭示学习障碍的原因,也从体内的生化系统,特别是神经系统的生化代谢不平衡来解释学习障碍,这方面的研究揭示出了许多学习障碍的异常,也能够解释许多学习障碍的现象,无疑是导致学习障碍的重要生理因素。

注意力缺陷理论认为学习障碍是由于儿童不能把注意集中于学习活动(听讲、阅读或完成家庭作业等)而引起的。注意缺陷与学习障碍的重叠这是不争的事实。(此部分内容可参见"多动症"一节)

信息加工理论认为学习障碍的原因是由于儿童的信息加工过程存在问题,在信息的编码、储存和提取中存在错误,以及其认知策略不足。大量研究表明,学习障碍儿童在认知过程的各个方面都比正常儿童落后,突出表现为他们在思维过程中所使用的认知和原认知策略显著不同。

2. 学习障碍的教育政策

学习障碍不能简单地等同、混同于一般的学习困难和学业不良,它是由某些生理、心理的缺陷造成的,因此而有"学习失能"、"学习不能"的说法,而其矫治将是一件较为困难而长期的工作,需要有系统的教育对策,进行针对性较强的培养训练,以补救其学习技能和其他缺陷的不足。本书只能做一点原则性地探讨和建议。

(1) 学习障碍儿童属心理异常的特殊儿童,所谓"特殊儿童"在教育上指有特殊教育需要的儿童,对他们需要特殊的要求、特殊的对待。如果教育者把他们等同于一般儿童对待,不但达不到教育要求、导致失败,而且将给孩子造成更大伤害。我们不能要求孩子做他们根本无法做到的事情。

(2) 学习障碍的成因复杂多样,因此对学习障碍儿童需要详细检查诊断,把握其内在差异,分析不同的类型,只有在此基础上提出的教育治疗对策才可能是有效的。绝对不能把算术困难的儿童混同于阅读困难的儿童,同样要求同样对待。对于不同的障碍类型有"三种援助"的区别。一是躯体性援助,借助直接抚摸、调整躯体的部分动作和位置,对整个躯体的协调运动和动作技巧作具体帮助,主要针对于运动能力薄弱的儿童。二是视觉性援助,使用观察、绘画和图表、符号和文字等。同时性的视觉刺激对于注意、记忆性的学习障碍、语言性的学习障碍是有效的。三是听觉性援助,各种声音、信号、语词、叩手、掸手、吹笛等,唤起注意,保持继时性听觉刺激的记忆。

(3) 对于同一类型的学习障碍儿童还需要考虑其心理发展的年龄特点,不同的年龄阶段有不同的心理发展课题。对于学习障碍儿童的帮助有所谓的"过三关":幼儿期的运动和通信能力关、学龄期的学力关、青年期的社交能力关。

(4) 对学习障碍儿童的帮助,特别需要形象而具体,仅仅提出一般的要求和施加压力于事无补。

(5) 对于学习障碍儿童的补救性训练是个细致而长期的任务、应有系统化、结构化的训练程序,内容包括语言、运动、学力(如,阅读、书写、算术能力)、社交,以及许多认知和元认知的策略等。

五、儿童神经症

(一) 儿童焦虑症

表现为弥散的和游离的,不依附特定处境的焦虑状态,可直接感觉或表现出来,也可能转换为其他症状。过分焦虑通常同时伴有躯体症状。有三种不同的焦虑反应:

- 昼夜焦虑:突然产生的惊恐,伴有固定的表情,浑身出汗,不能辨清方向和出现视幻觉。在以下的情况下能引起这种惊恐反应:刚睡醒时在黑暗中产生错觉;睡意蒙眬时出现的幻觉;从浅睡眠过渡到中度睡眠,这时会做一些噩梦;从深睡进入半睡状态。儿童的惊恐和以下的因素有关:父母间的冲突,家庭的精神病理问题,来自父母的过分压力,精神创伤,母亲有恐怖和焦虑。

- 慢性焦虑:指对所有意料之外的环境变化均报以优惧和过度反应。这种孩子情绪受到骚扰后难以平静,表现为担心、犹豫不决、退缩,并引起广泛的焦虑;如分离焦虑,怕陌生环境、害怕动物、怕上学和普遍的社会焦虑。常做噩梦,并伴有躯体功能失调。

- 疑病焦虑:孩子长期担心自己会生病,总觉得自己身体不好,并且为预料到自己未来会得病而感到焦虑。家庭、保健医生和孩子本身的问题都能成为疑病产生的根源。这些原因包括:由于家庭内缺乏父母形象而导致儿童以母亲自居;寻求注目以获得家庭的接受和赞同;使自己处于羸弱的地位以避免来自外界的威胁情景和压力;对自卑引起的社会交往和学习的失败进行弥补;为了摆脱弥漫性的焦虑,选择一种特定的病态形式,以此得到治疗。

母亲的疑病倾向会感染儿童,尤其是母亲把照顾生病的孩子作为母子关系的主要基础时,孩子就会自然而然地变成她的病人。这涉及家庭病理结构。

焦虑可能反映一定的器质性素质,有的由惊吓经验所诱发;有的则是接受焦虑父母的传染;有的根源于家庭关系中的不安全;有的则来源于心理内部的思维过程。

(二) 儿童恐怖症

在发育进程中婴幼儿的恐惧反应是较为常见的,这种恐惧常发生于特殊的发育阶段。杰西尔德等 1935 年的早期研究表明,2～6 岁的儿童平均具有 4.6 种恐惧对象。

拉普斯等1959年研究发现6～12岁儿童中43%有7种以上的恐惧。法朗内对一组儿童做纵向追踪直至14岁,发现90%的儿童在其发育的某一阶段曾有过恐惧。随年龄的增长恐惧会逐渐减轻和消除。

儿童恐怖症表现为患儿强烈地全神贯注地沉湎于对可怕刺激或情景的恐惧,这种恐惧几乎是无道理的,与引起恐惧的外界刺激不成比例。

根据恐怖的对象可把恐怖症分三大类。一个是对身体损伤的恐惧,分抽象的与具体的两种。抽象的包括:特殊食物、死亡、受伤、地狱、鬼怪、被诱拐;具体的有:坐飞机、登高、陌生人等。二是对自然事件的恐惧,如洪水、地震、电闪、雷鸣、黑暗、关闭的场所、动物。三为社交恐惧:与父母分离,学校、作业等。其中以动物恐怖、学校恐怖、死亡恐怖和社交恐怖较为常见。

动物恐怖一般在5岁左右起病;社交恐怖多见于青春期。特殊处境性恐怖和广场恐怖则可见于任何年龄。学校恐怖多发于学龄儿童,表现为儿童回避上学,同时伴有焦虑和其他躯体症状。

治疗时应注意患病的诱因,家庭和儿童间的相互作用,儿童本身存在的可增加情绪困难的因素。单一症状性的恐怖,行为疗法可作为首选的治疗方法,并可单独进行;复杂的恐怖症,应把行为疗法,调整环境和心理治疗相结合。行为疗法的种类很多,有系统脱敏、示范、操作性条件反射法、暴露法。关键在于,通过这些方法使孩子产生有能力控制情境的感觉,并且孩子得有想成功的愿望。如果回避恐惧的对象可得到各式各样的报答,如,别人过分注意,同母亲在一起的时间增加;心理治疗环境调整则应首先阻断这种强化。应鼓励孩子投入恐惧的处境中去,学会怎样应付,而不是消极回避。

(三) 儿童强迫症

正常儿童在发育阶段会出现一些强迫观念或仪式性行为。凯斯莱指出,2岁和7～8岁是正常儿童出现强迫现象的高峰年龄。仔细观察这类病例会发现,这些年龄的孩子反复玩弄手指,摇头,认真细致地沿着人行道的线走,用小棍来回敲击篱笆和街灯柱等。在特殊发育年龄这些现象被视为正常的,只有刻板、重复的行为造成严重的适应不良时,才考虑是否为强迫性神经症,或称强迫症。

强迫症包括强迫观念和强迫行为,具有强加性、重复性、刻板性和仪式性。强迫的行为与观念和自我不相协调,患者一般能认识到这些观念和行为毫无意义。抗拒强迫行为和观念引起焦虑,顺应它们则紧张焦虑减轻。儿童常常不能意识到自己行为的多余性和毫无意义,但也可有明显的焦虑。由于其强迫行为给父母带来困扰,儿童也因此感到内疚。

儿童的症状并不像成人的那样典型和分化,同时包含多种的不同症状,如恐怖、感觉过敏、焦虑、抑制、强迫性和害羞。多有内向、强迫的人格特点。平时生活表现谨慎、深思熟虑、固执、循规蹈矩、孤僻、追求完美,有严格的道德标准。儿童出现的强迫观念多为父母和社会所不允许的想法，其内容有时是骂人的，有时是关于性的，有时是攻击和侵犯他人的。与成人不同的是：儿童并不把这些观念秘密地守在心里，而是让父母参与，回答他反复提出的问题，满足其强迫愿望。

儿童的强迫症状多为突发性的，强迫观念和行为并存，患儿智力一般较高，富于幻想，具有不同程度的内疚感，伴有恐怖症，对父母有攻击行为。

患儿父母心理异常的发生率较高，10％的父母有强迫症，40％～60％的父母有强迫症人格特质，4％～15％的父母可能有精神病。

患儿的抚养方式也有重要影响，患儿往往经过十分僵化、刻板的抚养程序，在早年生活中就学会了严格的行为规范：坚持怎样做是正确的，否则就是错误的；孩子的生活世界是极简单、规范和有条不紊的。孩子是在这种分毫不差的生活环境中成长起来。

治疗方法有：防止反应法，即把引起强迫仪式的情境列出，并按照它们引起患儿焦虑不安的程度分等级，从最轻的开始，逐渐升级，呈现这些情境，让父母强行阻止儿童强迫行为的发生，使仪式性动作的出现不得超过一次。一项报告指出，一个 8 岁具有强迫仪式的儿童，经二周的治疗，症状即消失，追踪一年无复发。

六、儿童精神病

（一）儿童精神分裂症

起源于儿童期后期，最早在 6～7 岁。精神分裂症一般在一段正常发育之后发病，因此它没有早期婴儿孤独症的广泛性发育障碍的问题。男孩比女孩多 2.5 倍。随年龄增高，女孩发病率增高。

儿童精神分裂症的典型特征和成人相似，有思维障碍、妄想、幻觉、不恰当情感、情感迟钝、缄默、退缩、运动障碍和古怪行为，恋物或醉心于某种刻板活动，对日常事物可能产生不恰当的恐惧。

儿童精神分裂症预后不良。患病年龄越早预后越差，约 2/3 患儿长大后仍有一定程度的症状，社会适应不良。主要治疗是药物治疗。

儿童精神分裂症的病因目前仍是一个很大的谜。心源性因素论强调母亲和家庭成员相互关系的失调。有人发现患儿的家庭之间的相互作用方式与正常儿童家庭不同。有部分儿童发病前有明显的精神因素。儿童精神分裂症有明显的遗传成分，约 10％的患儿双亲患有精神分裂症，这一百分比和成人精神分裂症双亲患病率相同。目前看来，心理社会因素、遗传因素和生物因素在儿童精神分裂症的病因中均起一定的作用。

（二）儿童抑郁症

许多孩子能体验忧愁苦恼和抑郁不欢的情绪，但抑郁症主要指以情绪抑郁为主要特征的情感障碍。它不仅包含负性情感,如忧愁、不愉快,更多的是一种怠惰、空虚和高兴不起来的情感。对成人来说,认知活动起了很重要的作用,成人抑郁往往伴随自我谴责、自我贬低、自罪、放弃、无能为力和绝望的思想。年龄较大的,自我意识发展起来的儿童,可以产生自我否定的想法。但年幼儿童由于认知能力不足,所体验到的抑郁情感和成人是有差别的,表现形式也有不同。

临床症状主要表现为: 心境不佳,对所有活动失去兴趣和娱乐感;6 岁以下的儿童心境不佳可表现为持久的面部表情抑郁、啼哭;动作减少,食欲不振,体重下降,失眠或嗜睡,淡漠,自我否定,行为退缩和自伤行为。

儿童抑郁症的成因:精神分析学派认为某种客体的丧失在抑郁症的发生上起重要作用。丧失引起矛盾情感,并转化为对自身的敌意感,从而导致抑郁。行为学派认为抑郁是由于环境中缺乏足够的阳性强化刺激。丧失生活中的重要人物是造成阳性强化刺激减少的重要原因。治疗方法有心理治疗,包括个别和集体心理治疗、家庭治疗;药物治疗主要使用抗抑郁药。

18

老年期心理障碍

一、老年期的心理卫生

(一) 影响老年期心理健康的环境应激

每个人从出生到死亡这个漫长的过程中,无时无刻不处于各种环境刺激之中。适当的应激对机体的生存有积极的意义,但如果应激反应过强或持续时间过长,则会引起心身方面的疾病。人到老年期,最常遇到的是以下一些环境应激。

1. 退休和社会职能的变化

一般60岁的老年人,劳动能力并未完全丧失,其中有些人的工作经验和劳动技能正值最高水平,但社会为了补充劳动力和解决青年就业问题,就不能完全顾及这些老年人的意愿,也只能让他们离退休。这部分老年人几十年来都是早晨上班,傍晚下班,已经习惯了这种生活模式,"国家公职人员"这种角色身份在其生活中占据重要的地位,从这种有明确工作性质、工作时间,每天有较多的人际交往的社会环境,退到无事可做的狭小闭塞的家庭圈子里,生活的内容和节律都发生了很大的变化。这时,很多老年人产生了烦躁、抑郁情绪,感到茫然,有时还会产生一时性的情绪上和身体上的失调,所谓"离退休综合征"就是指这个时期的反应。

当然,老年人对于离退休的情绪反应与工作志愿的不同类型有关。以工作谋生、赚钱养家的类型,尤其是一些原来把繁重的工作当成负担的老年人,如果退休后的条件较好,常常会对退休抱一种欢迎的态度。有的人长期投身工作,已经和工作融为一体,工作维系着他的思想感情;有的人把工作当成职业,同时对他的社会地位,人际交往也有重要关系。这两种类型的人,尤其是被动离退休的,都会经历一段时间的困难适应过程,并不同程度地处于应激状态,严重者则发展成为心理障碍。

2. 家庭和家庭关系

老年人离退休以后,主要以家庭为活动场所。因此,家庭的结构,家庭成员间彼此的关系,老年人在家庭中的地位等都会对老年人的心理状态有所影响。

家庭关系以夫妻关系最为重要。据美国对众多老年人的调查表明,人越是到老,越害怕孤独,可儿女各自成家立业,各人有各自的事情,老伴儿就越发显得重要。一般来讲,老年夫妻亲密无间,恩爱相处,相依为伴是老年人最为宽慰的乐趣之事,也是老人长寿的重要原因。但是多由于种种原因,老年伴侣并非都能白头偕老,一旦老伴去世,则很容易出现应激反应。严重者会使配偶的另一方,在若干时间内随之死亡。对于遭受这种打击的老人,其他亲人和朋友必须亲切关怀和照顾,并帮助他们解决实际生活中的困难,以避免诱发老年人出现心理障碍。

两代人之间的矛盾,多数发生于婆媳之间,或父子、翁婿之间。老年人的特点就是做事习惯于考虑周全、细致、稳妥,看不惯青年人的激进与毛糙,同时他们对新事物的接受能力缓慢,总觉得过去的人好,过去的东西使得惯,用得来。而青年人思想灵活,对新事物敏感,跟得上潮流,又看不惯老年人的保守僵化,于是两代人难免在价值观、兴趣、爱好方面有差异,在工作、学习、生活、恋爱、婚姻、家庭等许多问题上看法不一致,以致使这些老年人心理不平衡,会同青年人发生冲突而处于应激状态。

3. 疾病、衰老及其心理反应

随着年龄的变老,人的身体结构与功能以及心理都逐渐衰老,出现一系列特征。身体上出现皮肤松弛变皱、脂肪增加,头发变得稀疏,牙齿松动脱落,性功能减退等。与此同时,人的听觉、视觉减退,味觉、嗅觉迟钝,在心理方面也表现出精力不足、记忆力减退、消极情绪增多,性格也有所改变。老年人因机体衰老,各种疾病也明显增多。严重的失听,与社会和家庭的接触减少,有可能引起情绪上的焦虑和孤独感。视听缺损的老人,出门、购物、乘车都不方便,看书、看电视、听广播也有困难,这些情况都给老人生活带来许多不便,使老人心理上容易产生抑郁、烦躁情绪。

当然,这些改变不是所有老年人都会发生的,事实上许多老年人的身心状态可保持相当完整,即使发生心身改变,也有轻有重,有迟有早。作为老年人,只要注意讲究心理卫生,就可以防止、减轻或延迟上述的心身改变,达到愉快、长寿。

4. 经济问题

根据美国的一项纵向追踪研究,经济问题是老年人的重大精神刺激来源之一。在我国,现在进入老年期的人即使有离退休金,但毕竟不如在职期间收入多,这样就由以前的家庭主要经济来源成为家庭辅助经济来源,甚至是家庭的负担。这就会令老年人引发一些负性情绪,出现应激反应。

此外,朋友或邻居的交往也是老年人心理活动的一个重要方面,在遇到重大精神刺激时,朋友的安慰往往能起到缓冲、安抚的作用;和朋友谈谈心,一起散散步,老年人的孤独抑郁也就排解开了。但同时,朋友同事的死亡又是老年人的一项重大精神刺激,无疑是一个应激源,会引发焦虑,抑郁情绪乃至心理障碍。

(二) 老龄的心理卫生问题

在老龄人口中,心理障碍已构成常见的和多发的疾病之一,而且患病情况往往随着年龄增长而增加。据专家研究,65 岁以上人口中,5%有着严重的精神症状,5%有早期或轻度的精神症状,3%有功能性精神疾病,另10%有个性异常与神经症。由于患病者日益增多,目前在一些国家,老年精神病人占用住院床位甚多。如英国各地的精神疾病的床位的近1/2已被老龄患者所占用,而绝大多数患者仍散居在院外接受治疗和照顾。

抑郁症是老年人口中最常见的一种功能性疾病。此外,痴呆是老年期常见的脑器质性综合征,已成为重要的社会和卫生问题。发达国家资料显示,中、重度痴呆在65岁以上人口中患病率为4%~6%,80岁以上达20%。1986年北京地区调查发现,60岁人群中、重度老年期痴呆的患病率为1.3%,65岁及以上人口为1.8%,患病率亦随年龄增长而增加。

表18-1是英国65岁以上老人中每千人精神疾病的患病率。

表 18-1 英国 65 岁以上每 1000 人口中精神疾病患病人数

	住院病例	院外病例	总患病人数
老年性与动脉硬化性痴呆	6.8	38.8	45.6
其他严重的脑症状群	0.8	9.9	10.7
情感性精神病	0.7	12.9	13.6
慢性精神分裂症	0.2	9.7	9.9
晚发性妄想痴呆	0.9	0.0	0.9
其他形式的精神病	9.4	71.1	80.5
轻度脑器质性症状群	5.3	51.8	57.1
轻重不等的神经症	1.9	81.4	83.3
个性障碍(包括偏执状态)	0.5	35.6	36.1
总　计	26.5	311.2	337.7

二、老年期心理障碍的分类及其特点

老年期心理障碍指在65岁以后发生的各种类别的心理障碍。由于全世界范围内人口寿命的普遍延长和随之而来的老年心理疾病患者的增多,老年人的心理保健和心理疾病的防治已越来越引起心理卫生界的重视,并已列为发展心理卫生科学的重点课题之一。

(一) 老年期心理障碍的分类

老年期心理障碍的分类问题,概括起来可分为脑器质性心理障碍、功能性心理障碍、神经症、人格障碍及其他老年期心理障碍。

1. 老年期脑器质性心理障碍

此类障碍指脑内组织结构上有病理变化的疾病。其中分急性脑器质性综合征和慢性脑器质性综合征两种类型。急性脑器质性综合征又称老年谵妄,以意识障碍最为注目,并常伴有幻觉和神经兴奋。这一疾病在老年人中极为常见,多数表现为阵发性的,也有的常常成为慢性脑器质性综合征。慢性脑器质性综合征又称老年期痴呆,以智能障碍为主要症状,多带有老年期特征,大部分反映了退化性大脑病理变化。主要可分为老年性痴呆与脑血管性痴呆两大类。此外,还有阿尔采木氏病和匹克氏病,两者均称为早老性痴呆。

2. 老年期功能性心理障碍

这是一组与大脑内器质性病变无关的精神疾病,这类疾病并非老年期所特有的,但又不能完全否认老年性变化,而且在这些症状中,还可以看到老年的影子。其中可分为老年期情感障碍、晚发型精神分裂症及老年期偏执障碍三种类型。

3. 老年期神经症和人格障碍

早期的研究表明,根据精神科门诊和住院病人所得的资料,神经症发病高峰年龄在20岁左右,40岁以后迅速下降,提示神经症并非老年人的主要问题。然而,在一般人群中的研究则发现,神经症同样是老年期心理障碍中最常见的一类疾病。通常认为老年期神经症的患病率为4%～9%,其中以女性多见,如果加上人格障碍则为7%～12%。

(二) 老年期心理障碍的特点

- 老年期心理障碍的病因不是单一的,而是多原因的并且复杂的。对于每个病例,详细地探究一下它们的病因,都可以发现有素质上的问题、身体的异常、特殊性格、环境问题、精神上的挫折和生活上的问题等等许多因素。
- 老年期容易产生与脑组织退化相关联的综合征。有两种综合征是最容易发生的:一是急性脑综合征,以意识障碍为主;二是慢性脑综合征,多表现为痴呆状态。
- 老年期的心理障碍,多伴有躯体疾病。如在老年期抑郁症中,精神症状(情绪抑郁)经常会伴有明显的躯体疾病,尤其是合并血管病、心脏病、糖尿病、肾脏病、贫血、骨关节疾病等,甚至有时还因此引起明显的全身衰竭,最终导致死亡。
- 老年期心理障碍的症状极不稳定,有时是变化无常的。如老年期抑郁症患者,很少自诉有忧郁感,相反会喋喋不休地自诉有头痛、腰痛或有感到乏力等躯体症状,显示出的症状多数极不稳定。
- 环境因素对老年期心理障碍的经过会产生明显的影响。例如,住院、搬家等环境的突变,会引起痴呆状态的恶化,导致抑郁状态等。

三、老年期痴呆

老年期痴呆是与脑的老化有关的心理障碍,并以痴呆为主要症状的疾病。在老年人中,特有的、且发病率高的是老年痴呆和脑血管性痴呆。此外,老年前期的脑萎缩性心理障碍(痴呆)则称之为早老性痴呆。一般认为它是一组由于脑实质的原发性或内因性退行性变化过程引起的痴呆综合征,可以阿尔采木氏病和匹克氏病为代表。

(一) 老年性痴呆

老年性痴呆,是指那种由于老年性脑萎缩所致的进行性脑器质性痴呆。多发病于75岁前后,约占全部老年期痴呆的30%左右,以女性为多。

本病发病进程缓慢,但是进行性的。最初症状一般多为健忘或行为乖僻怪诞,以近记忆的减退尤为显著。例如,忘记刚刚做完的事,忘记已经吃过饭而要求开饭,出门后不能认出回家的原路,认不出几天前见过的人等。病情进一步发展则远记忆也发生障碍,忘记家属及自己的名字,不认识家里的人,忘记自己已经结婚等。也有时因记忆力减退而出现虚构症。抽象思维障碍出现也较早,思考问题主次不分,易偏激,顽固坚持自己的看法,极端自我中心,并可出现被窃、毒害、贫穷等妄想。到后期时,以上症状日趋严重,病人可变得呆滞,完全丧失与人交往的能力,甚至连洗澡、穿衣服、大小便等都无法自理,必须有人在周围帮助料理。

本病病因尚不十分明确,但一般认为本病是多病因性疾病。早已知道遗传因素起着一定作用,在发病的一致性方面,异卵双生子为8%,同卵双生子为43%,这意味着本症与遗传确有关系。其次,多数学者认为临床上的痴呆症状和病理上的脑萎缩之间有大致的相关,但不一定是密切的平行关系。再者,成为老年性痴呆因素的是代偿脑障碍的整个性格、能力和情感状态。这方面还要考虑到社会-文化的因素,病前个性以及个人所处的环境因素。

由于本病病因未明,目前主要是针对兴奋、忧郁、妄想等症状进行对症治疗,以及日常生活中对病人加以护理。此外,生活疗法、工作疗法和娱乐疗法,对痴呆时出现的自发性减低,意志减退及功能障碍等症状也可收到减轻的效果。

(二) 脑血管性痴呆

发病年龄要比老年性痴呆来得早,大致多在60岁左右,即初老期容易发病。大约半数有高血压,发生脑出血和脑梗塞等脑血管障碍之后,伴随神经症状而出现智能衰退,造成痴呆症状。

初发病时,可以看到有历来被视为脑动脉硬化症的三个主要症状——头痛、眼花、记忆力衰退。此外,还会产生耳鸣、失眠、麻木感、疲劳感之类的神经衰弱症状。随着症状的加剧,上述身体上或精神上的症状消失,继而以记忆力衰退为主的痴呆症状便日益明显起来,并伴有情绪不稳,没有耐性和情绪忧郁等症状,发展到慢性时期还会发生人格变化。

本病所具有的痴呆症状,即所谓脑动脉硬化性痴呆,是进行性的。开始,多数病人自己诉说有健忘,一时想不起来等症状。痴呆再发展,健忘症状更明显,出现定向障碍、人物误认和自造语言等症状。此外，有时也出现企图自杀、徘徊不安和粗暴行为，易被一些细小事物所激怒。到了末期出现一致化、平均化的精神功能全面降低时，则类似老年性痴呆的症状。

脑血管性痴呆的基本病理所见是脑动脉硬化。为了确诊脑血管性痴呆，并与阿尔采默氏病相区别，临床上广泛应用哈金斯基（Hachinski，1974）缺血指数评分表（HIS）。此表由13个项目组成，判定方法简便，总分相加，VD总分在7分以上；AD总分在4分以下。详见表18-2。

表18-2　缺血评分表

特　征	分　数
急性起病	2
阶梯状恶化	1
病程波动性	2
夜间谵妄	1
人格保持	1
抑郁	1
躯体的主述	1
情感失控	1
高血压既往史	1
脑卒中既往史	2
合并动脉硬化的证据	1
局限性神经系统症状	2
局限性神经病学体征	2

脑血管性痴呆治疗基本同老年性痴呆，其中最主要的方法之一是改善脑血循环及脑代谢的药物，有时可奏效。

（三）早老性痴呆

早老性痴呆，为初老期多发，以进行性痴呆为主要症状的某些脑病变性疾病的总称。作为其代表的有阿尔采默病、匹克氏病和克-雅氏病（Creutzfeldt-Jacob病，简称CJD）。其中，阿尔采默病的脑改变肯定是与老年性痴呆有同样性质的老化性改变，但匹克氏病和CJD则不一定都是老化性改变。

1. 阿尔采默病

本病于1906年由阿尔采默（Alzheimer）首先描述。其后，1907年其他学者也报告了同样的病例，病理改变与老年痴呆相同。克雷丕林主张将此等病例称作阿尔采默病。本病发病年龄较早，一般在40～60岁，也有少数病人在30～40岁发病。男、女性罹患频度大致相等，也有人观察以女性明显多见。

阿尔采默病的病程发展过程分为三个阶段：遗忘期、混乱期和痴呆期，但贯穿于各期的最根本症状是进行性痴呆。

(1) 遗忘期:以近记忆障碍和非特异的轻度性格变化为特征,历时2~3年。初发症状为记忆障碍,可有明显的健忘并出现注意力障碍和判断力降低等。多数患者能察觉自己心理活动能力的降低,可因此而苦恼并陷于忧郁状态。也有的伴有被害妄想或呈现幻觉状态。

(2) 混乱期:主要特点是脑局灶症状和显著的锥体外系症状。通常此期约数年。此期记忆障碍和其他认识障碍进一步加重,甚至对时间、地点的定向能力也不完全,不知自己身在何处,分不清自己的屋子、厕所或床的位置。言语的表现和理解也受到损害,除失语外,还可出现模仿言语、重复言语和语尾重复等。行为异常表现为各种失行症状,致使吃饭、穿衣等日常动作都有障碍。此外,情感激惹、易于焦虑和激动。

(3) 痴呆期:严重痴呆,丧失主动性,成为"植物人"。通常为期1~2年。此期智商降低,丧失言语功能,对自己的运动功能也失去了控制能力,常表现为运动不安的激惹状态,幻觉、妄想状态。此时病人变得淡漠,完全丧失与周围环境的接触,除对强痛刺激外,几乎没有任何反应。生活完全不能自理。因此,很容易感染其他疾病后死亡。

阿尔采默氏病的病因大体上已确定有某些遗传因素。虽然有所谓多基因遗传的说法,但也有人报告过由常染色体显性遗传而发病的家族性阿尔采默病患者。然而也有许多无遗传关系的病例,或同卵双生子不一致的病例,故推测在发病上可能还存在着基因以外的其他因素。

2. 匹克氏病

1892年匹克(Pick)首先报告了一例中年的痴呆病例,有失语、失认、失用等症状,病理上表现为大脑皮质局限性萎缩。1926年本病作为一疾病单元命名为匹克氏病。病人起病于40~60岁,女性多见,约为男性的二倍。

本病临床症状可分为三期:第一期为自制力消失,多冲动行为,早期即出现个性改变,性格变得粗野、易怒、不知道羞耻,常可做些道德沦丧如盗窃、撒谎或污辱幼女等行为。此外,也可有记忆障碍,病人失去既往的机智,工作中变得粗心大意,或表现得幼稚而无法处理家务。第二期出现高级情操的丧失,病人变得缺乏主动性和进取心,对周围事物失去兴趣,情感迟钝、冷淡。其中还有一个特点是持续言语,即病人刻板地、重复地使用同一个词或同一个句子,多由别人诱发而不能制止。第三期表现为人格衰退,病人处于精神衰退状态,毫无主动性,无言少动,不与周围环境主动接触,自我辨认能力也随之消失。病人身体衰竭,二便失禁,生活完全不能自理。整个病程由数年至十几年,比阿尔采默病的病程长。

本病为原因不明的原发性脑萎缩,可能有一定的遗传因素。治疗与阿尔采默病一样无有效疗法,适当的对症治疗及加强护理为帮助病人的惟一措施。

3. 克-雅氏病

本病于1920年由克雷兹费尔特(Creutzfeldt)首先报告一名具有精神错乱样症状以

及锥体束和锥体外束症状的病例,疾病进展较快,死后病理组织学检查发现灰质区广泛性神经细胞的变性脱落。1921年雅克卜(Jacob)又报告了三名同样的病例,以后被命名为克-雅氏病。

临床症状有以步行障碍、言语障碍起病的,有以不安、烦躁、抑郁、思想不能集中、健忘、易怒、失眠等类似神经衰弱表现起病的。而以兼有精神症状和神经症状而起病者居多。病情发展后开始显示器质性痴呆的表现。此时有记忆力的下降,判断错误,定向障碍,并伴有意识障碍、幻觉、妄想和木僵等,也可发生虚构症。晚期呈高度痴呆及全身麻痹,二便失禁,常死于合并症。在死前可呈现嗜睡状态,有时可持续数月后方死亡。

本病平均发病年龄为40岁左右,原因不明,也无特殊治疗方法。

四、老年期功能性心理障碍

老年期功能性心理障碍主要包括老年期抑郁症、晚发型精神分裂症和老年期神经症。

(一) 老年期抑郁症

老年期抑郁症,是指在老年期之后第一次发病的,以持续时间至少2周以上的情绪低落为主要表现的精神障碍。

过去认为,老年期发病的抑郁障碍是原发性退行性脑病变的早期临床表现。另外,不少病人的症状轻松而又伴有躯体主诉,故被认为是老年期的变化或所合并的躯体疾病的表现,这是导致患者或家属疏忽,或被误诊的主要原因。其实,老年期抑郁症在老年期心理障碍中并不少见。据许多国家研究,老年期首次发生的抑郁症并不较一般年龄组为低,而且在老龄组中自杀率也达高峰。这些病人一旦被检查出来是可以治愈的,反之,如果不重视这一问题,老年期抑郁症可能会给社会带来很大的负担,使患病的老人承受巨大的痛苦。

老年期抑郁症中,75%都有身体疾病或社会、心理上受到压抑等发病原因。特别是老年人普遍存在着躯体活动能力的下降,而且要不断面临亲人或挚友死亡的处境,从而使得高龄抑郁症的治疗预后不很理想。老年期抑郁症中,当然还有其本身的内在因素,但老年人普遍存在的脑动脉硬化问题并非是产生抑郁症的直接原因,不过有许多的学者认为老年人脑中单胺类代谢率低下,则应视为易于产生抑郁症的体质因素。

老年期抑郁症的主要症状与青壮年人的抑郁症的症状既有相同点又有不同点,其主要症状更为多种多样。

治疗应首先解除老年人躯体方面存在的障碍,同时尽可能使其避免孤独,所有抗抑郁剂均可服用,其最高剂量为一般成人的1/3,即以多虑平为例,一般每日剂量为75~100 mg。除药物治疗外,严重的抑郁症或有强烈自杀倾向的患者,经严格选择也可接受电休克治疗。心理治疗应着重说明他的病情是可逆的，还要与其讨论及解决一些使其思想负担沉重的难题。此外，当病情好转时应鼓励患者积极活动并参加一些社会性交往。

（二）晚发型精神分裂症

在老年人当中所见到的精神分裂症，多数是在青少年期发病而在老年期复发，或者久治不愈、迁延至老年期仍未好转的。少数是在老年期（60 岁以后）开始发病，其精神症状又有一定特点，故称晚发型精神分裂症。

晚发型精神分裂症发病往往与以下因素有关，例如遗传（基因）、酶的缺陷、神经介质异常、代谢障碍、躯体疾患，以及环境、心理因素等。其中心理因素（如精神刺激）常常成为发病诱因；老年人生理功能减退，心理承受能力下降，往往是发病的基础。患有这种病的人，多数在发病前就有特异的性格，多倔强、能干、自负或固执，这种性格在现实生活中某一事件的诱发下易于造成幻觉、妄想状态。而且，进入老年期后，老年人会经历各种丧失，对此容易引起忧郁状态，这些消极悲观的感情正是产生幻觉、妄想的土壤。此外，以听觉、视觉为中心的感觉系统机能的衰退，带来了知觉的模糊，为此会造成认识机能上的错误，容易产生幻觉、错觉，进而产生妄想症状。

晚发型精神分裂症虽与青壮年精神分裂症同样都有妄想症状或幻觉症状，但因老年人本身的特点，在症状表现上也有不同。

治疗以药物为主，恰当及时地应用抗精神病药物，可对晚发型精神分裂症取得良好的治疗效果。抗精神病药物可以有效地解除此类患者的幻觉、妄想、不安、兴奋、激动等症状，使病人生活趋于常态，与人和平相处，而且维持家庭生活。

（三）老年期神经症

老年期神经症是发病于老年期的各种类型神经症的总称，也是老年人常见的精神疾患问题之一，一般均在 60 岁以后首次发病，主要包括疑病症、焦虑症和强迫症三种类型，其中以焦虑症和疑病症更为常见。

老年期神经症的发病原因中，常有环境的因素，例如家庭成员不和睦常成为发病诱因，但性格的因素更为重要。随着年龄的增大，老年人的性格逐渐开始向自我中心、顽固、心胸狭隘、多愁、无力衰弱感、欲望不能满足感、丧失自信心，以及孤独无助感等方向发展。同时由于机体的日益衰老，各器官功能下降或发生疾患，心理方面也就会弱化。此时，只要稍有情绪的刺激，就很容易发生神经症的症状，导致神经症。

老年期神经症一般都有头疼、头晕、失眠、注意力不集中、记忆减退、疲乏无力、学习和工作能力下降、食欲不振、心情烦躁、周身不适，以及心悸、气短等表现。此外，各种神经症还有其不同的特点。

1. 老年疑病症

此症表现为过分关注自己躯体的变化，或是特定的器官的功能等的状态，尤其是对消化系统的变化非常敏感。他们常怀疑自己患有严重疾病，甚至认为是不治之症，多次要求医生检查。虽然检查结果均未发现异常，但患者仍不相信，认为医生和家属都未告知实情，为此而忧心忡忡。老年期神经症中，这种类型的神经症最多。

2．老年焦虑症

此症主要表现为不安全感和不幸事件即将发生的预感，呈现难以控制的紧张、烦躁、焦虑、不安，严重者惶惶不可终日。躯体方面表现为各种植物神经系统症状，如心悸、口干、吞咽困难、头晕目眩、额头出汗、喉头发堵、肌张力升高等。焦虑症可以单独存在，也可以是老年抑郁症或老年痴呆的早期症状，还可能是其他躯体疾患的先驱症状。因此，对老年期焦虑症应认真对待，及时给予鉴别诊断和治疗。

3．老年强迫症

此症也是强迫性人格特征的连续，主要表现为强迫观念和某些怪癖或强迫性行为。例如病人反复考虑一些无关紧要的问题，反反复复洗手、洗衣服，重复触摸一件物品等，病人也明知是毫无意义或不妥当的，但越是想努力去打消它，不安感越是增强，故此十分痛苦。对老年人来讲，出现强迫症状，如果没有发生抑郁症状，是不会到精神科就诊的，故在老年人中发现的单纯强迫症较少见。

治疗老年期神经症并不一定很难，但伴发有躯体疾病者或不能改善其恶劣环境者治疗困难，预后也较差。治疗的关键是使患者能够在随增龄而变化的现实中，明确看到生活的目标和生存的价值，并切实安排他们朝着这一方向去努力，尤其要帮助他们能正确对待造成精神焦虑的客观周围环境。对于焦虑感强烈，并伴有失眠的患者，可服用小剂量的安定类药物，效果很好。

五、老年期心理保健

健康、长寿是每个老年人努力实现的愿望。谈到健康，不少老年人首先想到的是身体健康，而很少注重心理健康。其实，健康是生理健康和心理健康的统一体，心理健康乃是一个人全面健康的一个极其重要的组成部分。作为老年人应当科学地理解身心关系，在注意加强营养、增强身体健康的同时，也应注意增进自己的心理健康，提倡心理健康保健。

根据老年人的心理特点和心理活动规律，就老年期的心理健康保健，可注重以下几方面：

（一）正确对待衰老，减轻心理负荷

正确对待衰老，首先是要识老、服老。常言说："时有春夏秋冬，人有幼青壮老。"年老及其由年老而产生的一系列生理衰变和心理变化，乃自然法则，无论谁也无法抗拒。老年人要承认现实，并能正确对待，泰然处之。如离退休后，即使继续工作，也要根据自

己的身体条件和精力,做力所能及的事,不至于因"不服老"莽撞行事,造成事故。

其次又要不服老,要有"人老心不老"的精神状态。每一个老年人身上所表现的衰老迹象明显与否,固然与年龄增长有关,但与他的主观心理状态也有很大关系。如果一个人只知道哀叹自己老之将至,因而精神颓丧、意志消沉,完全失去了生活的乐趣,缺乏事业上和智力上的激励因素,这就必然要加速老朽衰败的来临。老年人应当摈弃"人为的自我颓废"的心理状态,记住我国著名的历史人物曹操的诗句:"老骥伏枥,志在千里,烈士暮年,壮心不已。"振奋精神,安度晚年,在社会生活的各个领域里发挥余热。

(二) 认识角度改变,适时调整角色行为

社会生活环境和人的活动在不断变化以及社会关系的重新组合,一个人往往同时充当几个角色,而且这些角色是互相转换或改变的。这就是所谓的"角色改变"。一个人对自己所充当的角色及角色改变应及时正确地认识,并根据这种认识采取与角色相符合的行为。只有这样,才能有效地适应环境。

老年期是角色发生改变的时期。当角色发生改变时,新旧角色之间会发生矛盾与冲突,比如老干部离退休后,感到不习惯、不适应,有时自己的言行还会遭到冷遇,甚至碰壁,便是新旧角色之间发生矛盾与冲突的具体表现。老年人是否能随角色改变而改变或调整自己原有的行为模式,是否能适应周围环境,安度晚年的一个关键。研究和观察表明,凡能及时而正确地认识到自己的角色的改变,并适时地调整自己的角色行为的老年人,则会心情舒畅,老当益壮;相反,则往往会心情抑郁,萎靡颓废、消沉、人际关系紧张,长此以往,便会罹患心理疾病。因此,老年人必须审时度势,根据自己的特定角色采取相应的行为模式。

(三) 情绪安定、乐观

长寿老人的一个重要的特点就是情绪积极乐观或者平静安定。喜、怒、忧、思、悲、恐、惊——七情如超过一定程度,持续时间长久,就会导致心理或躯体障碍。因此,历代养生学家都非常注意情绪的调养,保持平和、饱满、积极的情绪,以期维护心身健康,进而达到延年益寿。

一位长寿学者曾经说过:"一切对人不利的影响中,最能使人短命夭亡的就要算是不好的情绪和恶劣的心境,如忧虑、颓丧、惧怕、贪求、怯懦、忌妒和憎恨等"。现实生活中,对于人们自身的精神和情绪方面,不少人往往缺乏冷静和自觉的控制,任凭思想和情绪的野马飞奔,这实际上是对自身能量的无谓消耗。

此外,如"忧、哀"等情绪,在人生中也在所难免。可是如果不加控制,对人心身的损害也是很大的。

(四) 从实际出发，丰富生活内容

老年人体力减退，精力不足，当然再不宜肩挑重担，东奔西跑了。因此，怎样把闲逸的生活安排得饶有乐趣、丰富多彩，这也是老年人心理保健的一个重要问题。

老年人离退休后，可以在某种程度上继续做过去有成效的工作，也可以再开辟一个新的活动天地。例如，有人离退休后成了画家，有人成了养花能手，有人著书立说等。老年人可以通过这些活动来填补生活上的空白，增添生活的情趣，使自己精神有所寄托。现在很多地方都在逐步建立起各种形式的老年大学，并且也开展了各种各样的有组织的活动，如离退休工程师协会、老年摄影学会、老年人体育协会、老年书画研究会、老战士合唱团以及举办老年人的长跑、网球比赛等。通过这些有组织的活动，老年人焕发了自己的青春，学到了一些知识，同时也发挥着为社会服务的余热。

(五) 充分取得晚辈人的同情、体谅和关心

家庭是老年人离退休后生活的主要场所，老年人的精神状态和家庭关系、家庭气氛息息相关。老年人由于客观原因，已经由家庭和社会中的"强者"变成了"弱者"，对于家庭或社会，他们已不再起支配的作用。但是老年人往往不能自觉地意识到这种变化，加之其他的一些原因常常容易造成与晚辈们的矛盾和纠葛，这对老年人的心理健康是十分不利的。

目前，在我国大多数家庭里，子女是尊重父母的，我国的家庭结构和尊老敬老的传统，使老年人受到家庭和社会的普遍尊敬，这对老年人心理健康无疑会起着积极的作用。但也有少数人对父母不尊重、不孝敬甚至虐待老人，对他们应当进行教育，严重的可以诉诸法律。此外，由于生活经历不同，年轻人对事物的看法、处事的态度很可能和老年人不同，谈论的问题可能格格不入。这时，老年人一定要耐心，对年轻人的错误观点要说服教育，对不同的观点则要尊重对方，做到求同存异，以有助于家庭的和睦，同时也有益自己的身心健康。

19

心理评估与诊断

心理诊断(psychodiagnosis)是用心理学的方法对人们心理状态与行为表现进行评定。变态心理学中的心理诊断就是要对人的异常心理与行为,尤其是精神病病人的心理障碍进行评定,以确定其病态的性质和程度,从而对精神疾病的临床诊断有所帮助。对心理与行为的评定包括了解行为的各种方法,在这里只介绍较为重要与有效的临床会谈法和心理测验法。

心理诊断对于临床工作是十分重要的,尤其是在精神病的临床工作中更有特殊的价值,因为各种心理诊断方法特别是心理测验法给我们提供了比较客观的和可以数量化的指标。充分运用心理诊断方法可以提高我们的临床诊断质量。正确的心理诊断,有助于医生确定精神病病人的症状和相应的疾病诊断,并为制定正确的治疗方案及预期的疗效打下基础。

当然,人的心理活动是非常复杂的,而且异常与正常的心理与行为常常交织在一起,使人难以分辨清楚。因此,要做出正确的心理诊断并非易事。虽然当今国外已有大量各种各样周到的心理诊断方法,但还远没有达到完善的地步,有许多问题尚有待于进一步的研究和讨论。

一、会谈法

会谈法又称访谈法(interview),从广义来说,就是通过主谈者和来访者的谈话,采取回答问话或问卷的方式来收集个案材料或了解某些人、某些事或某些行为及态度等的一种方法。在临床工作中,会谈法则是指医生或临床心理学家,通过与来访者(病人)的谈话过程,了解其病情的来龙去脉,心理异常表现的性质,病前的生活经历和遭遇,可能存在的心理冲突及其性格特点、行为习惯等,从而达到对疾病(主要是精神疾病)做出正确诊断的目的。这种会谈称为诊断性会谈(diagnostic interview)。如果目的在于通过会谈施以心理治疗则称为治疗性会谈(therapeutic interview)。会谈有许多不同的方式,但一般分为两类:一类称为结构式会谈(structured interview),另一类称为非结构式会谈(nonstructured interview)。

所谓结构式会谈也称标准化会谈，其特点是由医生或临床心理学家按所需资料的要求，以较为固定的方式或定向的标准程序，编制出会谈的提纲或问卷，并且主动发问，要求来访者按问题回答。其优点是有助于系统地收集所需要的资料，并能不遗漏所要问的问题。可以有目的有重点地进行追问和检查，方法比较固定，节省时间，而且因预先编制好提纲或问卷，问话措辞比较一致，故可以把不同的对象在一起进行比较。其缺点是过于主动的查问，方式比较刻板，可能会引起来访者的反感或只能获得"是"与"否"的简单回答，而无法取得详细的深入的资料。

所谓非结构式会谈或称自由式会谈，其特点是事先不预定问卷或定向的标准程序。医生或临床心理学家可以同来访者自由交谈，让来访者自然而然地说出他想要说的话。这种方式可以使病人在谈话中不知不觉地，较无戒心地吐露出一些内心的真情实意，从而使主谈者获得一些比较深层的对诊断较有意义的资料，在方法上比较灵活。但这种会谈方式的缺点是需要较多的时间，而且，因为是让来访者随便漫谈，没有一定的重点与方向，常常容易出现顾此失彼，挂一漏万的情况，特别是对经验不足的主谈者来说较难把握。

有经验的医生或临床心理学家一般都能根据来访者(病人)的具体情况，以其性格特点，疾病的种类与病情的轻重等，来选择不同的会谈方式，或者两种方式结合起来灵活地交替运用。

会谈是一种技巧，也是一种艺术。会谈是否成功取决于许多因素。经过正规训练的医生或临床心理学家在会谈时需要注意以下几个问题，一般是能达到既定目的的。

(一) 建立良好关系

主谈者和来访者建立良好的关系是会谈成功的关键。首先，医生或临床心理学家要应用个人的知识与经验，根据来访者的具体情况和特点，采取恰当的容易为其接受的会谈方式；但更重要的是主谈者应该确立真心实意为病人服务的思想观念；在会谈时态度既要严肃认真，又要表现出对病人的充分理解和同情，关心体贴病人，耐心倾听病人的诉述，使病人把主谈者看做是可以信赖和尊敬、可以交流思想并能获得帮助的朋友和同志，而且要让病人感到从会谈中不仅可以得到医学技术上的帮助，还能获得某些心理需要的满足；如心情的平静、舒适、欣慰、信心和同情等。成功的会谈必须考虑到受谈者的心理状态、知识水平、人格特点、看病动机、对会谈的反应等等，从而开展合乎情理的、融洽的、富有人情味的会谈。只有这样才能取得病人的合作，才能获得关于病人内心真实感受和实际情况的资料。

(二) 细心体会

在会谈过程中，既要注意病人的谈话内容，又要细心体察病人的谈话态度、姿势和表情动作。我们在会谈中所要取得的信息，不仅来源于谈话的言语内容，而且很重要的是非言语的表情动作。在会谈时要能做到对病人"察颜观色",体察其内在的情感、动机和欲望等真实情况。例如,要特别注意病人的面部表情和眼神。就拿微笑来说,通常是表示同意主谈者的见解,对谈话内容感兴趣;但是也有用微笑来表示反对或不同意的。又如病人的眼神,一般的经验是,如果你注视他,他的眼睛与你对视,便是表明相互交往的开端。对视的机会越多,表示对方被吸引到话题中来了。他凝视着你,表示要接受你的谈话、表示他想说话了。从姿势来说,一般表现是:身体前倾通常表示要注意和接近主谈者;后仰或侧身表示消极和撤离话题;挺胸、抬头及展眉表示傲慢;身体前倾并垂头、缩肩、缩脑表示沮丧。所以在会谈的过程中,主谈者要特别注意病人的态度表现,姿势、表情、动作以及病人言谈话语中的"话外之音",以便充分掌握病人当时的心理状况,使会谈过程能更有效地进行下去。

(三) 把握住会谈的方向

在会谈的过程中,主谈者如何紧紧地抓住病人所谈问题的主要线索,围绕着重点,舍末求本,抓住要害,以取得可靠的资料,这是会谈的一个重要技术问题。这里首先要从病人自己提出的主要问题去追索。如病人主诉头痛,就先要详细询问头痛的情况,包括痛的部位、性质和痛的诱因;还要详细了解最近的生活方式,心理状态等与头痛有无关系。病人的主诉无疑是诊断性会谈的重要依据。但也要注意到,由于病人可能并不明了自己的主要问题所在,有时所诉述的可能是一些无关紧要的问题;或有的病人因只按自己的想法与理解来谈病,而离开重点;又有的病人,特别是初谈者开始常常不好意思说出自己内心的问题,只有在与医生或临床心理学家熟悉,取得他的信任以后,才会谈出内心深处的"隐秘"。因此,主谈者要充分利用自己有关的知识和经验,有目的有方向地对病人进行诱导;病人谈话中有漏洞或前后矛盾的地方常是问题的症结所在,要抓住不放,深加追索,详察到底。

(四) 建立联系

在会谈过程中要注意把过去和现在联系起来,把主观和客观结合起来。首先,病人的心理异常总会有一个发生、发展的过程,过去的情况通常会对目前的行为有深刻的影响,所以在谈论现在状况时,就要考虑是如何演变到目前状态的。其次,病人的心理异常,不仅十分复杂,而且变化多端,因此要把主观和客观结合起来才能更好地去体察病人的内心世界。在病人叙述病情与生活经历时,一方面要设身处地从病人的角度去体会病人的处境和心情,即所谓共情(empathy);但另一方面又要超脱病人自身的状态,客观地对病人发病的前后及内外情况做全盘的体察与分析,这样才能对病情的来龙去脉及其确切意义有全面的、深刻的了解。

(五) 特殊情况特殊处理

在会谈过程中常会遇到一些特殊的情况,要注意恰当地应付和处理,使会谈顺利进行下去。如在会谈中,有的病人不愿说话,守口如瓶,这就要弄清是病人的症状表现还是出现了"阻抗"现象。如果是后者就要进一步探明,是病人害怕谈出了内心的事情而感到不安,或是怕人耻笑而不愿开口,还是怕泄露"天机",于己不利,而不愿让人知道自己的"隐秘"。这时,医生或临床心理学家就要向病人做出保证,说明交谈的内容绝对保密,不会宣扬出去,也不会对其讥笑,并鼓励病人尽量讲述。又如,遇到滔滔不绝的病人则要适当地加以阻止,否则离题万里而无法把握会谈的方向;对于文化水平较低或不会叙述自己内心的心理状态及矛盾冲突的病人,则应以通俗易懂的语言,耐心地给予启发和诱导,使其能尽量诉述出心理方面的烦恼或矛盾冲突。再如,有时病人愿意交谈,但却不愿意将其谈话内容记录下来。这时,就绝不要当着病人面进行记录或录音。只能在会谈过后把主要问题通过回忆加以补充。

二、心理测验

(一) 心理测验概述

1. 什么是心理测验

心理测验(mental test 或 psychological test)是一种心理学的具体技术,是对于可以表现人的个别差异的心理与行为进行客观的标准化测定的方法。人们不仅在身体外貌方面表现出差异,而且在心理能力和人格特点方面也各不相同。物理现象和生理现象可以测定,这是尽人皆知的事情,测验实际上也就是测量,也就是比较。那么心理现象能不能测验,能不能比较呢? 孟子早就说过:"权然后知轻重,度然后知长短,物皆然,心为甚。"显然,他是认为心理现象和物一样是可以测量的。人们常说某某小孩子聪明或愚笨,某某人记忆力好或不好,某人精神异常等等,都是比较而言的,是指同别人或同他自己的过去作比较的结果。实际上也就是认为心理现象是可以测量的。但是心理现象的测量比对物理及生理现象的测量要困难得多,心理测验的工具也较难制定,且不易精确。这是因为心理现象本身十分复杂,而且变化多端;心理测验工具所要测量的内容多是间接地而不能直接地进行测量的缘故,因此,如何尽量精确地描述这些差异的性质和程度就成为心理测验的主要问题。

心理测验既然是一种测量手段,它就要用数字来对资料进行描述,其结果就是要把人的心理与行为确定为一种数量的值,并能恰当地反映它所要测量的东西;而且应当进行标准化。这就要求心理测验在编制、施测和评分等方面都必须依据确定的规则。

因此,可以说心理测验也就是使用一些经过选择的、加以组织和编制的,可以反映人的心理能力和人格特点的刺激，让被试者做出反应。这些刺激称为测验材料；让被试者做出反应的过程称为施测(testing)；用来进行比较的标准称为常模(norm)。常模是经过大量取样、提炼后获得的，这一过程称为测验的标准化(standardization)。

2. 心理测验的作用

心理测验作为一种心理学的技术是随着实验心理学的进展而发展起来的。对它的运用大大地丰富了心理学的研究方法，对整个心理学的发展起到了一定的推动作用。现在，心理学的许多分支，如教育心理、医学心理、人力资源管理、社会心理、军事心理等都在广泛地运用心理测验技术，并已取得了一定的成效。

在人才的选拔工作中，心理能力、人格特点和学业成绩三个方面的心理测验，可作为抉择的辅助性工具。在教学法的评价和因材施教中，以及对心理发展理论的检验，对智力迟滞的早期临床诊断，对心理障碍的临床鉴别诊断，对工效学措施的评价等各个方面，心理测验都发挥着积极的作用。

在临床工作中，心理测验的作用表现最为显著。例如对于智力迟滞儿童与行为问题儿童的鉴别问题；对于心理与行为的正常差异还是病态的鉴别问题；对于器质性精神病与功能性精神病的鉴别问题；对于脑器质性病变的定位问题；以及对于病情程度的观察、疗效的比较，病程预后的评估等等，都可以借助心理测验，客观地、数量化地进行分析比较，并可缩短观察时间，较迅速地做出鉴别，同时使用测验的统一标准也便于比较。

3. 心理测验的三个基本要素

(1) 行为样本：心理测验在测量个别差异的时候，往往也只是对少数经过慎重选择的样本进行观察，来间接推知被试者的心理特征。取样研究的有效与否，关键在于样本的代表性，即不是任何部分都可代表全体。所谓行为样本，是指有代表性的样本，或者说根据某些条件所取得的标准样本。显然，这种行为必须是能够提供给我们足够有用的信息，能反映被试者行为特征的一组行为。然而，由于所取得的标准样本只是代表某些心理功能，并不能反映这种功能的全部，所以总不免有某种程度的偏差。因此只有在全部了解行为样本的意义以后，才能正确使用心理测验。

(2) 标准化：是指测验编制、实施、记分以及测验分数解释程序的一致性。为了使不同的被试者所获得的分数有比较的可能性，测验的条件对所有的被试者都必须是相同的。在测验编制时，测题的印刷要保证物理性质上的一致；对被试者的指导语尽管不能编得天衣无缝，但是要尽量编得凡是足以影响测验作业的每一种情况，都有详细的说明，以保证被试者在反应时候减少误差；评分标准也要在测验编制时规定明白，必要时还应该举例说明，以使主试者评分时都可以按同样的标准规则记分。

标准化的另一个重要步骤是建立有代表性的常模。个人在测验中所得到的原始分数并不具有什么意义，只有将它与其他人的分数相比较才有意义。常模的功用，是给测验分数提供比较的标准，即提供某一标准化的样组在某一测验上的平均分数，从而对测验分数加以解释。常模是否可靠，关键是有无一个代表性的被试样本，即建立常模的这组被试要有足够的数量,而且是依据随机抽样和分层抽样的原则挑选出来的。

(3) 客观测量:心理测验的客观性的某些方面,总是与标准化的讨论联系在一起的,即对心理测验的客观性要求牵涉到标准化问题。因此,在不受被试者主观判断支配的范围内,测验的实施、评分、解释应是客观的,要尽量减少主试和被试的随意程度。然而,一般地说不是这样,因为绝对的客观性和标准化实际上是难以获得的。但无论如何,客观性总是测验编制的目标,并且在大多数测验中已经达到一定的高度。

客观性的另一个主要方面是测题或整个测验的难度水平的确定必须客观。比内和西蒙在编制 1905 年量表时,将测题由易到难加以排列,其难度是根据将测题施测于 50 个一般儿童以及少数智力落后的儿童的结果来决定的,这是最早以客观的方法来决定测题难度的尝试。如今,它已成为现代心理测验的编制的一个普遍原则。此外,在选择测题时,往往也采用客观的方法,例如以被试通过某一测题的百分比作为标准。如果某题的通过比例太高或太低,则表明该题太容易或太难,此测题就应该删除。如果某种难度水平的测题太少,则应该补充新的测题。

4. 正确对待和使用测验

自测验问世以来,人们对其毁誉不一。之所以如此,其中主要原因是由于对它缺乏客观态度。不客观的态度大体分为两类:一是测验完美无缺,另一是测验无用且有害。其实心理测验像其他科学工具一样,必须加以适当的运用才能发挥其功能,如果滥用或由不够资格的人员实施、解释,则会引起不良后果。正确对待和使用心理测验必须做到:

(1) 测验使用者必须具备一定的资格。首先,施测者必须掌握心理学基础知识,并接受实验心理学的训练。其次,施测者必须接受严格、系统的心理测验专业训练,熟悉有关测验的内容、适用范围、测验程序和记分方法等。再则,测验的使用者既要有能力,又要恪守一定的职业道德。

(2) 慎重选择测验量表。每一种测验都有其特殊功能,因此对被试采用何种测验,应慎重考虑。选择测验时也应了解它的信度和效度,这就起码应懂得信度和效度的含义。此外,每个测验都有它的适用范围和年龄范围,超越其范围便不能使用。

(3) 与被试者建立良好的协调关系。在测验过程中,主试者对被试者的态度应该是表示关心、热情、真诚和有耐心,与被试者建立良好的协调关系,以设法引起被试者对测验的兴趣,取得他的合作,使其表现出真实水平或实际情况。

(4) 正确解释测验结果。心理测验可为临床工作提供一些有用的信息,但不能机械地依赖这些信息,不能机械地使用测验结果,要懂得如何解释测验分数。一般来讲,合格的主试者会结合有关影响测验分数的因素对同一个分数做出不同的解释。

(5) 注意测验的保密。对测验的保密主要有两个方面:一是对测验内容保密;二是对测验结果及个人隐私的保密。对于大多数心理测验来说,泄露测验内容,可能会使测验失效。因此,对测验的出版发行必须严加限制。对测验结果及个人隐私的保密,指在整个测验过程中得到的资料，只供心理评估参考，不得让其他人或机构知道，应由有资格的专业人员妥为保管。

（二）智力测验

智力测验(intelligence test)是一种重要的心理测验技术，它不仅能够对人的智力水平的高低做出评估，而且可在某种程度上反映出与病人有关的其他精神病理状况。因此，智力测验是心理测验中应用最广、影响较大的工具和技术。

1. 智商的计算方法

(1) 比率智商：最早由德国心理学家施太伦(L. W. Stern)提出，是心理年龄除以实足年龄所得商数，即为智力商数，或比率商数。美国斯坦福大学心理学家推孟(L. M. Terman)编制的《斯坦福-比内量表》中正式引用了智力商数并加以改进。为去掉商数的小数，将商数乘以 100，用 IQ (intelligence quotient)代表智商，其公式为：

$$\text{IQ(智商)} = \frac{\text{MA（心理年龄）}}{\text{CA（实足年龄）}} \times 100$$

比率智商可使不同年龄者的智力水平相互比较，可以表示一个人的聪明程度，这是它的优点。但比率智商也有其局限性。因为人的实足年龄是与年俱增的，而心理年龄并不与年俱增，特别是到了一定年龄以后会产生稳定不前甚至下降的趋势，这样就会降低 IQ 分数，而不能正确地反映出实际的智力水平，故它不适用于 20 岁以上的成年人。实际上，目前比率智商已很少使用。

(2) 离差智商：韦克斯勒(D. Wechsler)在编制智力测验时，提出了另一个智商的计算法。其重要特点是放弃了心理年龄的概念，但仍保留了智商的概念，不过保留的已不是比率智商而是采用离差智商。

离差智商是采用统计学中的均值和标准差计算出来的，表示被试者偏离他本人这个年龄组平均成绩的量数，是依据测验分数的正态分布来确定的。它以标准化样本中每一年龄组被试者的 IQ 均值为 100，标准差为 15，公式如下：

$$\text{IQ} = 100 + \frac{15(X - M)}{S}$$

公式中，X 为某人实得分数，M 为某人所在年龄组的平均分数，S 为该年龄组分数的标准差，$(X - M)/S$ 实际上就是一般教育与心理统计中常用的标准分数。因此，韦克斯勒智力量表中的 IQ，实际上已不是一个商数。如当被试者的 IQ 为 100 时，表示他属于中等智力；如当 IQ 为 115 时，他便高于一般人的智力；而 IQ 为 85 时，表示他低于一般人的智力。

表 19-1　智力等级分类表

智力等级	IQ 的范围	人群中的理论分布比率（%）
近于天才或天才	130 以上	2.2
超　常	120～129	6.7
高于中常	110～119	16.1
中　常	90～109	50.0
低于中常	80～89	16.1
边缘状态	70～79	6.7
低　能	69 以下	2.2

1960 年推孟在修订《斯坦福-比内量表》时，也使用了离差智商。他是根据 1937 年修订《斯坦福-比内量表》时，从标准化样本得到的数值，确定 IQ 均值为 100，标准差为 16。

2．个别智力测验

（1）《比内量表》。《比内量表》是智力测验中运用广泛、影响较大的一种工具和技术。该量表第一次由法国心理学家比内（A. Binet）和医生西蒙（T. Simon）于 1905 年编制而成，称《比内-西蒙量表》。1905 年的量表有 30 个由易到难排列的项目，以完成的题目数量来确定智力的高低。

1908 年，比内发表修订后的《比内-西蒙量表》，使总数达到 59 个，并把测验题目按年龄分组，从 3 岁到 15 岁，每个年龄的儿童中有一半能通过的题目即属于这个年龄组的题目。儿童通过了某一个年龄组的题目，便说明他具有该年龄组的智力。此外，在此次修订本中他将测验成绩用“智力年龄”表示，并建立了常模，这是心理测验史上的一个创新。

自《比内-西蒙量表》发表以后，尤其是 1908 年量表发表之日起，《比内-西蒙量表》就吸引了全世界心理学家的注意，各种文字的翻译本和修订本相继出现。其中以斯坦福大学推孟教授于 1916 年修订的《斯坦福-比内量表》最负盛名，史称“1916 年量表”。此量表对《比内-西蒙量表》作了许多修改，增加了近 1/3 的新题，修改了部分原有的题目和部分测题的年龄水平，并首次引入了智力商数的概念，以 IQ 作为比较人聪明程度的相对指标。

20 年后，推孟和助手梅里尔（M. A. Merrill）于 1937 年第一次对《斯坦福-比内量表》进行修订，修订后由 L 和 M 型两个等值量表构成。1960 年，推孟和梅里尔再度合作，将 1937 年量表 L 型和 M 型中的最佳项目合并成单一的量表，称 L-M 型。此次修订除对样本的代表性较 1937 年时更广泛外，重大的改革是采用了韦氏量表的离差智商替代比率智商，其平均数为 100，标准差为 16。1972 年，推孟和梅里尔对《斯坦福-比内量表》又作了一次修订，测验本身无修订，只是随着时间的推移制定了新的常模，其修订本于 1973 年出版。

比内测验最早于1916年传入我国，1924年陆志韦先生在南京发表了他所修订的《中国比内-西蒙智力测验》。这套测验是根据1916年的《斯坦福-比内量表》修订的，适合于江浙儿童使用。1936年他又与吴天敏进行了第二次修订，使用范围扩大到北方。第二次修订本对6～14岁儿童被试较为可靠，6岁以下及14岁以上儿童虽然可测验，但准确性稍差。

1979年，吴天敏教授进行了第三次修订，称作《中国比内测验》。此次修订作了较大修改，增删了部分项目，测题按难度顺序排列，测验对象年龄范围扩大为2～18岁，基本上每岁3个试题，共计51个题目。在评定成绩的方式上，放弃了比率智商，而采用离差智商的计算方法来求IQ。

表19-2 《中国比内测验》分类

1. 画圆形	18. 找寻数目	35. 方形分析(二)
2. 说出物名	19. 找寻图样	36. 记故事
3. 比长短线	20. 对比	37. 说出共同点
4. 拼长方形	21. 造语句	38. 语句重组(一)
5. 辨别图形	22. 正确答案	39. 倒数数目
6. 数纽扣13个	23. 对答问句	40. 说反义词
7. 问手指数	24. 描画图样	41. 拼字
8. 上午和下午	25. 剪纸	42. 评判语句
9. 简单迷津	26. 指出谬误	43. 数立方体
10. 解说图画	27. 数学巧术	44. 几何形分析
11. 找寻失物	28. 方形分析(一)	45. 说明含义
12. 倒数20至1	29. 心算(三)	46. 填数
13. 心算(一)	30. 迷津	47. 语句重组(二)
14. 说反义词	31. 时间计算	48. 校正错误
15. 推断情景	32. 填字	49. 解释成语
16. 指出缺点	33. 盒子计算	50. 区别词义
17. 心算(二)	34. 对比关系	51. 明确对比关系

(2)"韦氏智力量表"。"韦氏智力量表"(Wechsler Intelligence Scale)是由美国心理学家韦克斯勒编制的一组智力量表。"韦氏智力量表"有三种：一是《韦氏成人智力量表》(Wechsler Adult Intelligence Scale, WAIS)，其前身是1939年韦克斯勒编制的《韦克斯勒-贝勒维智力量表》(W-BI)，以后于1955年修订成目前使用的《韦氏成人智力量表》；二是《韦氏儿童智力量表》(Wechsler Intelligence Scale for Children, WISC)，于1949年编制；三是《韦氏学龄前及幼儿智力量表》(Wechsler Preschool and Primary Scale of Intelligence, WPPSI)，1963年编制，1967年最后完成。WAIS适用于16岁以上的成人；WISC适用于6.5～16岁的儿童；WPPSI适用于3岁10个月至6岁10个月的幼儿。三套量表相互衔接，可以对一个人从幼年到老年进行智力测量。

我国对上述三个量表均进行了修订。1979～1980年由龚耀先主持，全国56个单位协作修订的 WAIS，称 WAIS-RC；1980～1986 年由林传鼎和张厚粲主持并与全国 22 个单位协作修订的 WISC，称 WISC-CR；同年龚耀先和戴晓阳主持，全国 63 个单位协作修订的 WPPSI，称《中国韦氏幼儿智力量表》(C-WYCSI)。

专栏

《韦氏成人智力量表》(中国修订本)

我国的修订本(WAIS-RC)分城市和农村两式，各包括 11 个分测验，其中言语部分包括知识、领悟、算术、相似性、数字广度、词汇 6 个分测验，操作部分包括数字符号、图画填充、木块图、图片排列、物体拼凑 5 个分测验。每个分测验的项目均从易到难进行排列，完成全部测验的时间大约为 75 分钟。每个分测验的项目数及测量的能力见表 19-3。

表 19-3 WAIS-RC 各分测验的项目数与测量的能力

测验名称		项目数	测量的能力	最高分数
言语测验	1. 知识	29	常识性的知识广度	29
	2. 领悟	14	理解能力与实际知识	28
	3. 算术	14	心算与推理能力	18
	4. 相似性	13	抽象与概括能力	16
	5. 数字广度	12/10	记忆广度与机械记忆能力	22
	6. 词汇	40	理解词汇意义的能力	80
操作测验	1. 数字符号	90	学习的灵活性与书写速度	90
	2. 图画填充	21	视觉的记忆、判断与理解能力	21
	3. 木块图案	10	视觉与结构的分析能力	48
	4. 图片排列	8	对社会情境的理解能力	38
	5. 图形拼凑	4	处理部分与整体关系的能力	44

以上 11 个分测验都有各自的记分方法，每个被试者的各项分测验成绩(初始分)最后可换算成以 10 为平均数，3 为标准差的量表分，再根据各分测验的量表分计算出言语量表分、操作量表分和总量表分，据此按被试者的年龄在相应智商表中查出等值的智商，即言语智商(VIQ)、操作智商(PIQ)和总智商(FIQ)。

专栏

《韦氏儿童智力量表》(中国修订本)和《中国韦氏幼儿智力量表》

1.《韦氏儿童智力量表》(中国修订本)(WISC-CR)

WISC-CR适用于6～16岁的儿童,其形式与成人相似,只是增加了一个迷津测验,并降低了整个测验的难度,蓝本为WISC-R,城市和农村儿童共用一个版本。

WISC-CR共有12个分测验,属言语量表的分测验有常识、类同、算术、词汇、理解和背数,其中背数为备用分测验;属操作量表的分测验有填图、图片排列、积木图案、物体拼凑、译码和迷津,其中迷津是备用测验。备用测验只能在某一同类测验因故失效时使用,以背数代替言语量表中的任一分测验,或以迷津替代操作量表中任一分测验。通常备用测验的分数不用于计算智商。

WISC-CR的实施程序是先做一个言语测验,再做一个操作测验,交替进行,以维持儿童的兴趣,避免疲劳和厌倦。其记分基本上和成人智力测验类似,所不同的是每个分测验的原始分在转化为量表分时,是在儿童自己所属的年龄组内进行的。

2.《中国韦氏幼儿智力量表》(C-WYCSI)

本量表以WPPSI为蓝本,但作了很大更改,约2/3的测验项目作了变换。适用于4岁至6岁半儿童。仿WAIS-RC分城市和农村两套常模。

C-WYCSI的项目和测验形式与其他两个韦氏智力量表相似,是WISC-CR向低幼年龄的延伸。它包括言语和操作两个分量表,前者由知识、图片词汇、算术、图片概括和领悟五个分测验组成;后者由动物下蛋、填图、迷津、视觉分析、木块图案和几何图形六个分测验组成,但在计算操作智商和全量表智商时实际上只用五个操作分测验,视觉分析和几何图形任选一个,均可在相应的转换表中查到操作和全量表智商。

3. 团体智力测验

(1)《瑞文渐进测验》(Raven's Progressive Matrices),简称为"瑞文测验",是由英国心理学家瑞文(J.C. Raven)于1938年设计的一种非文字智力测验。这是一套使用方便、用途广泛的智力测量工具,至今仍为国际心理学界和医学界所使用。由于该测验是非文字的,它较少受到本人知识水平或受教育程度的影响,努力做到公平,故心理学家们尤其喜欢采用这个测验作为跨文化研究的工具。

瑞文测验分为两型,标准型(Standard Progressive Matrices, SPM)是瑞文测验的基本型,于1938年问世,适用于8年级到成人被试,有5个黑白系列;彩色型(Colour Progressive Matrices, CPM)编制于 1947 年,适用于5.5～11 岁的儿童及智力落后的成人,分为三个系列。瑞文测验不限时间,1938 年的标准型需时约 40 分钟,1947 年的彩色型需时约 15～30 分钟。此外,还有供智力水平较高者的高级型(Advanced Progressive Matrices, APM)。

SPM 一共由 60 张图案组成,按逐步增加难度的顺序分成 A、B、C、D、E 五组,每组图案都有一定的主题,题目的类型略有不同。每一组中包含 12 个题目,也按逐步增加难度的方式排列。每个题目由一幅缺少一小部分的大图案和作为选项的 6 至 8 张小图案组成,测验中根据隐藏在一系列抽象符号和图案中的规律,选择某个小图案放入到大图案中缺少的位置中(见图 19-1)。

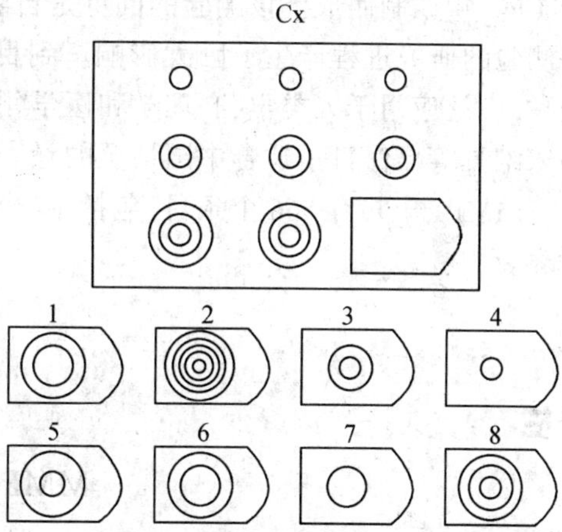

图 19-1　瑞文测验之图 C_1

瑞文测验既可团体施测,也可以作为个别测验。施测很简单,每个被试发一本题册和一张答卷纸即可。测验时,只需主试者用例题做一下示范被试就能明白测验规则,接着被试者会自己进行下去。测验结果须先计算出原始分数,然后按常模资料确定被试者的智力等级,一般以百分位常模表示。

我国 1986 年由张厚粲及全国 17 个单位组成的协作组完成了对瑞文标准型测验的修订,出版了《瑞文标准型测验》(中国城市修订版);1989 年,李丹等、王栋等分别完成了彩色型和标准型合并本联合型瑞文测验(Combined Raven's Test, CRT)中国修订版的城市、成人和农村三个常模的制定工作;1996 年,王栋等开始了联合型瑞文测验的再修订工作,新修订版业已完成。

(2) 多水平团体智力测验。多水平智力测验是指依据不同年龄的智力增长编制的,反映这种增长的一系列测验。《斯坦福-比内量表》和韦氏测验属于个别实施的多水平智力测验,而欧提斯测验(Otis Tests)、库尔曼测验(Kuhlmann Tests)、汉蒙-耐尔逊心理能力测验(Henmon-Nelson Tests)、认知能力测验(Cognitive Abilities Test, CAT)、认知技能测验(Test of Cognitive Skills)等都是多水平团体智力测验。这类测验主要用于学校,包括初级水平、中学水平和大学水平。

(三) 人格测验

1. 客观化测验

客观化测验也称自陈量表(self-report inventory),就是让被试者自己提供关于个人人格特征的报告。由于一般的自我报告往往受报告者主观认识的影响,因此测验多采用客观测验的形式，设计出一系列陈述句或问题，每个句子或问题描述一种行为特征，要求被试者做出符合自己情况的回答。常用的客观测验如下：

(1)《明尼苏达多项个性调查表》(Minnesota Multiphasic Personality Inventory, MMPI)：由明尼苏达大学教授哈特卫(S.R. Hathaway)和麦金利(J.C. Mckinley)合作于1943年编制而成。该测验的问世是自陈人格测验发展史上的一个重要里程碑，对人格测验的研究进程产生了巨大影响。到目前为止，它已被翻译成各种文字版本达100余种，广泛应用于人类学、心理学和医学领域，是世界上最常引用的人格自陈量表。我国宋维真等已修订了适合中国情况的量表。

MMPI一共有566个条目，包括14个分量表，其中10个为临床量表，4个为效度量表。

专栏

MMPI的组成

A. 临床量表是：

1. Hs (Hypochondriasis) 疑病量表
2. D (Depression) 抑郁量表
3. Hy (Hysteria) 癔病量表
4. Pd (Psychopathic deviate) 精神病态量表
5. Mf (Masculinity-femininity) 男子气-女子气量表
6. Pa (Paranoia) 妄想狂量表
7. Pt (Psychasthenia) 精神衰弱量表
8. Sc (Schizophrenia) 精神分裂症量表
9. Ma (Hypomania) 轻躁狂量表
0. Si (Social introversion) 社会内向量表

B. 效度量表是：

1. Q (Question) 不能回答的问题，或用“?”代表
2. L (Lie) 说谎分数
3. F (Validity) 诈病量表
4. K (Correction) 校正分量表

MMPI要求被试根据问卷中的指导语对题目做出“是”或“否”的回答。测验分“卡片式”和“手册式”两种，可根据需要选择使用。既可个别施测，也可团体施测，一般需要45～90分钟。被试年龄范围是16岁以上。

MMPI 的记分运用电脑或“套版”统计，可以得出 14 个量表上不同的得分数，这是原始分。由于每个量表的题目数量不同，各量表的原始分数无法比较，因此需要换算成 T 分数。如果 T 分在 70 以上(按美国常模)，或 T 分在 60 分以上(中国常模)，便视为可能有病理性异常表现或某种心理偏离现象。另外，还要做出得分的剖面图，以对被试的测试结果作全面、综合的分析。

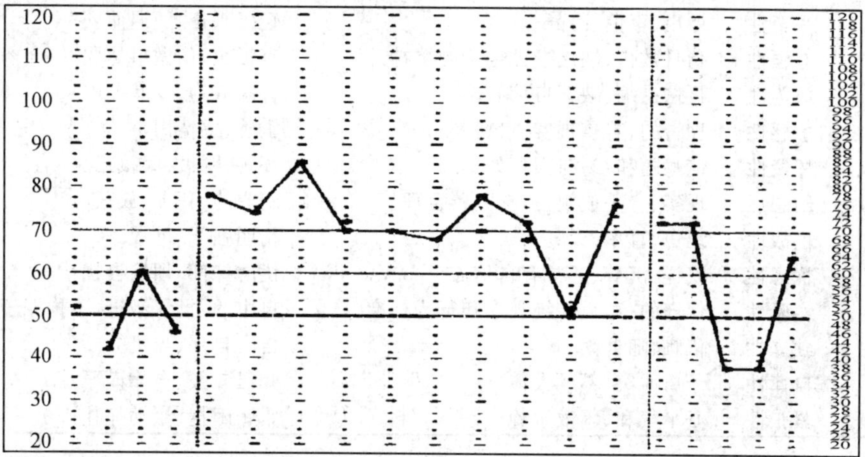

T分	Q	L	F	K	Hs	D	Hy	Pd	Mf	Pa	Pt	Sc	Ma	Si	MAS	Dy	Do	Re	Cn	T分
总相分	14	4	21	12	23	39	42	29	36	20	35	43	20	53	36	44	12	16	31	
加K分					29			33			47	55	22							
T分	52	43	61	47	78	75	87	70	70	68	78	73	51	76	73	72	39	39	65	

图 19-2 MMPI 图

1989 年，MMPI 的出版者对 MMPI 作了重大修改，推出了 MMPI-2。目前，我国正在推广修订后的 MMPI-2。

(2)《16 种人格因素测验》(Sixteen Personality Factor Questionnaire, 16PF)：是美国伊利诺斯州大学人格及能力测验研究所卡特尔教授(R.B. Cattell)经过几十年的系统观察、科学实验，以及用因素分析统计法慎重确定和编制而成的一种精确可靠的测验。与其他类似的测验相比较，它能以同等的时间(约 40 分钟)测量更多方面主要的人格特质，并可作为了解心理障碍的个性原因及心身疾病诊断的重要手段，也可用于人才的选拔。

16PF 英文原版共有 5 种版本：A、B 本为全版本，各有 187 个题目；C、D 本为缩减本，各有 106 个题目；E 本适合于文化水平较低的被试者，包括 128 个题目。1970 年经刘永和、梅吉瑞修订，将 A、B 本合并，发表了中文修订本。合并本共有 187 个测题，分成 16 个因素，每个因素包括 10～13 个测题。16 个因素的名称和高分、低分所表示的人格特征见表 19-4：

表 19-4 16PF的因素、名称与特征

因素	名称	低分特征	高分特征
A	乐群性	缄默、孤独、冷淡	外向、热情、乐群
B	聪慧性	思想迟钝、学识浅薄、抽象思维能力弱	聪明、富有才识、善于抽象思维
C	稳定性	情绪激动、易烦恼	情绪稳定而成熟、能面对现实
E	恃强性	谦逊、顺从、通融、恭顺	好强、固执、独立、积极
F	兴奋性	严肃、审慎、冷静、寡言	轻松兴奋、随遇而安
G	有恒性	苟且敷衍、缺乏奉公守法的精神	有恒负责、做事尽职
H	敢为性	畏怯退缩、缺乏自信心	冒险敢为、少有顾虑
I	敏感性	理智的、着重现实、自恃其力	敏感、感情用事
L	怀疑性	信赖随和、易与人相处	怀疑、刚愎、固执己见
M	幻想性	现实、合乎成规、力求完善合理	幻想的、狂妄、放任
N	世故性	坦白、直率、天真	精明强干、世故
O	忧虑性	安详、沉着、通常有自信心	忧虑抑郁、烦恼自扰
Q_1	实验性	保守的,尊重传统观念和行为标准	自由的,批评激进,不拘泥于成规
Q_2	独立性	依赖、随群附和	自立自强、当机立断
Q_3	自律性	矛盾冲突、不顾大体	知己知彼、自律谨严
Q_4	紧张性	心平气和、闲散宁静	紧张困扰、激动挣扎

除了以上16种人格因素外,还可以根据实验统计的结果所得的公式,推算出许多种能够描述人格类型的双重因素,如适应与焦虑性、内向与外向性、感情用事与安详机警性、怯懦与果断性。此外,卡特尔及其同事搜集了7500名从事80多种职业及5000名有各种生活问题者的人格因素测验答案,详细分析他们人格因素的特征和类型,并以此拟定了其他一些演算公式用于心理咨询及升学就业指导。

(3)《艾森克人格问卷》(Eysenck Personality Questionnaire, EPQ):是英国伦敦大学心理系和精神病学研究所艾森克教授(H.J. Eysenck)编制的,分少年(7~15岁)和成人(16岁以上)两种版式。经过多次修订,在不同人群中测试,已经获得可靠的信度和效度,在国际上广泛被应用。这一问卷于40年代末已开始拟定,1952年正式发表,称"Maudstey 医学问卷"。随后又于1959年及1964年进行增改和修订,最后于1975年再次修订并命名为《艾森克人格问卷》。

EPQ是一种自陈测验,在英文版的成人问卷中包括90个条目,少年问卷中包括81个条目。这些条目让被试者根据自己的情况回答"是"或"否",然后按E(内向-外向)、N(神经质)、P(精神质)和L(掩饰性)四个量表记分,前三者分别代表艾森克人格结构的三个维度,L是后来加进的一个效度量表,但也代表一种稳定的人格功能,即反映被试者的社会朴实或幼稚水平。最后,再根据被试者在四个量表所获得的初始分,按被试者的年龄、性别常模换算出标准T分,以分析被试者的个性特征。

我国修订的EPQ有多种版本,北京地区有陈仲庚等人的修订本,南方地区有龚耀

先、刘协和等人的修订本。一般结果认为,此量表的项目较少,易于测查,项目内容较适合我国的情况,被认为是较好的人格测定方法之一。

2. 投射测验

(1) 洛夏测验。洛夏测验(Rorschach Test)是一种投射技术。它是由瑞士精神病学家洛夏(H. Rorschach)于 1921 年首创的一种测验。多数心理学家认为它是适合于成人和儿童的良好人格投射测验,对于诊断、了解异常人格均有一定的实用价值,所以曾受到心理学家和精神病学家的欢迎,至今仍认为是传统的心理测验之一。

洛夏测验是由 10 张墨迹图组成,所以又称墨迹测验。图是用墨置纸上折叠而成,因而每张图都是对称的墨迹。其中 5 张为黑白墨迹图,2 张在黑白墨迹图上附有红色墨迹,3 张为全彩色墨迹(图 19-3)。这 10 张图片编有一定的顺序,施测时每次出示一张,同时问被试者:请你告诉我在图片中看到了什么?或是使你想到了什么?主试者对被试者的回答要做详细记录,并记录下对每一图片回答的时间及完成此测验的全部时间。全部图片看完以后,再把图片逐一递交被试者,并进行询问,包括:每一反应是根据图片中的哪一部分做出的?引起该反应的因素是什么?对其回答亦要详做记录。

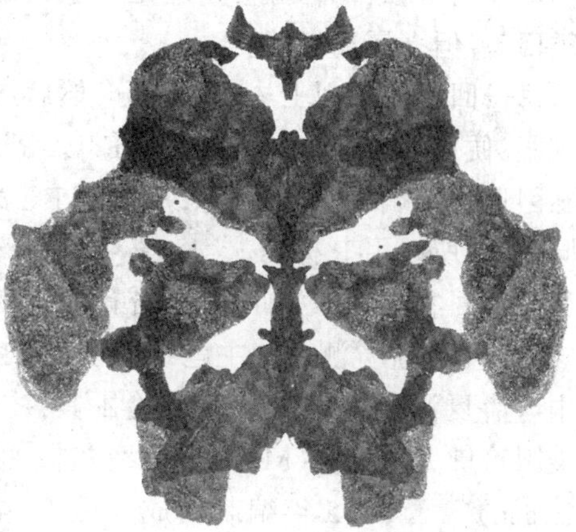

图 19-3 洛夏测验墨迹图之一

关于洛夏测验的记分方法尚存在不同意见,不过一般都包括反应的部位、反应的决定因素和反应的内容等三方面的记分。

- 反应的部位:主要有五个类别:整体反应(W)指被试者的反应包括整个或几乎整个墨迹图;明显局部反应(D)指被试者以一般的局部作为反应部位;细微局部反应(d)指被试者只利用了墨迹图中较小的但仍可明显区分的部分;特殊局部反应(Dd)指对墨迹图的不寻常部分作答;空白部分反应(S)指回答包括墨迹图中的空白部分,或是一个单独的空白处,或是几个空白相连。

一般人在测验时,以上几种回答的分配情况下:W:20%~30%;D:45%~55%;d:5%~15%;Dd+S:0~10%。W 表示能从大处着眼,不拘小节的人格特点;D 表示具有务实精神的人格特点;d 表示过于仔细和谨慎;Dd 表示有独特的见地;S 表示具有与习俗不同的态度。

- 反应的决定因素:一般注意这样四个因素:形状(F)指被试者由于墨迹的整体或局部像某种事物而引起某种反应,依据形状的相似程度有 F^+、F、F^- 之分;动作(M)指被试者在墨迹图中看到的人或动物的运动,通常是想像的或移情作用的象征;彩色

(C)被试者的反应由墨迹的色彩决定,表示情绪和冲动性的指标;阴影(K)指被试者的反应决定于墨迹图的阴影部分,可视为焦虑的指标。

- 反应的内容:根据已有资料,通常出现的反应可归入下列类别:整个动物(A)或某一部分(Ad)、人的整体(H)或某一部分(Hd)、内脏器官(At)、性器官(Sex)、自然景物(N)、物体(Obj)、地理(Geo)、建筑物(Arch)、艺术品(Art)、植物(Pl)和抽象概念等。

此外,反应的普遍性也较常进行评分。P表示大部分人共有的回答,Orig表示个人独创的回答。P回答多说明对事物的看法与众相同,这种人是比较合群的;Orig回答多说明对事物有独特的见解,可能是基于创造性或超人脱俗的联想,在病理时往往也多这一类回答,但多属离奇的。

每一回答均应用上述变量记分,然后作总的分析。例如,如果对第一幅图片的回答是蝙蝠,便作如下记分:"蝙蝠:W F^+ A P"。此处W是指回答在询问时得知指整体,并得知因形状像蝙蝠,确实很像,所以用F^+表示。蝙蝠属动物,故记住A,这是许多人的共同回答,所以用P标明。

其他回答都一一如此记分,统计所有变量,最后做综合解释。

(2) 主题统觉测验。主题统觉测验(Thematic Apperception Test, TAT)是投射测验中与洛夏测验齐名的一种测验工具,由美国哈佛大学默里(Murray)与摩尔根(Morgan)等于1935年编制而成。后来经过多次修订,逐渐推广应用,故成为一种重要的人格投射技术。

图19-4 TAT使用的图片之一

测验材料由29张图片和1张空白卡片组成,图片都是含义隐晦的情景。依被试者的年龄和性别把图片组合为4套,分别用于男性(M)、女性(F)、男孩(B)和女孩(G)。每套包括图片20张,分两个系列进行测验,故每个系列实际上只用10张图片(图19-4)。施测时每次给予被试者一张图片,让其编制一个300字左右的故事,说明图片中所表现的是怎么回事,事情发生的原因是什么,将来演变下去可能产生的结果,以及个人的感想等。对其中一张空白的卡片,要求被试者面对着空白的卡片先想像出一幅图画,然后根据想像出的图画编制故事。一般可用5分钟讲完故事,要求故事愈生动、愈戏剧化愈好。测验完毕,和被试者谈话一次,以求深入了解和澄清故事的内容,并要注意被试者在测验时的行为反应。

关于TAT的分析,早期的研究者往往只注重故事的内容分析,后来认识到必须同时考虑内容分析、形式分析和症状分析,但其中最重要的是有关内容的分析,尤其是默里"需求-压力"分析为代表。分析的方式大致表现为以下几个方面:

- 对TAT中的一个个故事,要明确其主题,详细记述中心主题和内容,然后分析故事长短,以及故事叙述中是否有言语异常和语句文理方面的紊乱,有的故事还要分析两层或三层的次要主题。
- 分析故事中的主人公,即被试者把故事中人物视为与自己一样的人物,尤其是被试者情感色彩强烈的动机被投射的时候,故事中主人公所表现出的情况就是被试者人格的真实面目。
- 分析和确认主人公具有什么样的需求,何种环境和事态对主人公的影响最大,即环境所产生的压力。
- 通过对被试者在故事描述过程中有关言语方面的表现进行分析,来获得有关情感方面的资料。是成功、满足、幸福还是失败、自杀、死亡;是抱负、安定情感还是挫折、孤独,以及只是一般的行为反应。
- 分析故事的结局是如何的,其中包括:完全的成功、胜利的结果;一般的成功,从困境中解脱;平凡的结局;轻微的失败、不满足的结果;彻底失败、绝望及灭亡的结果。

TAT除了作为一种临床诊断工具,还常被用作心理治疗时的刺激联想材料,以利于同病人沟通关系。

(四) 心理评定量表

评定量表是评定个人行为的常用工具,是心理卫生评估的重要手段。它具有心理测验的特征,在形式上又有所区别。目前这类量表已越来越多地应用于门诊心理咨询和治疗、心身疾病的调查以及科研等领域,应用之广已超过了心理测验。

1. 量表的基本原理和分类

(1) 评定量表的基本原理。评定量表中量表一词的英文是"scale"。这个词,可以用作"尺度"、"标度"、"刻度"、"等级"和"比例尺"等。换句话说,是表示数量的概念。例如我们在评价一个人好坏时,我们会把这个具体的人,和一般的人比较,并分成若干等级:最好、很好、比较好、一般、较差、很差和最差等,这便是好-差系列的7级评定法。把这样的方法规范化,应用于精神症状或其他医学心理情况的评定,便成为心理评定量表。

随着医学模式的转变,评定精神症状的量表也愈来愈普及。在学术刊物上基本上不再发表不应用量表评定的论文。我国在80年代中期已引进大多数症状评定量表,制定出中国评定量表常模,为我国心理卫生、心理咨询和医学心理学研究提供了可靠工具,提高了临床及研究工作的可比性和科学性。

(2) 评定量表的分类。就其内容来分,可以分为诊断量表、症状量表和其他量表;就其评定的方式而言,可以分为自评量表与他评量表;按其病种分为抑郁量表、焦虑量表和躁狂量表等。在心理咨询与心理治疗领域中常用的评定量表主要是各种心理自评量表。

专栏

常用自评量表工具

1. 90 项症状清单

90 项症状清单(symptom checklist 90, SCL-90),又名症状自评量表,有时也叫做 Hopkin's 症状清单。现版本编制于 1973 年。

本量表共有 90 个项目,每一个项目均采取 5 级评分制,具体说明如下:

A. 没有:自觉无该项症状。

B. 很轻:自觉有该项症状,但对受检者并无实际影响,或影响轻微。

C. 中度:自觉有该项症状,对受检者有一定影响。

D. 偏重:自觉常有该项症状,对受检者有相当程度的影响。

E. 严重:自觉该症状的频度和强度都十分严重,对受检者的影响严重。

该量表可测查 10 个范畴的内容,相应地分为 10 个因子,它们分别是:躯体化、强迫症状、人际关系敏感、抑郁、焦虑、敌对、恐怖、偏执、精神病性及有关睡眠和食欲等情况。在开始评定前,先由工作人员把总的评分方法和要求向受检者交代清楚,然后让其做出独立的、不受任何人影响的自我评定。由本人或临床医生逐一查核,根据"现在"或"最近一个星期"的实际感觉进行 5 级评分。最后评定以总分、各因子的水平以及突出的因子为依据,借以了解病人问题的范畴、表现以及严重程度等。量表也可前后几次测查,以观察病情发展或评估治疗效果。

由于本量表内容量大,反映症状丰富,较能准确刻画病人自觉症状的特点,故可广泛应用于精神科或心理咨询门诊,作为了解就诊者或来访者心理卫生问题的一种评定工具。

2. 抑郁自评量表

抑郁自评量表(self-rating depression scale, SDS)由祖格(Zung)编制于 1965 年。为美国教育卫生福利部推荐的用于精神药理学研究的量表之一,因使用简便,能相当直观地反映病人抑郁的主观感受,目前已广泛应用于门诊病人的粗筛、情绪状态评定以及调查、科研等。

SDS共包含20个项目，按症状出现的频度分4级评分：没有或很少时间、少部分时间、相当多时间、绝大部分或全部时间。若为正向评分题，依次评为初始分1、2、3、4分，反向评分题则评为4、3、2、1分。

评定表格由评定对象自行填写，在自评者评定以前，一定要让他把整个量表的填写方法及每条问题的涵义都弄明白，然后做出独立的、不受任何人影响的自我评定。评定的时间范围是自评者过去一周的实际感觉。

待评定结束以后，把20个项目中的各项分数相加，即得到总粗分，然后将初始分乘以1.25以后取整数部分，就得到标准分。按照中国常模结果，SDS总初始分的正常上限为41分。

3. 焦虑自评量表

焦虑自评量表(self-rating anxiety scale, SAS)由祖格于1971年编制。从量表结构的形式到具体评定方法，都与抑郁自评量表(SDS)十分相似，用于评定焦虑病人的主观感受。按照中国常模结果，总初始分的正常上限为40分。

20

心理治疗与心理障碍的预防

一、心 理 治 疗

(一) 心理治疗概述

1. 什么是心理治疗

心理治疗也称精神治疗，是有别于生物治疗、化学治疗和物理治疗的一整套治疗方法。从广义上讲，凡是运用心理学的基本原则和技巧，通过言语、表情、态度、姿势、行为以及周围环境和生活条件的改善，去影响、改变患者的感受、认知、情绪和行为等，从而达到改善其心理状态、行为方式以及由此引起的各种躯体症状，都可以认为是心理治疗。但从狭义上讲，心理治疗则是指心理医生(治疗师)或心理咨询师在一定的心理学理论体系指导下，所实施的心理治疗方法与技术。如精神分析治疗、认知行为治疗、行为矫正、存在主义治疗、交互作用治疗、患者中心治疗等。至于生物反馈治疗、暗示及催眠治疗、瑜伽治疗、音乐治疗和体育运动治疗，从某种意义上说也是一种心理治疗。无论哪种心理治疗，言语的作用都是最重要的手段。

心理治疗作为对疾病的一种重要治疗方法，并非现代才有。早在公元前 2 世纪，古希腊和古埃及医生就已经使用催眠暗示方法来治疗疾病。他们十分强调医生语言的治疗作用，把语言作为心理治疗的重要手段。在我国，早在二千多年前的《黄帝内经》一书中就有许多关于心因致病和心理治疗的理论和方法的论述。19 世纪末和 20 世纪初，奥地利医生弗洛伊德首创的精神分析法也得到广泛的传播。20 世纪 50 年代末，行为疗法和人本主义心理疗法开始迅速发展。这些心理治疗，到目前已成为重要的心理治疗流派。近半个世纪以来，随着心理科学研究的深入，不但原有的心理治疗方法不断地改进和完善，而且许多新的治疗方法和手段也如雨后春笋般地出现。

这些新的治疗方法多数是短程、整合的治疗，如认知行为治疗和认知分析治疗。在应用方面，心理治疗应用领域越来越广，从最初限于精神科病人中的应用，现已扩展到各个领域的各种心理障碍、人际关系问题、婚姻家庭等一般性心理卫生问题的处理。在疗效研究方面，不再单纯考查心理治疗是否有效，而且更深入地研究改变的过程，治疗生效的因素和机制、治疗方法对疾病和症状特异性问题。在方法学方面，随机对照组研究已被广泛接受，量效关系研究已被引入心理治疗领域，治疗效果评价更趋客观化和数量化，二次分析技术、临床显著性分析方法和序列分析技术的发展和应用。近年心理治疗实践中演化为四个主要发展趋势：治疗短程化、理论和技术整合化、方法标准化和疗效评价客观化。

2. 心理治疗的形式

心理治疗的形式多种多样，根据心理治疗的对象可以将其分为个别心理治疗和集体心理治疗。

(1) 个别心理治疗的理论和方法起源于精神分析方法。弗洛伊德发现，在一个受过专门训练的治疗者与由于心理问题而求诊的病人之间建立一种职业上的联系可以减轻或改善疾病的症状和行为的方式。这种关系也有益于保持心理健康。现今的各种心理治疗都是以个别心理治疗为基础的，方式是治疗者与患者之间的面对面的交谈。这些面对面交谈的方式多种多样，但它们都是根据心理学中某些理论为基础的心理治疗。

个别心理治疗除经典精神分析法以外，还包括新弗洛伊德流派的治疗，如艾里克森的自我发展理论、荣格的分析心理学、阿德勒的个人心理学等等。对个别心理治疗方法的重大革新还有人本主义心理学观点。罗杰斯创立患者中心治疗方法。此方法最早称为“非指导性治疗法”。这种心理治疗不仅适用神经症和精神病人，也适用于正常人。此外，如格式塔心理治疗、存在主义心理治疗、语义疗法等都可用于个别心理治疗。

(2) 集体心理治疗的形式多种多样，集体的类型也很多，大致可以分为以下几种：

- 领悟性的集体：即允许患者自由组合，互相启发和帮助，互为治疗者。在这种方式下，领导的影响较小，但要求病人的文化水平较高。另外，病人必须是无明显器质性障碍，其心理异常的社会文化因素较明显者。

- 支持性团体：在医生、护士的指导和帮助下进行，人数可以很多，可采用讲课形式。

- 活动性团体：强调安排娱乐和工作等各种任务和活动，如集体演出，一起劳动等，同时可以讨论自己的问题。

- 教育和社会团体：这是近年来逐渐兴起的一种集体心理治疗，有医生指导，还包括患者的同事、邻里及其他热心社会福利的人们，帮助患者参加社会公务活动，改善病人与社会环境的不协调状态。当然，实际上集体心理治疗类型的划分并不是如此严格，在应用中有时是互相结合的。

(二) 精神分析治疗

精神分析治疗是弗洛伊德于 19 世纪下半叶所建立的一种心理治疗理论和技术。弗洛伊德认为心理障碍产生的根源在于幼年期性心理发育中未能解决的心理矛盾冲突。这种具有强烈情感色彩的欲望或动机被压抑在人的无意识领域中，虽然自我并不能觉察它并认识它，但它并没有消失，而是潜伏着并继续在起作用，给人的心理、意识施以影响，通过心理转换性机制以神经症症状或梦及失误等形式表现出来。精神分析治疗就是把压抑在无意识中的心理矛盾冲突挖掘出来，并让患者对其有所领悟，从而使心理障碍得以消除，病情得以治愈。这里简要介绍几种主要治疗技术。

1．自由联想

自由联想(free association)是精神分析治疗的基本技术。在患者进入诊室后让其躺在舒适躺椅上，然后鼓励患者自由自在、无拘无束地诉述其想要说的话，把积郁于心头的一切想法都说出来。无论是与疾病有关的，还是无关的；无论是重要的、有意的，还是不重要的、无意义的；无论是符合道德的，还是难以启齿的；总之，联想到什么就说什么。医生对谈话的内容要保证为病人保密，鼓励病人按原来的想法讲出来，不要怕难为情或怕人们感到荒谬奇怪而有意加以修改。因为越是荒唐或不好意思讲出来的东西，却有可能最有意义并对治疗方面的价值最大。在进行自由联想时，治疗者不要随意打断患者的话，只是在必要时给予适当的引导，一般来说，医生往往鼓励病人回忆从童年起所遭遇的一切经历，从中发现那些与病情有关的心理因素。直到治疗者和患者都认为已经找到了病的根源为止。但从整个过程来说是相当长的，有的数月，有的则要数年才能完成。在治疗过程中，常会发生阻抗、移情或反复现象，要鼓励病人坚持治疗的信心。

2．梦的分析

弗洛伊德认为，梦是一种有价值、有意义的精神现象，做梦的人为了避免潜意识的欲望被察觉，所以用象征性的方式表达，以避免焦虑的产生。梦是通往无意识领域的重要途径。因此，梦的分析就成为接触无意识、挖掘被压抑的心理冲突或创伤的一种有效手段。

弗洛伊德认为导致梦境内容的因素主要有以下三类：

- 睡眠时躯体受到的刺激：如房间太冷，会梦到身陷冰天雪地的山谷中。
- 日间活动残迹的作用：即所谓“日有所思，夜有所梦”。人们可以在梦中继续完成白天的智力活动。
- 潜意识内容的反映：这是最重要的。他把梦分为“显梦”内容与“潜隐”内容两部分。显梦是指做梦者能意识到并能体验到的梦境的具体内容；隐梦则是指这些梦境具体内容所代表的无意识的象征性的含义。治疗者的任务就是从做梦者的表面内容深入到隐含内容，去解释梦中符号，找出它的象征性含义，把经过化装变形的梦复原，从而发掘出做梦者潜抑在无意识里的心理矛盾，以便帮助患者正确解决其致病情绪。

人们通过“梦的工作”中的那些规律或心理机制而表现为各种离奇的梦境，一般可以归纳为以下六类：

- 象征：即用一种中性事物来象征、替代一种被忌讳的事物，可减少或避免引起梦中自我的痛苦或创伤。例如，细长、尖锐的物品或蛇虫等东西来象征阴茎。

● 移置：指在梦中，将对某个对象的情感（爱或恨）转移和投向另一个对象方面去。如一位神经症男青年梦到一位穿黑衣服的陌生妇女，开始冲动地对她拥抱，继而对她进行了残酷的攻击。经过分析，梦中这位妇女实际是他的母亲，因为其童年父亲病死后，她抛弃了他而另嫁人离去。

● 凝缩：指在梦中，将内心所爱或恨的几个对象，凝缩成一个形象表现出来。如《红楼梦》是贾宝玉游幻境时梦到仙子领他与其仙妹成亲。这位美女的形象是他所爱的三个女性的意象经过凝缩而构成的。

● 投射：指在梦中将自己某些不好的愿望与意念，归于他人，而减轻对自我的谴责。如一男青年梦到其未婚妻有别的恋人并与之幽会。经过分析却发现他对未婚妻有所不满而萌发了追求其他女郎的意念。

● 变形：指在梦中将潜意识的欲望或意念用其他甚至相反的形式表现出来。例如一富家子弟，在其父病重后患了焦虑性神经症。其梦中梦见父亲病愈又能管理家务了。经过分析，他的潜意识中盼父早死的不孝意念受到超我的严厉压抑，通过“反向形成”而产生了“父亲病愈”的“反”梦。

● “二次加工”：指做梦者在梦醒过程中，往往会无意识地对自己的梦进行修改加工，使它比较有次序或合乎逻辑一些；或者将梦中最有意义的东西反而置于次要或不显著的地位。

3. 移情分析

在精神分析治疗过程中，治疗者和患者建立起和谐亲密的关系能大大促进治疗的效果，但由于疗程很长，医患之间的关系通常会包含了强烈的情感。患者把过去与父母的病态关系转移到与治疗者的关系上来，即患者对自己疾病的关注明显降低，而对治疗者的兴趣渐渐突出，弗洛伊德把病人的这种表现称为“移情”（transference）。如果患者在儿童期对父母是依赖和信任的，就会很容易以同样的依赖和信任而把自己托付给治疗者，表现为对治疗者的钦佩、友好、爱慕或带有性爱的成分，此为正移情；如果病人的双亲是冷漠、不可信赖的也会影响病人，以致对治疗者表示出怨恨和敌意，此为负移情。治疗者可以透过患者移情的表现，弄清患者幼年期对双亲关系的性质及其对患者的心理意义。如果治疗者对移情处理得巧妙和成功，可变成治疗的动力。

（三）行为治疗

行为治疗（behavior therapy）又称行为矫正疗法。其理论基础是巴甫洛夫的经典条件反射和斯金纳的操作条件反射强化学说。它是根据行为学习及条件反射理论，消除和纠正异常行为并建立一种新的条件反射和行为的治疗方法。由于行为疗法源于实验研究，评价可测查的行为，在上个世纪得到了广泛应用和迅速发展。经过不断发展和改进，行为疗法的治疗对象从患者本身，扩展到其家庭及社会环境方面。应用范围包括神经症、心身疾病、人格障碍、性功能障碍、性行为偏离、各种疾病的康复期、弱智教育以及多种不良行为(如遗尿、口吃、毒瘾、酒瘾等)的矫治等。

行为疗法强调最近的而不是过去行为的决定因素;重视现在的各种症状;根据外在行为的改变作为评定疗效的标准;在分析评价和治疗时要求确定关键的问题,集中力量予以解决;治疗过程遵循先易后难、逐步塑造的学习规律,制定不同等级的阶段治疗目标(阶段期望行为)。在治疗中不断地与治疗前情况(基线水平)和前一等级目标相比较,以判断效果并进行必要的修正。下面介绍几种常用的行为治疗的具体方法。

1．系统脱敏疗法

系统脱敏疗法(systematic desensitization therapy)又名对抗条件疗法、交互抑制法或缓慢暴露法等。由心理学家沃尔普(John Wolpe)所倡导,是行为治疗中的一项基本技术,最初用于治疗动物的实验性神经症。现被广泛运用于恐怖症和强迫症的治疗。沃尔普认为人类的神经症也和动物类似,也是由条件反射引起,他将条件反射方法与杰克布孙(Jacobson)的肌肉放松技术相结合,即当病人产生焦虑性反应的同时,让他产生一个与焦虑相对抗的肌肉松弛反应,这样使焦虑反应的强度也随之减轻。经过多次刺激呈现与肌肉松弛状态的结合,逐步消除焦虑反应(脱敏),以达到治愈的目的。具体做法是由治疗者与患者共同设计出一个引起焦虑的由轻到重的焦虑等级表,要求患者在放松的状态下逐级训练,从想像到具体接触,学会使自身在克服焦虑或恐惧的过程中保持轻松。根据两种相反的情绪或行为不能同时并存,且可相互抵消的交互抑制论点,学习用放松的心身状态去克服恐惧、焦虑。

2．厌恶疗法

厌恶疗法(aversion therapy)是采用条件反射的方法,把需要戒除的目标行为(不良行为)与不愉快的或惩罚性的刺激结合起来,通过厌恶性条件反射,以消退目标行为对患者的吸引力,使症状消退。例如,在酗酒者的酒中加入催吐剂或电击,使其形成对酒的厌恶,抵消了饮酒的欣快感,促进戒酒。由于此法是给病人带来不愉快的体验,甚至痛苦,因此应将此疗法作为其他疗法无效后的选择。应用前要征得病人同意及配合。常用的厌恶刺激有电击法、橡皮筋法、氨水法、阿朴吗啡法、社会不赞成厌恶条件法、想像性厌恶疗法以及暂停技术等。

3．消退训练和强化法

消退训练系根据条件反射原理,未受到强化的行为趋于消退。据此分析,儿童不良行为习惯的形成,其主要原因是由于他们表现出不良行为后得到了强化。这种强化包括过多的批评和注意,它使儿童不良行为出现的次数增多。因此,如果对儿童表现出的不良行为不予强化,包括不理睬、不予过多注意,其不良行为出现的次数就会减少,这也是一种消退训练。

强化法是运用积极强化的方法来鼓励行为不良者重建正常的良好行为的一种治疗方法。如在病人出现良好行为时给予一种“标记”,凭这标记兑换奖品,从而逐步强化。这种治疗过程也称为标记奖励法(亦称代币疗法,token economy therapy)。

近几年来,根据这种强化训练原则发展出行为塑造法(behavior shaping therapy),其关键技术是选取操作性条件反射中的小步策略,让患者在现实的生活环境中通过对更为接受目标的行为进行强化,逐步形成新的良好行为。这种治疗方法可以改善恐怖症、神经性厌食症、肥胖症及其他神经症的症状,对于孤独症儿童和精神发育不全的儿童亦有疗效。

4. 放松训练

放松训练(relaxation training)又名松弛训练,它是按一定的练习程度,学习有意识地控制或调节自身的心理生理活动,以达到降低机体唤醒水平。调整那些因紧张刺激而紊乱了的功能。古今中外属于此类的方法很多,其共同特点是松、静、自然。以下仅就其中的两种方法进行介绍。

(1) 渐进性放松(progressive relaxation)又名渐进性的肌肉松弛疗法。这是美国生理学家杰克布逊于20世纪20年代根据在有意识放松肌肉的同时,情绪亦感轻松的心身整体反应现象,创立的一种通过对肌肉反复的紧-松循环练习,促进肌肉放松和大脑皮层唤醒水平下降的一种放松方法。

(2) 自主训练(autogenic training)也可称为自律、自生、自发训练。它是德国脑生理学家沃格特(Vogt)1890年根据自我暗示可以得到类似催眠的放松而提出的。后经德国舒尔茨(Schultz)1905年确立,加拿大卢兹(Luthe)1969年修订,现已广为应用。自主训练有6种标准程度,即沉重感(伴随肌肉放松);温暖感(伴随血管扩张);缓慢地呼吸;心脏慢而有规律的跳动;腹部温暖感;额部清凉舒适感。训练时在指导语的暗示下,缓慢地呼吸,由头到足的逐部位体验沉重、温暖的感觉,即可达到全身放松。

5. 其他常用行为疗法

- 满灌疗法(flooding therapy):将引起患者焦虑反应的情绪反复出现,让其重新体验全部不愉快的经历,使原来引起症状的内部动因逐渐减弱而引起阴性情绪状态,或症状逐渐缓和与消失。不过在满灌疗法中,病人引起较大的精神紧张与痛苦,有时难以坚持下去。

- 示范方法(modeling):主要是对儿童治疗时,安排示范,使儿童通过模仿建立自己的习得反应。

- 自我训练法和自我调整法:指根据一套特定程序,以一种机体反应去改善另一种机体反应。

- 行为契约(behavioral contracts):最初用于家庭的相互交流,如父母之间、父母和孩子之间、妻子和丈夫之间的相互交流,后成为确保自我控制程序得以实施的一种方法。

(四) 人本主义心理治疗

人本主义心理治疗将人看做一个统一体,从人的整体人格去解释其行为,把自我实现看做是一种先天的倾向,认为应该从来访者自身的主观现实角度而不是治疗师的客观角度去分析。由美国著名心理学家罗杰斯所建立的来访者中心治疗(现称以人为中心的治疗),可以认为是人本主义心理治疗的集中体现。他认为自我概念与体验不一致导致心理障碍。这一疗法强调人的本身具有了解和改善其自身行为的巨大潜力,但是,如果环境不好,或没有良好的指导,这种潜力就不能得到发展,或向歪曲的方向发展,而成为异常行为。在进行心理治疗时,治疗者能体验及表达其关怀、真诚和理解,这种潜能就可释放出来。但治疗者和来访者之间的特殊治疗关系是整个治疗过程的关键所在。在进行心理治疗时,治疗者只表示对来访者的理解、同情、关怀、尊重,接受和愿意听他的倾诉等,对来访者的行为不作任何解释,干涉或控制。因此,这种治疗也称非指导性疗法。在这种环境中,患者内部的潜在资源能得到很好发挥,他能说出内心症结所在,也能获得对自己的清楚的了解,达到治疗的效果。

1. 治疗者的工作

● 创造良好的心理气氛。治疗者要让患者感到温暖和被无条件的接纳,这样患者就可以表达自己内心世界的感受,接受自己的情绪,尤其是那些先前因为害怕引起不愉快,或担心遭到别人拒绝而一直隐藏着的情绪和感受,并通过自己的努力而达到对疾病的领悟。

● 无条件地倾听。治疗者应是一位耐心、富有诚意而又机敏的听众,听取患者所诉说一切。治疗者倾听时的诚意和专心致志,意味不仅用耳朵听,还要用脑听、用心听,只有诚心诚意地倾听才会有反馈、有交流,这对治疗十分重要。

● 复述和反馈。为了让患者理解治疗者能听懂也能理解患者所述的一切,按照罗杰斯的观点,治疗者可简要地复述和引申患者的所思、所言、所感,进而会有助于患者对自己的所思、所感、所言获得新的理解和领悟。

2. 治疗过程与阶段

罗杰斯将来访者中心治疗的全过程分为七个连续的阶段,并可以用它做尺度,检验治疗过程的进展情况。这七个阶段简述如下:

● 第一阶段:由于患者已形成了对自身和外界的固定看法,因而对内心的直接体验十分生疏,甚至完全觉察不到,且没有任何改变和进步的愿望,对存在的问题缺乏认识。于是,患者有一种求治似乎不是出自于自愿、对治疗也不报希望的心态。

● 第二阶段:患者能够对与己无关的问题发表意见,有时把感情说成是不属于自己或是过去的事情。例如说"这个症状让人感到十分烦恼",而不是说"我现在感到烦恼"或者"我过去为这个烦恼"。

● 第三阶段:患者感到已被治疗者完全接受,逐渐消除顾虑,更自由地谈到自己,甚至谈论与自己有关的体验,有了求治愿望。只是更多的是谈到并非当前的感情和意图,体验被说成是过去的或与自己相距甚远。

● 第四阶段:对自身问题及症状的描述减少,对自己的体验开始产生疑问,并初步认识到自己对问题负有责任,自信心也开始增强。

- 第五阶段:患者能够自由自在地表达当时的感情,不仅希望拥有自己的感情,而且希望找到“真正的我”,并开始意识到他的自我应作调整以适应现实,而不应按内心冲动行事。
- 第六阶段:是转变的关键阶段。病人把过去的体验接受下来,成为当前的体验,往往被这种体验所打动,同时伴有生理上的变化,如叹气、流泪等。这时,曾被患者奉为生活准则的信条开始动摇,患者因而出现一种失落感,心灵受到震动,从而起到治疗的作用。
- 第七阶段:这一阶段代表着治疗的趋势和最终目标。至此,患者对自身理解和认识逐渐深入,消除一些不适当的想法,不再为自身的不良情绪所困扰,对外界的看法也变得现实和成熟。患者对自己抱有悦纳态度,不仅在理性上能自我理解,而且也相信自己的感情,确立健康的自我实现的态度。

(五) 认知疗法

认知疗法(cognitive therapy)是根据认知过程影响情感和行为的理论假设,通过认知和行为技术来改变病人不良认知的一类心理治疗方法的总称。认知治疗家认为,行为和情绪的产生有赖于个体对情景所做出的评价,并认为这些评价受个体的信念、假设、思维方式等认知因素的影响。

认知理论不仅把认知过程看成是意识的,也把情绪和动机置于意识范畴加以研究,认为情绪是大脑把生理变化和对事件的认知加以整合后产生的心理体验,一方面,情绪产生的过程中包含着生理反应,另外也包含着认知评价因素。而动机与个体行为的目的紧密相联。在意识的支配下,动机与认知(包括思维)及情绪形成一个个体行为的有机整体。

因此,认知治疗家认为当认知由于某种原因得不到充分的信息,或做出错误的评价与解释时,就会对认知的准确性或范围产生影响,使认知受到限制或歪曲,从而导致适应不良的情绪和行为。那么,要想改变不良的情绪和行为就必须首先对原来的认知过程,以及这一过程中产生的错误的认知观念加以改变,这是认知治疗的核心。

下面就两种有代表性的认知治疗方法作一简介:

1. 合理情绪疗法

艾利斯的理性情绪疗法的理论又称为ABC理论,A是指外来的激发性生活事件;B是指个体在诱发事件之后的信念系统,即对该事件的想法、解释和评价;C是指由B引起的情绪和行为的结果。艾利斯指出,人们往往认为情绪和行为结果是直接由激发事件A引起的,即由A引起C;但实际上,激发事件A只是引起情绪和行为的间接原因,惟有B才是引起人的情绪和行为反应的直接原因。艾利斯曾提出过11种主要的不合理信念,认为那是西方社会中带有普遍意义的,常常导致神经症症状的主要原因。

合理情绪疗法(rational-emotion therapy)的治疗过程及其方法。该疗法是以改变患者的认知为主要治疗目标的，即改变患者的不合理信念，以合理的信念取而代之；改变不合理的思维方式，以合理的思维方式取而代之。从而达到最大限度地减少由不合理的信念给人们情绪带来的不良影响，治疗过程一般可分为心理诊断、领悟、修通和再教育等四个阶段：

● 心理诊断：这是治疗的最初阶段。首先，治疗者要与病人建立良好的关系，以帮助病人建立自信心。其次，摸清病人所关心的各种问题，将这些问题所属的性质及病人对其所产生的情绪反应进行分类；当治疗者确信自己已经找到了病人核心的 ABC 之后，就可对这一阶段工作做一总结，即对病人的问题做出诊断。在此基础上同病人一起制定治疗目标。

● 领悟：这一阶段要引导病人学习合理情绪疗法的理论，强化他们进行治疗的动机。在这一阶段，治疗者要帮助病人达到五个方面的领悟。一是人类情绪并非偶然发生的或基于某种神秘力量而产生的；它的产生是基于科学的规律及与其相关的事件；二是向患者强调人的观点、信念和人生哲学在引发其情绪和行为反应过程中所起的重要作用，使认识到信念 B 是引起情绪与行为 C 的直接原因；三是帮助患者找出造成情绪与行为障碍的不合理信念；四是使患者认识到对自己的心理障碍负有完全的责任，促使其积极参与心理治疗过程；五是帮助病人认识到，如果某些想法是不合理的，就是可以放弃的：只有改变自己的不合理的信念，才能消除情绪障碍。

● 修通：这是对病人存在的不合理信念进行讨论或辩论的阶段，也是治疗的关键阶段。这时治疗者主要采用辩论的方法动摇病人的不合理信念，使他们认识到那些不合理信念是不现实、不合逻辑的，也是没有根据的。同时分清什么是合理信念，什么是不合理信念，从而用合理的信念取代不合理的信念，治疗过程中还可以采取其他认知行为疗法，如布置病人做认知性的家庭作业或进行放松训练以强化治疗效果。

● 再教育：这是巩固治疗效果并结束治疗的阶段。这时治疗者要帮助病人巩固在治疗过程中所学到的东西，以便能更熟练地采用合理的方式去思考问题，使其在脱离治疗情境之后能更合理地生活，更少地受不合理信念的困扰。

2. 贝克的认知转变疗法

这种心理疗法的理论基础是贝克的情绪障碍认知理论。他认为心理障碍不一定是由神秘的、不可抗拒的力量所产生，相反，日常生活中的平常事件，如错误的学习，依据片面的或不正确的信息做出的错误推论等也会引起心理障碍。以下是贝克等归纳的几种常见的认知歪曲的形式：(1) 任意推断，即在证据缺乏或互相矛盾之时，武断地做出结论。(2) 选择性概括，即以偏概全的认知方式。(3) 过度引申，或称过度泛化。即从一件琐碎的事件出发引申出关于能力或价值的普遍性结论。(4) 夸大或缩小，即指对某些事物的过分重视或轻视而与实际情况不相符，表现为对客观事件的意义做出歪曲的评价。(5) 双极式思维，或走极端的思维，即把生活往往看成要么全对，要么全错，绝无中间状态可言。(6) 个人化，是一种变形的内疚心理。即在缺乏相应联系的情况下把外部事件的发生全都归因于自己的过失与无能。

认知转变疗法的主要目标在于改变患者歪曲的认知，从而改善失调的情绪与行为。其治疗的基本过程如下：

- 识别自动式思维：是指介于外部事件与个体对事件的不良情绪反应之间的那些想法，表现为患者对自己、对周围世界和对未来三者的消极评价。这种自动式思维，一般人不会意识到它的存在，因此，在治疗过程中病人首先应学会识别自动式思维。治疗者可用提问、指导病人想像或角色扮演等方式来识别自动式思维。
- 识别认知错误：为了帮助病人识别认知错误，治疗者应该听取和记下病人诉说的自动式思维以及不同的情境与问题，然后要求病人归纳出一般的规律，找出共性。
- 真实性检验：这是治疗的中心环节。一旦认识了一种或一组歪曲的信念，就可训练病人按下列顺序进行更严格的检验：我的证据是什么？对那个问题是否还有别的认知存在？假设那是真的，结果是否就会那么糟？

在患者能够认识和评论这些不正确的自动式思维和信念之时，新的、更接近现实的信念便会逐渐代替了旧的、不真实的信念。随后要求病人按照这些新的认知结构去实践，检验它是否切实可行。治疗者还要通过给病人布置一定的家庭作业，并让病人反复练习，以巩固新的认知结构。此外，还有一些类似行为治疗的方法，如通过记录和观察行为达到对现实的正确认识，进而改变病人的认知，去注意监控苦闷与焦虑水平，这就是认知转变疗法常用的技术。

（六）其他形式的心理治疗

1. 系统家庭治疗

系统家庭治疗依据“系统论”的观点，来分析此家庭系统内所发生的各种现象。即在家庭系统内，任何成员所表现的行为，都会受家庭系统内其他成员的影响；个人的行为影响系统，而系统也影响其成员。这种系统相关的连锁反应，可导致许多所谓病态的家庭现象；而一个人的病态行为，也常因配合其他成员和心理需要而被维持。并且基于此种观念，家庭治疗主张，要改变病态的现象或行为，不能单从治疗个人成员着手，而应以整个家庭系统为其治疗对象。系统家庭疗法其特点是不太注重成员个人的内在心理构造与状态，而是把焦点放在家庭各成员之间的人际关系上，主要是通过协调家庭各成员间的人际关系，通过交流，扮演角色，建立联盟，达到认同等方式，运用家庭各成员之间的个性、行为模式相互影响互为连锁的效应，改进家庭心理功能，促进家庭成员的心理健康。

一般说来，较为常见的家庭治疗理论与技术有以下几种：

（1）结构疗法。此方法强调家庭系统积极而有组织的整体性。结构疗法的重点放在家庭的组织、关系、角色与权力的执行等结构上，使用各式各样的具体方法来纠正家庭结构上的问题，促进家庭功能的改善。假如家庭成员之间的角色扮演不妥当，甚至颠倒，包括夫妻、父母、亲子或同胞间，则治疗的重心应放在角色扮演的纠正上，特别是父母与子女间所产生的三角性冲突与情结，更要纠正改善。

结构疗法要求家庭结构能够不断适应变化的要求，当困境或分解产生时，必须改变家庭的结构系统。其实施步骤为治疗者加入并成为其结构中的一员，经过观察和评估后创造一种能够改变这种结构的环境。具体方法包括重新疏导相互作用、明确分界、指定任务、控制情绪以及提供支持、教育和指导。

(2) 行为性家庭疗法。其基础是从社会学习理论中引申出来的经验主义方法论和一些特定的原理。行为性家庭治疗的着眼点放在可观察到的家庭成员间的行为表现上，即建立具体的行为改善目标与进度，充分运用学习的原则，给予适当的嘉奖惩罚，促进家庭行为的改善。

(3) 认知家庭疗法。这一疗法的特点在于对家庭问题的本质有动态性的了解，并建立一套有步骤的治疗策略，着手更改认知上的基本问题以求有层次地改变家庭问题。例如，一个成年的孩子仍依赖母亲，无法独立自主地应付社会刺激，治疗的策略应该先把重心放在如何协助母亲去"放走"自己的孩子；接着探讨为何父亲没有发挥应有的作用去协助妻子教育孩子；还可把治疗的重点移到父母所扮演的角色上，或是夫妻之间的情感问题上，以便解决因夫妻关系不调，使得妻子把情感的重点放在孩子身上，潜意识地希望孩子永远陪伴自己，弥补心里空虚。策略性家庭疗法就是要了解这一切的来龙去脉，并制定治疗的先后步骤与策略。

另外，家庭疗法还包括交流疗法、心理动力学疗法、多维影响的家庭治疗、多家庭治疗以及社会网络家庭治疗等技术，这里就不再一一阐述。值得注意的是在家庭治疗时，要考虑其主体文化所强调的人际关系与价值观念，以及社会所期待的家庭关系。同时要以"家庭发展"的眼光来了解家庭的心理与行为的发展，即随婚姻的关系及子女的出生、成长与分离而经历各个不同的发展阶段分而治之。由于家庭是由一群有特殊关系的成员所组成，有特别的感情，而且长久生活在一起，其心理治疗与一般心理治疗有所不同，需要注意一些基本的治疗原则：即淡化"理由与道理"，注重"感情与行为"；抛弃过去，关心现在；忽视缺点，强调优点；只提供协助、辅导，不代替作重大决定。

2. 森田疗法

森田疗法是日本学者森田正马教授创立的，对神经症治疗效果较好的一种心理疗法。森田认为，神经症患者的所有不适都是一种自我感受而不是真正的病。因此，只有"保持原状，顺其自然"，不为其所扰，才能使各种不良感受自消自灭。

森田关于神经症发病的基本理论，简而言之，就是具有疑病素质的人，由于某种契机(疑病体验)，把人们普遍存在的一些身心自然现象如用脑过度时的头痛、失眠，与生人交往时的拘谨不安，以及偶然出现的杂念、口吃等，误认为是病症，而把注意力集中在这上面，感觉愈敏锐，"病症"就愈重。由于这种精神交互作用而形成的恶性循环，结果成为神经衰弱发作的神经症。森田疗法就是要改善疑病素质，破坏其交互作用，从而使症状消失。

森田疗法可分门诊治疗和住院治疗两种形式：

(1) 门诊治疗。每周一次，接受生活指导和日记指导，疗程约 2～6 个月。门诊治疗的基本要点是：

- 详细体验以排除躯体疾病的可能，并解除病人疑虑。
- 要求病人接受自身症状，顺其自然，绝不企图排斥。
- 要患者带着症状去从事日常活动，以便把痛苦的注意转向无意识，使痛苦体验在意识中消失或减弱。
- 告诉患者切勿把症状挂在心上。
- 治疗者按时批阅患者的日记，患者要保证下次再写再交。同时要家属不要对患者谈病，也不要按病人来对待他。

(2) 住院治疗。经典的森田疗法是住院治疗，也是对于严重的神经症患者的最佳方法。其程序大致分为四个时期。

- 第一期为绝对卧床期：开始第一周绝对卧床，禁止会客、交谈、看书报和看电视等一切活动，只能独自静卧，因无事可做，患者会感到十分苦恼，使其能体验"生的欲望"。
- 第二期为轻作业期：该疗期主要是相对隔离治疗，禁止谈话、交际和游戏等活动。卧床时间每天必须保持 7～8 小时，但白天要求到户外活动，接触好的空气和阳光，晚上写日记以进一步确定患者精神状态、对治疗的体验。有时也做一些简单劳动，目的是恢复患者精神上的自发性活动。该治疗期为 1～2 周。
- 第三期为重作业期：住院生活逐渐充实，并积极做恢复正常社会生活的准备。但仍需要求病人不与别人谈论症状，只要其专注于当前的生活和工作(可作些重体力劳动)，组织一些文体活动，与他人交往，通过这样的实践与体会，让病人自然而然地不再与其焦虑症状作强迫性的斗争，以便让症状自然消失。该治疗期为 1～2 周。
- 第四期为生活训练期：即患者开始打破人格上的执著，摆脱一切束缚，对外界变化进行顺应，适应方面的训练，为恢复其实际生活作准备。该治疗期为 1～2 周。

二、心理障碍的预防

影响心理健康、造成心理障碍的因素十分复杂，这些因素来自生物、心理、社会三大方面，因此，如何维护心理健康，预防心理障碍的发生，也必须从这三大方面去考虑问题，采取相应的方法和措施，才能达到预期的目的。我们认为心理障碍的预防可从个人和社会的不同层面进行以下三个方面的工作。

(一) 维护和增进心理健康水平

1. 坚持健康的生活方式

生活方式是指人们在日常生活的活动中所遵循的行为规范,即习惯化了的生活活动形式。人们在日常生活中总是按一定的方式去生活,这种方式是每个人在自己的生活过程中,为适应社会生活环境的要求,自然而然地形成起来的。不健康的生活方式和不良的卫生习惯会对人体健康带来严重的危害,许多常见病、多发病,如高血压、糖尿病、溃疡病、冠心病、脑卒中,甚至癌症、艾滋病等都与人们不健康的生活方式和不良的行为习惯密切相关,所以这些病也被称为"生活方式病"。一般来说,起居无常、饮食无序、运动过少、吸烟、嗜酒、吸毒和不良性行为等都属于不健康的生活方式和不良卫生习惯。由于这些不健康的生活方式的产生与所谓现代文明社会的发展有关,故有人又把上述种种疾病称为"现代文明病"。相反,健康的生活方式和良好的卫生习惯则有利于促进人的身体健康水平。一般认为,健康生活方式应包括:首先,起居有常,早睡早起,保持充足的睡眠(每晚 8 小时左右);其次,一日三餐,平衡膳食,每天坚持吃早餐,不吸烟,不饮酒;再次,控制体重,保持在正常水平;最后,适量运动,每周至少有 2~3 次体育锻炼。坚持健康的生活方式不仅能使人身体健康,少患疾病,特别是可以避免罹患上述种种严重的疾病。有了健康的身体,就能给心理健康提供良好的基础。"健康的精神寓于健康的身体",这是一句有名的西方谚语。

2. 讲究心理卫生

人们要维护和保持心理健康,提高心理健康水平也必须讲究心理卫生。说到心理卫生,则直到目前还是一个被人们普遍忽视的问题。所谓心理卫生指的是人们应如何维护和保持心理健康,提高心理健康水平,避免和减少发生心理失调和精神疾患的原则、方法和措施。

讲究心理卫生,首先要注意用脑卫生。因为大脑是心理的器官,而心理是大脑的功能,如果大脑作为器官受到了损害,它的心理功能也必然要受到危害,这时心理健康自然就难以维护和保持。用脑卫生除了避免物理、化学和生物的有害影响之外,主要是指在使用大脑的时候要讲究科学用脑,就是要劳逸结合,有张有弛,避免大脑的过度疲劳以致功能衰弱,特别是应有充足的睡眠,以便使劳累一天的大脑有一个及时而有效的修复过程。其次,讲究心理卫生是要避免或减少心理失调或精神疾患的发生。心理不健康的突出表现就是各种各样的心理失调或精神疾患的存在。但在我国,人们对心理失调或精神疾患的认识和态度存在着许多误区。因而对一些本来很平常或难以避免的心理失调与精神疾患表现难以接受,讳莫如深。本人一旦发生常常讳疾忌医;对于别人则避而远之或报以歧视的态度。这对于预防和消除心理失调与精神疾患,维护心理健康都是非常不利的,也是违反心理卫生的基本原则与方法的。讲究心理卫生的一项重要任务就是在心理失调或精神疾患现象一旦发生或有可疑迹象时,要及时寻求心理咨询与治疗专家或精神科医生的帮助,以便尽快消除可能发生的心理失调或精神疾患。

3. 增强情绪的自我调控能力,及时排除各种负性情绪

人的情绪活动可分为两大类:一是积极的良性情绪,如高兴、愉快、喜悦等,它能为人的中枢神经系统增添新的活力,发挥机体的潜能,改善人的生理心理功能,促进人的心理健康。二是消极的负性情绪,如愤怒、焦虑、恐惧、抑郁等。负性情绪的作用有两面性,一方面可有利于个体为适应恶劣的环境刺激而斗争;但另一方面,负性情绪往往以强烈的激情状态或持久的心境而出现,使人的头脑失去冷静,可能导致意识模糊,或精神颓丧、意气低沉,使观察事物的能力和思维判断能力被歪曲,意志行为反应受到扰乱等,从而影响人的整体心理功能的正常发挥,并使心理健康遭受严重的损害。例如,愤怒情绪,它能降低人的理智水平和正常的判断及自控能力,一旦丧失理智就会做出许多过激的行为,以致带来诸多难以弥补的不良后果。显然,这对心理健康是非常有害的。所以,要维护心理健康就要学会情绪活动的自我调控,及时排除各种消极的负性情绪。

4. 培养和完善健全的人格

人总是按照自己既有的人格来观察外界事物,思考问题,产生相应的态度和情绪体验;同时对外界环境刺激采取一定的对付策略,并做出一定的行为反应。这样,具备了健全的人格,就能有助于人们正确地评价客观事物,采取恰当的态度,体验正常的情感情绪,做出正确合理的行为反应,因而有助于人们顺利地进行社会交往和人际关系的正确处理,更能有助于人们有效地去适应变化着的社会生活环境,从而不断提高心理健康水平。所以,培养和完善健全的人格,对于心理健康的维护有着极为重要的意义。

5. 增强社会适应能力

社会适应是个体为满足社会生存需要而与社会环境发生的调节作用。社会适应的基本方式,一是改变自身以顺应社会环境的要求;二是改造社会环境以符合个体的需要。社会适应能力包括许多具体的能力,其中最为重要的是人际关系适应能力和职业工作能力。因此,要很好地适应社会生活,一方面要保持并增进个人与社会的良好关系,另一方面要根据自己的特长和兴趣爱好,尽量掌握社会生活所需要的专业知识或职业技能。

6. 积极参与社会活动,扩大人际交往

人类是一种群体动物,过的是群体生活,每一个人作为社会的一员都必须生活在一定的社会群体之中。通过群体的社会生活和交往活动,一个人就能与群体中的其他成员或其他社会群体进行交往和联系,特别是与志趣相投的伙伴、朋友、同学和同事在一起,更能推心置腹地进行思想沟通和情感交流,这样就能从中得到启发、疏导和帮助。通过积极参与经常进行的社会活动,人际交往得以不断地扩大,不仅可以使人相互交流经验、增进理解、开阔视野、开朗心胸,还可以取得更多的社会支持;更重要的是,这可以使人感受到与社会集体融为一体、不可分离的体验以及充足的社会安全感、责任感、信任感和激励感;从而大大增强个人对生活、学习和工作的信心和力量,最大限度地减少心理应激和心理危机感。这是人们维护和保持心理健康的最基本、最重要的因素之一。一个离群索居、孤芳自赏、生活在社会群体之外的人，是不可能做到心理健康的。

(二) 关注不同年龄阶段的心理卫生重点

导致心理障碍的原因非常复杂，到目前为止还没有完全明了，但有些基本原则是比较明确的，即心理障碍是个体与环境(社会的和自然的)相互作用的异常结果。这其中个体不同年阶段的心理特点在心理障碍的发生中占有重要地位。因此，关注个体发育不同年龄阶段(包括胎儿期、婴幼儿期、童年期、青春期和青年期、中年期、更年期和老年期)的心理卫生重点，对于维护人们的心理健康，预防心理障碍的发生有着非常重要的意义。

1. 胎儿期心理卫生

胎儿能否正常发育，除了遗传因素之外，主要取决于母体的心身健康状况。胎儿生长发育需要的营养和氧气，是由母亲血液通过胎盘供给的，而孕妇的情绪变化能引起母体内神经内分泌及一系列生理、生化的变化，如在积极的情绪状态下，可使血液中增加有利于健康的生化物质，消极的情绪状态如焦虑、抑郁、恐惧或愤怒则可使血液中增加有害于胎儿神经系统及其他组织的生物物质。因此，孕妇是否能保持积极健康和稳定的情绪状态，对胎儿的正常发育是一个相当重要的问题。同时，父母的行为习惯对胎儿的影响也很明显，如父母吸烟、酗酒有可能导致胎儿畸形、智力低下或痴呆。为了孩子有一个健康的身心，母亲在孕期一定要心情舒畅，情绪稳定，生活有合理节律，保持良好的生理、心理状态。此外，胎教在妊娠后期对胎儿的发育具有积极的作用。

2. 婴幼儿期心理卫生

这是指婴儿出生到三岁这一阶段，是儿童身心发育迅速变化的时期。这时大人要特别注意防止某些不恰当的教育方式，如果缺乏良好的情绪状态，幼儿就会显得呆板、畏缩、不活泼；而且好哭闹、不好照管，还容易生病。如果母亲由于某种原因被迫与婴儿分离，则会引起拒食、消化紊乱、夜惊和发育缓慢，也是某些精神疾患和病态人格发生的根源。此外，如果幼儿生活在较为孤寂的环境里，或受到不良的刺激，就会使幼儿发育迟缓，且伴有情绪不稳、睡眠不安等状况。这对幼儿的心理健康发展是十分不利的。

3. 童年期心理卫生

是指儿童在四五岁到十一二岁这一年龄阶段的心理卫生。此时应注意的心理卫生问题重点如下：第一，要做好孩子从幼儿园进入小学的衔接工作，这可以减少孩子入学后的适应性困难及产生学校恐怖症；第二，不要培养“标准儿童”。孩子有点淘气并非坏事，往往这种孩子兴趣更广泛，知道的事多，思考问题的路子更广阔，心理发展比较健康；第三，不要给孩子“加码”，有些小学生的功课负担过重，已属不当，但有的家长望子成龙，还要额外增加孩子的学习内容，这都是不利于孩子身心健康的。国外一些心理学家特别重视所谓幼年时期的心理冲突，认为成年人的许多心理障碍往往是在婴幼年时期种下祸根的结果。

4. 青春期心理卫生

青春期是介于儿童与成人之间,从幼稚变为成熟的一段承前启后的过渡时期。这一时期是面临着个体性生理变化和性心理发展重要的急剧时期。第二性征的出现、性器官发育的逐渐成熟和性意识的萌动,不可避免性会产生对性的好奇心、神秘感与冲动性行为,或者会感到紧张、羞涩和恐惧。因此,这一时期对他们进行及时和适当的性教育就非常必要,也是性心理卫生教育的关键时期。同时,由于自我意识的发展和躯体发育的迅速成长,他们会感到自己已是个"大人"了,但心理发展却相对滞后,还比较幼稚,对于善恶是非、价值观念和道德标准的判断力却尚未成熟,因此,常常不能正确对待和把握自我及所面对的事物和情境,或对自我过分夸大,或稍遇挫折即丧失自信,容易陷入同一性混乱状态,也容易产生逆反心理。再加上他们的情绪活动极不稳定,易于出现情感爆发,陷入不正常的情绪状态。这时,家庭、学校和社会环境的不良影响,都会对他们的心理健康发展带来极大的损害,很容易发生心理障碍。为了青年一代的身心健康发展,整个社会都应对他们给予充分的关注。

5. 中年期心理卫生

中年是一个人发挥创造能力,在事业上多出成果的阶段。中年人是社会的中坚力量,承担多方面的责任,有工作上的,社会上的,还有家庭的。过于强烈的竞争意识和过高的抱负,过大的精神压力和持续的紧张,繁重的日常工作,加上家庭生活琐事的拖累,都会影响中年人的心身健康。因此需要正确认识和妥善处理,作好自我心理调适。

6. 更年期心理卫生

更年期是人一生中生理和心理上变化比较剧烈的又一时期。处于更年期的人们,首先要对更年期本身有一个正确的认识和科学的理解,从而正确地加以对待。对于躯体不适感和心理上的失调状态不要过分恐惧、多疑和担心,应及时就诊,做到无病放心,有病早治和及时调理。其次,要从实际出发,实事求是地对待生活事件,保持情绪的平稳和镇静,以利于减轻或消除可能出现的生理上的不适感或心理的紧张状态。

7. 老年期心理卫生

人过中年以后,就逐渐开始衰老,进入老年期,这是一个不可抗拒的自然规律。老年人的心理卫生,一是要承认现实,对于进入老年期后躯体的生理和心理各方面趋于衰退的变化,在思想上要有所准备,并能正确对待、泰然处之。二是要有"人老心不老"的精神状态,多想着如何把"余热"贡献给祖国、人民和社会;既能正视老年期的特殊问题,又有不畏老、不服老的健康的自我意识,才能保持乐观的情绪,焕发出"第二次青春"。三是要从实际出发,丰富生活的内容,增添更多的生活情趣。四是要取得晚辈们充分的同情、体谅和关心。一方面老年人应有自知之明,不要倚老卖老,指手画脚,发号施令,而要实事求是,承认"弱者"的地位。另一方面,作为晚辈则应该理解老年人的心理状态,充分体谅他们各种能力的衰退现象以及当前的处境与心情,更多地给予安慰、体贴和照顾，让他们轻松愉快地欢度晚年。

（三）实施三级预防

1．初级预防

初级预防是指在心理障碍发生之前便采取各种措施，以消除或减少致病因素，从而防止或减少心理障碍的发生。这是最主动、最积极的预防。从某种意义上说，初步预防是真正的预防。其主要措施包括：第一，积极开展健康教育工作，尤其要加强对社区的广大群众进行心理健康教育，大力宣传心理健康对人们的重大意义，普及心理卫生知识，把健康教育、心理保健，以及心理障碍的预防等，融入社区医疗保健工作之中，以提高广大社区人群对于心理健康的自我保健意识和技能。同时创造良好的工作和生活条件，指导群众从少年儿童开始培养良好的行为习惯，推广健康的生活方式。第二，定期开展适当的心理健康测查工作，筛查可能发生的心理障碍患者，保护高危人群。第三，开展心理卫生咨询，密切关注从儿童期到老年期不同年龄阶段人群的心理健康状况，针对个体发育过程不同阶段以个人给予相应的心理卫生指导。通过个人咨询、家庭咨询、婚姻咨询、高危儿童咨询、青少年心理咨询和中、老年心理咨询等，对相关人士进行及时的疏导和解困工作，这对于心理障碍的预防是有重要意义的。

2．二级预防

二级预防的目标是对心理障碍患者的早期发现、早期诊断和早期治疗，以争取良好的预后并防止复发。因为我们不可能做到总能防患于未然，心理障碍在各种人群中都会出现，这是难免的。在这种情况下，早期发现、早期诊断和治疗，就成为我们预防工作中的第二道防线。其主要措施包括：第一，定期对居民进行心理健康调查，确认引起心理障碍的危险因素和相关因素。指导居民按社区医护人员的要求进行心理健康的自我评定，提高居民早期识别心理障碍的能力，尽早发现心理异常者。第二，对可能患有心理障碍（或精神疾病）的人，指导其及时就诊，接受咨询和治疗。心理卫生人员要定期进行家庭访问，提供相应的指导和必要的干预，消除不良的家庭因素，教会家庭成员观察病情，防止暴力行为和意外事件发生。第三，给予精神疾病患者及时有效的药物和心理治疗及护理，尽可能缩短住院时间，使患者尽早地返回家庭和社会。

3．三级预防

三级预防的目标主要是减小心理障碍（精神疾病）的危害和后遗症，做好患者的康复工作，延缓衰退的进程，特别是防止住院病人的心理障碍转为慢性，使他们尽快回到社会生产和自食其力的生活中去；同时对已进入慢性的病人设法减轻其受损程度，以减轻痛苦，提高生活质量。主要措施如下：第一，防止恶化：使患者在家庭和社会生活中能继续得到治疗，督促病人按时按量服药和接受心理治疗，帮助病人创造良好的治疗和生活环境，增强病人接受治疗的依从性，配合治疗和康复工作。在医护过程中要尽可能防止或减轻病残的发生，使病人最大限度恢复心理和社会功能，为此必须采取各种有效措施减少后遗症及合并症。第二,做好康复工作:建立各种工娱治疗站、作业站、娱乐站,对病人进行各种康复训练,结合进行健康教育和疾病咨询等,使病人早日恢复家庭生活和回归社会。指导并协助家庭成员为患者制定生活计划,努力解决病人的心理健康问题和日常生活中的实际困难。第三,做好管理工作:包括康复之家、病人公寓和病人的医疗护理文件等的管理,努力减轻医院及家庭负担。同时,结合工作中获得的信息,分析社区服务对象的心理健康问题,制定出比较完善的社区医疗、护理、管理内容及相关制度,使整个社区的病人都能得到良好的服务。

参考文献

B.E. Gilliland等著，肖水源等译．危机干预策略(上、下册)．北京：中国轻工业出版社，2000
蔡焯基著．抑郁症——基础与临床(第二版)．北京：科学出版社，2001
曹中昌等．社交恐怖症的研究进展．国外医学精神病学分册，22(3)，1995
车文博主编．弗洛伊德主义论评．长春：吉林教育出版社，1992
陈仲庚，甘怡群主编．人格心理学概要．北京：时代文化出版社，1993
陈仲庚著．实验临床心理学．北京：北京大学出版社，1993
程玉兰．儿童学习困难的影响因素．国外医学社会医学分册，第3期，1998
杜亚松，刘涛，唐慧琴，徐韬园．注意缺陷多动障碍适应行为的研究．中国心理卫生杂志，13(3)，1999
樊作树等．精神分裂症包含过多的思维障碍．中华神经精神科杂志，1981，第3期
弗洛伊德著，高觉敷译．精神分析引论．北京：商务印书馆，1984
龚耀先．精神分裂症患者抽象和概括过程的实验研究Ⅰ、Ⅱ．心理学报，第1期(1965)、第二期(1966)
龚耀先主编．医学心理学．北京：人民卫生出版社，2002
郭文斌等．抑郁症患者生活事件及社会支持特征的研究．中国心理卫生杂志，17(10)，2003
江光荣著．人性的迷失与复归——罗杰斯人本主义心理学．武汉：湖北教育出版社，2000
姜佐宁主编．现代精神病学．北京：科学技术出版社，1998
李密等编著．药物滥用与药物依赖性．北京：中国科技出版社，1992
李荣辉等．强迫症患者防御方式与人格特征的相关分析．中国心理卫生杂志，18(8)，2004
李心天主编．医学心理学．北京：北京医科大学、协和医科大学联合出版社，1998
梁宝勇主编．变态心理学．北京：高等教育出版社，2002
刘增垣，何裕民主编．身心医学．上海：上海科技教育出版社，1992
蒲金炎．不同文化背景和宗教观念在形成精神分裂症妄想症状的作用．中华神经精神科杂志，1981，第3期
钱铭怡编著．心理咨询与心理治疗．北京：北京大学出版社，1994
R.S. Sharf著，胡佩诚等译．心理治疗与咨询的理论及案例(上、下册)．北京：中国轻工业出版社，2000
沈渔邨主编．精神病学(第四版)．北京：人民卫生出版社，1998
陶国泰主编．儿童少年精神医学．南京：江苏科技出版社，1999
汪向东等．地震后创伤后应激障碍的发生率及影响因素．中国心理卫生杂志，13(1)，1999

王登峰主编. 变态心理学. 北京：时代文化出版公司，1993
肖孝嵘. 变态心理学. 上海：上海正中出局，1943
徐韬园主编. 现代精神病学. 上海：上海医科大学出版社，2000
许又新. 神经症. 北京：人民卫生出版社，1993
曾文星，徐静合著. 心理治疗:原则与方法. 北京：北京医科大学出版社，2000
张伯源，陈仲庚编著. 变态心理学. 北京：北京科技出版社，1986
张伯源编著. 医学心理学. 北京：中国科学技术出版社，1996
张伯源等. 精神分裂症妄想型不同病程的若干心理实验. 中华神经精神科杂志，第2期，1980
张继志主编. 精神医学与心理卫生. 北京：北京出版社，1994
张雨新主编. 行为治疗的理论和技术. 北京：光明日报出版社，1989
钟友彬. 中国心理分析——认识领悟心理疗法. 沈阳：辽宁人民出版社，1988
朱光潜. 变态心理学. 南京：商务印书馆，1933
Bandura A. Social Learning Theory. Englewood Cliffs, NJ: Prentice-Hall, 1977.
Beck A T. Cognitive Therapy and the Emotional Disorder. New York: International University Press, 1976
Carson R C & Butcher J N. Abnormal Psychology and Modern Life. 10th edition. New York: Harpecollins College Publishers, 1996
Davison G C, et al. Abnormal Psychology. 8th edition. New York: John Wiley and Sons, 2001
Erickson M T. Behavior Disorders of children Adolescents. Englewood Cliffs, NJ: Prentice-Hall, 1997
Nevid J S, et al. Abnormal Psychelogy in a Changing World. 3rd edition. Englewood Cliffs, N J: Prentice-Hall, 1997
Rogers C R. Client Centered therapy. Boston: Houghton Mifflin, 1951
Stanley S, et al. Understanding Abnormal Psychology. 5th edition. New York: Hougton Mifflin, 1997
Wolpe J. The Practice of Behavcor Therapy. 4th edition. New York: Pergamon Press, 1990